城市新区规划

环境影响评价技术方法及应用研究

CHENGSHI XINQU GUIHUA

HUANJING YINGXIANG PINGJIA JISHU FANGFA JI YINGYONG YANJIU

余 红 席北斗 编著

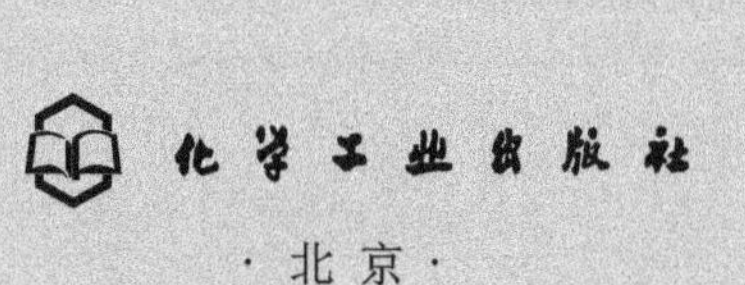

·北京·

内容提要

本书根据已颁布的技术导则所推荐的评价方法、国内外研究中所探讨的方法以及在国家新区规划环境影响评价中实际应用的评价方法，按照规划环境影响评价框架，针对规划方案分析、评价指标体系构建、资源环境承载力分析、规划实施的环境影响预测与评价、规划方案综合论证与优化调整等各评价内容的技术方法进行系统总结、比较和归纳，得到城市新区规划环境影响评价中比较实用的评价技术和方法，用于指导城市新区规划环境影响评价工作。

本书具有较强的技术性和针对性，可供从事环境影响评价、环境规划等的科研人员、工程技术人员以及城市管理者参考，也可供高等学校城市规划、环境规划、环境科学与工程及相关专业师生参阅。

图书在版编目（CIP）数据

城市新区规划环境影响评价技术方法及应用研究/余红，席北斗编著.—北京：化学工业出版社，2020.3（2021.2重印）

ISBN 978-7-122-36154-7

Ⅰ.①城… Ⅱ.①余…②席… Ⅲ.①城市规划-环境影响-评价-研究 Ⅳ.①TU984②X820.3

中国版本图书馆CIP数据核字（2020）第023497号

责任编辑：刘兴春　刘兰妹　　文字编辑：陈小滔　杨振美
责任校对：王佳伟　　装帧设计：刘丽华

出版发行：化学工业出版社（北京市东城区青年湖南街13号　邮政编码100011）
印　　装：北京虎彩文化传播有限公司
787mm×1092mm　1/16　印张12　彩插8　字数249千字　　2021年2月北京第1版第2次印刷

购书咨询：010-64518888　　售后服务：010-64518899
网　　址：http://www.cip.com.cn
凡购买本书，如有缺损质量问题，本社销售中心负责调换。

定　　价：86.00元

前言

我国在推进新型工业化、新型城镇化建设的过程中，原有老城区的规划布局和基础设施建设已经明显滞后于时代发展，很难满足经济发展的迫切需要，使城市发展受到较大束缚，城市新区建设是改善这一状况的重要方式。近年来城市新区数量不断增多。此外，我国城市新区普遍存在产业和人口双聚集的现象，新区建设需要兼顾产业和人口的平衡聚集、均衡布局，这与新区的资源环境承载力直接相关。新区发展对环境的影响需要严格控制在资源可承载、环境可容纳、生态风险可接受的范围内，这就需要从规划环境影响评价（简称“规划环评”）入手，从资源环境约束、环境质量、生态安全等方面着手，优化空间布局、规模和定位，为新区规划提供科学的支撑和依据。自 2002 年《环境影响评价法》和 2009 年《规划环境影响评价条例》颁布以来，我国规划环境影响评价研究成果和实践逐步增多，但关于城市新区总体规划环境影响评价技术方法的研究和实践相对较少，缺乏对开展城市新区规划环境影响评价的指导。

本书根据已颁布的技术导则所推荐的评价方法、国内外研究中所探讨的方法以及在国家新区规划环境影响评价中实际应用的评价方法，按照规划环境影响评价框架，针对规划方案分析、评价指标体系构建、资源环境承载力分析、规划实施的环境影响预测与评价、规划方案综合论证与优化调整等各评价内容的技术方法进行系统总结、比较和归纳，得到城市新区规划环境影响评价中比较实用的评价技术和方法，用于指导城市新区规划环境影响评价工作。

本书共 9 章，第 1 章阐述了研究背景、目的、意义、技术路线与国内外研究进展；第 2 章总结了规划环境影响评价的主要方法，归纳了城市新区规划环境影响评价的框架内容和评价重点；第 3 章介绍了规划分析的方法，结合案例对情景分析法、系统动力学法、地理信息系统＋叠图分析法做了深入的探讨；第 4 章采用矩阵法、网络法、压力-状态-响应分析法识别了城市新区规划的环境影响特征，建立了评价指标体系；第 5 章分析了城市新区规划实施后对资源环境承载力影响的评价方法；第 6 章从地表水、地下水、大气环境、生态环境、累积环境影响、环境风险 6 个方面分析了城市新区规划实施的环境影响；第 7 章结合案例分析了城市新区规划实施的生态保护红线、环境质量底线、资源利用上线及环境准入负面清单的环境管控体系；第 8 章提出了城市新区规划方案综合论证与优化调整建议编制的主要内容及要点；第 9 章总结了本书的主要结论，并讨论了该研究领域的发展方向。

本书主要由余红、席北斗编著，其中余红主持该书的编著，席北斗指导本书的编制和最后的统稿。本书采用了兰州新区规划环境影响评价、青岛西海岸新区规划环境影响评价、武汉长江新城规划环境影响评价、柳州市北部生态新区规划环境影响评价的成果，感谢各委托单位领导的大力支持，感谢参与项目的杨津津、朱建超、孟繁华、任耀宗等同事。此外，本书参考了相关领域的文献，引用了国内外部分专家和学者的成果和图表资料，谨此向有关作者致以谢忱。

鉴于我们的知识水平和工作经验有限，书中不足和疏漏之处在所难免，敬请专家、学者及广大读者批评指正。

编著者

2019 年 12 月

目 录

第1章

绪论

1.1 研究背景

1.1.1 城市新区建设背景

新中国成立以来，特别是改革开放以来，我国城镇化水平不断提高。在推进新型工业化、新型城镇化建设的过程中，原有老城区创建之时的规划布局和基础设施建设已经明显滞后于时代发展的迫切需要，使城市发展受到较大束缚。城市新区建设成为了顺应时代发展的必然要求，城市新区建设的主要初衷体现在以下几个方面：

第一，引导老城区的剩余劳动力向新城区转移，促进就业；

第二，调整优化老城区的产业结构，使城市的产业布局合理化；

第三，通过合理规划布局，实现新城区居住、工作、休闲功能的有机结合，推动老城区的更新改造；

第四，通过城市新区建设，形成城市发展的新的经济增长点。

从理论上说，城市新区的选址既要满足城市新区建设对大规模、低成本土地开发的需要，又要邻近老城区，通过合理布局，使新区与老城区融为一体，互相促进，共同发展。城市新区是生活、生产、生态、科技创新以及新兴服务功能不断完善的综合性城区，是城镇化进程发展到一定阶段后的必然产物，是一种区域经济与社会发展到较高的程度后才出现的一个重要的空间组织形式。

从1992年上海浦东新区成立到2017年国家批复设立雄安新区，20多年来新区发展对促进经济发展、扩大对外开放、推动改革创新、提高人民生活水平发挥了重要作用。我国经济发展全面进入转型升级的新常态阶段，随着我国城镇化水平不断提高，人民群众对物质文化生活水平有更高的要求，加之资源环境约束增强、生态建设要求提高，以及新区数量不断增多，新区发展也遇到瓶颈。因此，不能简单延续过去依靠大量增加投资、不断引进项目、依靠国家政策的发展模式，以人为本、生产生活和谐有序、全面可持续发展是新时期对新区发展的新要求。

城市新区发展不能再走先发展、后保护，先污染、后治理的老路，而是应统筹城市新区发展与区域资源环境的关系，需要从规划环评入手，以满足资源环境约束、保障生态安全、提升环境质量为目标，优化空间布局、规模和定位，为城市新区规划提供科学的支撑和依据。

1.1.2 城市新区规划环境影响评价的必要性和紧迫性

我国城市新区普遍存在产业和人口的双聚集问题，城市新区建设需要兼顾产业和人口的平衡聚集、均衡布局，这与新区的资源禀赋和环境承载力直接相关。新区的发展对环境的影响需要严格控制在资源可承载、环境可容纳、生态风险可接受的范围内，这就需要从规划环评入手，从资源环境约束、生态安全、环境质量等方面着手，优化空间布局、规模和定位，为新区规划提供科学的支撑和依据。规划环境影响评价通过对新区开发活动规模、布局、性质的经济技术可行性和生态环境友好进行综合分析，可以避免决策的重大失误，尽可能地减少对区域自然资源和生态环境的损害，从源头促进城市经济社会和生态环境的协调可持续发展。

战略性的规划环境影响评价需要在新区规划建设的决策前端即介入，通过对区域（流域）资源环境承载能力的核算，对各类重大开发活动、生产力布局、资源配置等提出更为合理的战略安排，并从战略上引领城市新区的开发建设与生态环境保护协调发展，避免出现布局性、结构性的生态环境问题，协助形成促进新区经济发展与生态环境保护协调共生的新区发展规划体系和新区生态环境管理政策体系。

目前，新区规划的环境影响评价工作仍存在不足之处，导致规划环评的前端介入、统筹引导的作用不能有效发挥。我国规划环评工作虽然起步较早，但实施进程仍然缓慢，规划环评在技术方法上仍有大量需要探索和规范之处。由于规划体系的复杂性和规划环评技术方法体系尚未成熟，城市新区的规划环评在实际操作中存在着较多的不规范问题，如评估内容不够全面、评估方法和标准过于僵化等，导致规划环评的战略先导作用难以体现。

1.1.3 城市新区规划环境影响评价存在的问题

整体上我国新区建设都突出了规划先行的理念，但新区规划环境影响评价工作存在以下几个方面的不足之处，导致规划环境影响评价的前端介入、统筹引导的作用不能有效发挥。

（1）地位有待提高

早在2002年我国就颁布了《环境影响评价法》，并对规划环评做了明确的规定，对需要开展环评的规划范围也做出了具体的要求，规划环境影响评价已经初步形成了一套相对完善的方法、体系。我国普遍开展的城市新区建设，本身应该是开展规划环评的最适宜领域，是探索和丰富规划先行、环评引领、产城融合、绿色环保发展模式的重要实践，但近些年新区建设的实际情况却暴露出规划环评的引领作用并不突出的问题，仍然存在规划未经环评就通过审批的现象，给新区的发展埋下隐患。“未评先批”“评而不用”等现象仍存在，反映出规划环境影响评价在新区建设中的地位缺失严重，部分地区将规划环境影响评价仅仅当成是规划编制、审批过程的一个环节，为了应付审批而编制规划环评，或者干脆绕过环评违规推动规划审批，使得规划环评的意义和作用仅仅停留在纸面上，难以落到实处，发挥不了规划环评的提前介入、综合引领的作用。

(2) 编制不够规范

我国新区建设从国家到地方分为多个层级，新区管理单位的环境管理水平不一，环评编制单位的技术能力和水平也参差不齐。不少新区开展规划环评的做法是对已形成的规划草案进行评估，并沿用建设项目环评的一些做法。由于规划体系的复杂性和规划环境影响评价技术方法尚未成熟，新区的规划环评在实际操作中存在较多的不规范问题，如评估内容不够全面、评估方法和标准过于僵化等，同时由于部分新区的规划环境影响评价未能在规划早期就介入，而是在规划决策的末端进行，加之规划环境影响评价的编制单位需要向委托方即地方政府或相关部门负责，规划环境影响评价并没有完全体现客观、中立的原则，大多数规划环境影响评价重形式、轻实效，战略先导作用难以体现。

(3) 公众参与度不足

新区建设的生态环境问题具有复杂性、不确定性等特点，涉及面广，关乎群众各方面的利益，特别是当前环境问题已经成为公众最为关注的问题之一，产城融合发展也决定了新区的环保工作需要公众的积极参与。但目前在整个环评领域，公众的参与度都有待提高。《环境影响评价法》和《规划环境影响评价条例》明确了公众参与环境影响评价的地位和作用，2018 年发布的《环境影响评价公众参与办法》对公众参与的主体、范围、方式，以及对公众意见的处理等均做了明确的规定。但在实践过程中公众参与发挥的作用不明显，环评相关的信息公开、问卷调查等工作开展得不够充分，流于形式，无法全面反映公众意见。对公众知情权、环境事务参与权的保障有待进一步加强，对公众意见缺乏及时反馈，根据公众意见及时调整修改规划的情况较少，公众意见很少能够对环境影响评价是否通过产生决定性影响。

1.2 新区规划环境影响评价的目的与意义

2003 年 9 月施行的《环境影响评价法》和 2009 年 10 月实施的《规划环境影响评价条例》都明确要求，“一地三域十专项”规划均要开展环境影响评价。我国正处于新型城镇化和新型工业化发展的关键时期，新区建设作为解决中心城区交通拥堵、人口疏解、产业转移等城市问题的主要手段，其在产城融合方面的建设受到极大关注。但从国内外城市新区产城融合建设历程来看，绝非一帆风顺，不少新区在发展过程中面临与城市发展脱节、功能结构单一、空间布局不合理、资源紧缺、环境污染严重等一系列问题。因此，城市新区总体规划环境影响评价将可持续发展理念融合在新区规划中，从新区资源禀赋、环境承载力和生态安全等方面加强对新区规划内容的合理性论证，分析、预测和评估新区总体规划实施后可能导致的环境影响，从生态环境保护角度提出优化新区总体规划的建议和要求，旨在控制规划的资源环境风险，降低规划实施的生态环境影响，其实质是实现城市新区科学规划的一种重要工具和方法。

本书总结归纳现有规划环境影响评价技术方法，探索适用于城市新区规划环境影响评价各专题，具有针对性、实用性的方法或技术手段，尝试构建城市新区总体规划环境影响评价的结构框架、评价指标和技术方法体系，并结合现有的城市新区规划环境影响评价案例对技术方法进行实践操作，为城市新区总体规划环境影响评价提供良好的借鉴和推广应用示范。

1.3 国内外发展历程及研究进展

1.3.1 规划环境影响评价的发展历程

1.3.1.1 国外战略环境影响评价发展历程

战略环境影响评价制度产生于1969年美国颁发的《国家环境政策法》(National Environmental Policy Act)，该法案第102条提出在对人类环境质量具有重大影响的每一项政策、立法、建议报告及重大联邦行动中，均应由负责官员提供关于该项行动可能产生的环境影响说明。20世纪70年代，一些发达国家开始认识到以项目为核心的“传统环境影响评价”的不足，逐步将评价对象扩展到计划、规划和政策层次，即战略环境影响评价(SEA)。20世纪80年代末，战略环境影响评价应运而生，并开始得到世界范围的广泛接受。

根据战略环境影响评价在各国的应用和发展可划分为3个阶段，即形成阶段(1969～1989年)、成型阶段(1990～2000年)、深化阶段(2001年至今)。目前全球战略环境影响评价的研究成果主要来自以欧洲国家为主的30多个国家的400多个研究机构，研究总体呈上升趋势。研究内容包括战略环境影响评价的程序方法、技术方法、制度建设、应用实践分析以及有效性分析等，欧盟及加拿大的Noble等都对其实施的有效性进行了研究。

但大部分国家的战略环境影响评价体系涉及范围均不全面，即不能够囊括所有可能产生重大环境影响的宏观决策。这些体系也并非全部能应用于最高层次的战略决策，这些决策是通过政策或法规的形式体现，而将战略环境影响评价用于规划和计划的层次比较常见，尤其应用于能源、交通和水利部门发布的相关规划，以及土地和空间利用规划中。并且由于各国的战略环境影响评价体制与所适用的法律基础不同，其具体实施形式也大不相同。一些国家是在项目环境影响评价的法律中对战略环境影响评价做出法律要求，这种情况下一般沿用项目环境影响评价的程序和实施形式。也有国家通过内阁指令、行政命令或政策方针的形式来建立战略环境影响评价体系，这种情况下的战略环境影响评价大多是一个独立实施的步骤，代表性国家有英国、加拿大、荷兰等。目前，全球已有 30 多个国家建立了战略环境影响评价的工作框架和方法体系。

1.3.1.2 国内规划环境影响评价发展历程

我国规划环境影响评价的研究和实践始于 20 世纪 80 年代的区域环境影响评价，主要评价对象是区域开发项目、少数旧城改造和流域开发项目（徐鹤等，2000；李天威等，2007）。这种区域环境影响评价是一种位于项目和规划层次之上的环境影响评价，可以将其视为战略环境影响评价的雏形。20 世纪 90 年代初，研究人员意识到战略环境影响评价的重要性，将其概念从国外引入我国，启动与战略、规划环境影响评价有关的研究，着手从概念的引入、国外理论成果与实践经验的介绍、符合我国实践的理论与尝试性案例研究，到立法与制度体系的建立等一系列工作（王华东等，1991）。

经过 30 多年的发展，我国规划环境影响评价的发展可分为 3 个阶段：规划环境影响评价形成阶段（20 世纪 80 年代末至 2002 年《环境影响评价法》颁布）、规划环境影响评价初步发展阶段（2002 年《环境影响评价法》颁布至 2009 年）和规划环境影响评价快速发展阶段（2009 年《规划环境影响评价条例》颁布至今）。目前我国对规划环境影响评价的研究主要包括规划环境影响评价基础理论、技术体系以及应用实践等方面，以往研究主要集中在基础理论部分，近期逐步转向了技术方法和应用实践，将系统动力学、生态足迹法、投入产出法、地理信息系统＋叠图分析法等应用到规划环境影响评价中。此外，我国有关规划环境影响评价的学术期刊在国际上也有了一席之地，如 Journal of Environmental Assessment Policy and Management、Environmental Impact Assessment Review。

虽然目前我国规划环境影响评价的实施主要在规划制定后、审批前进行，评价涉及范围有待进一步扩大，但这是我国环境影响评价体系的巨大进步。目前国内对于规划环境影响评价的探索越来越多，并逐步扩展了探索领域，相关可供参照的案例也逐步增多，随着试点的增加，我国规划环境影响评价体系的发展已初具规模。虽然已经对多类规划进行了环境影响评价，但是也存在许多应该开展却并没有开展环境影响评价的规划，如区域性规划、城市群规划或政策性规划，这些都需要引起重视。

1.3.2 规划环境影响评价技术方法研究进展

1.3.2.1 国外研究现状

国外对于战略规划影响评价的方法学研究主要基于以下 3 部分。

① 对传统的环境影响评价方法的提升和改造。1992 年 Thérivel 在关于战略环境影响评价方法学的定义中仍沿袭项目环境影响评价的方法学，认为将项目环评的评价方法直接应用到较高层次，就可以克服项目环评在程序和技术上固有的缺陷。规划环评方法大多应用项目环评影响模型或者建立在这种模型基础上。

② 从规划实践和政策分析中发展起来的技术方法。2004 年 Thérivel 结合战略环境评价的目的和特点，推荐了若干适用于战略环境评价的技术方法。这些方法大部分是定性或半定量的，具有灵活性强和可操作性强的特点，应用这些方法得当的评价结果能够影响决策。如英国 2005 年推出的《战略环境评价操作导则》等，着重推荐了基于地理信息系统的叠图法、可持续发展能力评价法、多目标分析法、网络法、生活质量评价法、情景分析法等更适用于战略环评的方法。

③ 新发展的技术方法。如英国、美国等开始尝试从定性到定量的综合集成方法、政策评估方法等，其中重点对地理信息系统技术，环境承载力、不确定性分析和基于生态学的方法进行了探索和应用。

目前国外开展战略环评的技术方法特点可归纳如下：

① 技术方法研究注重实用性和可行性，以现实条件为基础，处理好科学性与针对性、前瞻性与实用性的关系。

② 尽可能选择简单而适合的方法，战略环境影响评价中如果使用过于复杂的方法，会耗费大量的时间和精力，从而影响战略环境影响评价的有效性。

③ 不断发展以适应不断变化的社会、经济和环境的要求，既注重自身成果的总结和积累，也要从各种先进的决策思想中吸取经验。

④ 突破传统的项目环境影响评价方法，更加注重技术方法在战略环评中的适用性和使用效果，并通过实践不断发展完善。

1.3.2.2 国内研究现状

20 世纪 90 年代中期，我国一些学者就规划环境影响评价的理论方法开始了一系列的研究，2002 年《环境影响评价法》颁布实施后，规划环境影响评价方法的理论研究大幅增加，2003 年《规划环境影响评价技术导则（试行）》（HJ 130—2003）及 2014 年对该技术导则的修订中也推荐了一些规划环境影响评价方法（该导则已于 2019 年再次修订，并于 2020 年 3 月 1 日起实施）。目前，我国的规划环境影响评价的方法研究主要基于建设项目环境影响评价方法的提升和改进，以及规划环境影响评价方法应用等方面。

李明光（2003）认为我国规划环境影响评价方法研究的缺陷是评价思路沿袭建设项目环境影响评价，使方法复杂化，不利于规划环境影响评价的推广，故其在划分评价层次的基础上，对层次间的相互作用、效益及条件进行了分析，探讨了评价层次与评价方法间的关系。蒋宏国和林朝阳（2004）探讨了规划环境影响评价中的替代方案进行比较的动态方法和原则。都小尚、郭怀成（2012）构建了具有普适性的、不确定性下的区域规划环境影响评价“3层2级”系统优化及累积性环境影响评价方法框架和耦合模型，开发了具有景观格局分析功能的区域环境影响评价方法。徐鹤等（2012）总结了不同领域专项规划环境影响评价的技术方法应用和指标体系研究，对主要评价方法的应用研究进行了深入分析，并以天津市滨海新区规划环境影响评价为例，系统分析了环境影响识别与影响预测方法的应用。聂新艳（2012）在总结国内外主流框架成果、经验及存在问题的基础上，在规划环境影响评价中提出了由风险问题形成、“压力-状态-响应”分析、区域风险综合评价、风险管理4部分组成的适合我国国情的生态风险评价框架。叶良飞和包存宽（2012、2013）对目前国内学者有关城市总体规划环境影响评价指标体系的构建方法、内容与结构方面的研究进行了归纳总结，提出指标体系一般分为“主题层-目标层-指标层”3层，根据内容和结构特点，可以分为4类：环境要素框架、城市规划内容框架、压力状态框架、社会经济环境框架，并分析当前总体规划环境影响评价指标体系研究存在的主要问题；将城市总体规划内容与环境影响评价指标体系充分融合，并基于城市可持续发展影响，构建了可持续性总体规划环境影响评价指标体系框架，并以江苏太仓为案例说明该框架的应用情况。吴海泽等（2015）采用“驱动力-压力-状态-影响-响应”（DPSIR）模型框架，建立了指标体系和评价模型，并应用于计算兰州新区的生态安全综合指数。张骁杰和包存宽（2015）初步探讨了融入协商的战略环境评价指标体系构建方法，按照公众意见反映程度提出了公示协商法、配额博弈法和征集整理法3种指标体系的构建方法，并进行了对比分析。李天威等（2016）采用逸度理论评价SH化工园区土壤累积影响。王成新等（2017）以长春新区为例，通过生态系统评价和生态空间识别，提出生态保护红线划定建议方案，确定开发“底线”，并通过InVEST生境质量评价技术，对生境退化度及生境质量进行空间评价，识别生境威胁源影响区域，提出优化空间布局的规划调控建议。

1.4 总体思路与技术路线

本书根据已颁布的相关技术导则中所推荐的评价方法、国内外研究中所探讨的部分方法以及在国家新区规划环境影响评价中实际应用的具体评价方法，按照规划环境影响评价框架，对规划方案分析、评价指标体系构建、资源环境承载力分析、规划实施的环境影响预测与评价、规划方案综合论证与优化调整等各评价内容的技术方法进行系统总结、比较和归纳，以得到适用于城市新区规划环境影响评价的技术方法，并将评价技术方法应用于兰州新区、青岛西海岸新区、武汉长江新城等实际案例，用于指导城市新区总体规划环境影响评价工作。本书技术路线如图 1-1 所示。

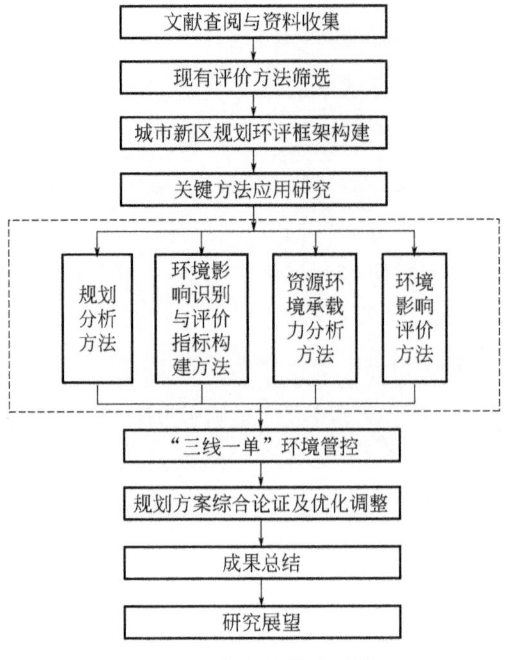

图 1-1　本书的技术路线

第2章

规划环境影响评价主要方法和评价重点

2.1 规划环境影响评价主要方法

规划环境影响评价方法是各个评价阶段可选用的一系列评价方法的集合。本节参照《规划环境影响评价技术导则　总纲》（HJ 130—2014），结合城市新区规划环境影响评价实际经验，总结了规划环境影响评价中的常用方法，如表2-1所列。

表2-1　规划环境影响评价常用方法

评价环节	可采用的评价方法
规划分析	核查表、地理信息系统＋叠图分析、矩阵分析、专家咨询（如智暴法、德尔菲法等）、情景分析、博弈论、类比分析、系统分析、系统动力学法
环境影响识别与评价指标确定	核查表、矩阵分析、网络分析、系统流图、叠图分析、灰色系统分析法、层次分析、情景分析、专家咨询、类比分析、压力-状态-响应分析
环境影响预测与评价	情景分析、负荷分析（单位国内生产总值物耗、能耗和污染物排放量等）、趋势分析、弹性系数法、类比分析、对比分析、投入产出分析、供需平衡分析、专家咨询、数值模拟、叠图分析、生态学分析法
环境风险评价	数值模拟、风险概率统计、事件树分析、类比分析、剂量-反应关系分析、生态学分析法、灰色系统分析法、模糊数学法
累积影响评价	矩阵分析、网络分析、系统流图、叠图分析、情景分析、数值模拟、生态学分析法、灰色系统分析法、类比分析
资源环境承载力分析	情景分析、类比分析、供需平衡分析、系统动力学法、生态学分析法、总量指标分析法

由于规划本身的复杂性，包括了社会、经济、环境等多个方面的内容，环境影响的来源、方式和程度也十分复杂，因此，规划环境影响评价必须以环境科学为基础，充分借鉴包括经济学、系统科学、生态学、地理学等多个学科的理论和实践，建立多学科融合的评价方法体系，才能有效评估规划实施所带来的环境影响。

针对规划的环境影响特征，基于以下4点原则，筛选适合规划环境影响评价的关键方法。

（1）科学性

优先选用在本学科或国际上通用的方法，方法应具备有效性、必要的灵敏度、可信度和可重复性。

（2）综合性

能够反映多个评价因子和环境影响的相互作用和因果关系，可以分析空间、时间的环境扰动和累积效应，适用于不同空间尺度和复杂程度的规划。

（3）层次性

方法应尽量适合各类规划的属性和层级，并能依据不同属性和层级要求，得出相适应的评价结果。

（4）实用性

方法实用，可操作性强，定性与定量（或半定量）分析相结合，评价结果表达效果好。

按照上述原则和新区规划特点，筛选新区规划环境影响评价主要方法，如表2-2所列。

表2-2 新区规划环境影响评价主要方法

评价环节	主要方法	方法特点
规划分析	情景分析	可反映不同规划方案、不同情景下的开发强度和相应的环境影响，减少规划的不确定性影响
	系统动力学法	能够定性或定量描述规划的环境影响，可协调各影响因素间的联系和反馈机制，评价可信度较高，反应灵敏度高，对空间尺度大、系统复杂的规划环境影响评价具有较强的操作性
	地理信息系统＋叠图分析	能够直观、形象、简明地反映规划实施的空间分布
环境影响识别与评价指标确定	矩阵分析	可直观地表示主体与受体之间的因果关系，表征和处理由模型、图形叠置和主观评估方法取得的量化结果，可将各要素有机结合
	网络分析	方法简单，能明确地表述环境要素间的关联性和复杂性，能有效识别规划实施的支撑条件和制约因素
	压力-状态-响应分析	突出了压力指标的重要性，强调了规划实施可能造成的环境与生态系统的改变，涵盖面广，综合性强
环境影响预测与评价	类比分析	方法简单易行
	数值模拟	能够定量描述多个环境因子和环境影响的相互作用及因果关系，充分反映环境扰动的地理位置和强度，可分析空间、时间的累积效应
	生态学分析法	能综合反映生态系统和生物物种的历史变迁、现状、存在问题和未来发展趋势，是最常用的生态评价方法
环境风险评价	数值模拟	能够定量描述多个环境因子和环境影响的相互作用及因果关系，充分反映环境扰动的地理位置和强度，可分析空间、时间的累积效应
	剂量-反应关系评价	方法简单，适用于各类风险评价模型，评价结果能够反映风险条件下对人居环境、生态系统的影响程度

续表

评价环节	主要方法	方法特点
累积影响评价	数值模拟	能够定量描述多个环境因子和环境影响的相互作用及因果关系，充分反映环境扰动的地理位置和强度，可分析空间、时间的累积效应
	生态学分析法	能综合反映生态系统和生物物种的历史变迁、现状、存在问题和未来发展趋势，是最常用的生态评价方法
资源环境承载力分析	供需平衡分析	方法简单，评价结果直观反映资源、环境压力情况，可信度高，适用于各类规划环境影响评价
	总量指标分析法	方法简单，可操作性强，可信度高

2.2 规划环境影响评价框架及评价重点

城市新区总体规划环境影响评价的目的是根据新区设立的战略性、前瞻性和资源禀赋条件确定未来新区发展的环境合理性，识别制约规划实施的主要资源和环境要素，确定环境目标，构建评价指标体系，分析、预测和评价规划实施可能对区域生态系统产生的整体影响、对环境和人群健康产生的长远影响，论证规划方案的环境合理性和对可持续发展的影响，论证规划实施后环境目标和指标的可达性，形成规划方案优化调整建议，明确规划区应重点保护的生态空间清单、污染物排放总量管控限值清单、环境准入负面清单 3 张清单，提出环境保护对策、措施和跟踪评价方案，协调规划实施的经济效益、社会效益与环境效益之间以及当前利益与长远利益之间的关系，为规划和环境管理提供决策依据。

城市新区规划环评框架主要包括规划分析、环境质量现状调查与评价、环境影响识别与评价指标体系构建、资源环境承载力分析、规划实施的环境影响分析、规划方案综合论证和优化调整建议、“三线一单”环境管控、公众参与、规划环境影响减缓对策与措施 9 个方面，基于此提出城市新区的评价重点和评价方法。

2.2.1 规划分析

2.2.1.1 规划分析概述

在规划编制准备阶段，应对规划新区内已有的规划进行回顾性分析，总结规划的实施情况，对区域生态系统的变化趋势和环境质量的变化情况进行系统分析与评价，重点分析规划区域现有的主要生态环境问题与现有的开发模式、规划布局、产业结构、产业规模和资源利用效率等方面的关系，从而提出规划应关注的资源、环境、生态问题，以及解决问题的途径。

在规划方案编制阶段，应梳理并详细说明规划的空间范围和空间布局、规划的功能定位、发展目标和规模、产业结构和布局、建设时序、配套设施规划（如综合交通、给排水工程、市政公用工程）等可能对环境造成影响的规划内容，介绍规划的环保设施建设以及生态保护措施等内容。

2.2.1.2 规划协调性分析

筛选出与城市新区规划相关的主要环境保护法律法规、环境经济与技术政策、资源利用和产业政策，并分析本规划与其相关要求的符合性。筛选时应充分考虑相关政策、法规的效力和时效性。

分析规划定位、规模、布局等各规划要素与上层位规划的符合性，并在考虑累积环境影响的基础上，逐项分析规划要素与同层位规划在环境目标、资源利用、环境容量与承载力等方面的一致性和协调性，重点分析规划之间在资源保护与利用、环境保护、生态保护要求等方面的冲突和矛盾。

分析规划与国家级、省级主体功能区规划在功能定位、开发原则和环境政策要求等方面的符合性。通过叠图法等方法详细对比规划布局与区域主体功能区规划、生态功能区划、环境功能区划和环境敏感区之间的关系，分析规划在空间准入方面的符合性。此外，应进行规划与环保相关政策、法律法规、规划的符合性分析，如分析城市新区规划与国家、省级和市级《生态环境保护规划》《大气污染防治行动计划》《水污染防治行动计划》《土壤污染防治行动计划》等相关规划，在规划定位、规模、布局等方面的符合性和协调性。

分析规划中是否包含上一轮规划中经检验证实为环境不可接受的产业结构和产业布局；是否包含与相关城市新区雷同或相似的用地结构和产业布局等；是否包含具有较大环境风险或生态风险的项目，分析各规划要素间的协调。

通过上述协调性分析，从多个规划方案中筛选出与各项要求较为协调的规划方案作为备选方案，或综合规划协调性分析结果，提出与环保法规政策、上层位规划、主体功能区规划中各项要求相符合的规划调整方案作为备选方案。

2.2.1.3 规划不确定性分析

规划不确定性分析主要包括规划基础条件的不确定性分析、规划具体方案的不确定性分析及规划不确定性的应对分析 3 个方面。

（1）规划基础条件的不确定性分析

重点分析规划实施所依托的资源、环境条件可能发生的变化，如水资源分配方案、土地资源使用方案、污染物排放总量分配方案等，论证规划各项内容顺利实施的可能性与必要条件，分析规划方案可能发生的变化或调整情况。

(2) 规划具体方案的不确定性分析

从准确有效预测、评价规划实施的环境影响的角度，分析规划方案中需要具备但没有具备、应该明确但没有明确的内容，分析规划产业结构、规模、布局及建设时序等方面可能存在的变化情况。

(3) 规划不确定性的应对分析

针对规划基础条件、具体方案两方面不确定性的分析结果，筛选可能出现的各种情况，设置针对规划环境影响预测的多个情景，分析和预测不同情景下的环境影响程度和环境目标的可达性，为推荐环境可行的规划方案提供依据。

2.2.2 规划区域环境质量现状调查与评价

现状调查与评价一般包括自然环境状况、社会经济概况、资源赋存与利用状况、环境质量和生态状况、环保设施建设和运营状况等内容。实际工作中应遵循以点带面、点面结合、突出重点的原则，选择可以反映规划环境影响特点和区域环境目标要求的具体内容。通过调查与评价，梳理城市新区规划范围内主要资源的赋存和利用状况，评价生态状况、环境质量的总体水平和变化趋势，辨析制约规划实施的主要资源和环境要素。

现状调查可充分收集和利用已有的历史（一般为一个规划周期，或更长时间段）和现状资料。资料应能够反映整个评价区域的社会、经济和生态环境的特征，能够说明各项调查内容的现状和发展趋势，并注明资料的来源及其有效性；对于收集采用的环境监测数据，应给出监测点位分布图、监测时段及监测频次等，说明采用数据的代表性。当评价范围内有需要特别保护的环境敏感区时，需有专项调查资料。

规划区域现状评价重点主要是评价各种资源（水资源、土地资源、能源和矿产资源等）供需状况和利用效率、主要产业经济规模和污染排放情况；按照环境功能区划和生态功能区划的要求，评价区域水环境质量、大气环境质量、土壤环境质量、声环境质量、生态环境系统现状和变化趋势，分析影响其质量的主要污染因子和特征污染因子及其来源；评价区域环保设施的建设与运营情况，分析区域水环境（包括地表水、地下水、海水）保护、主要环境敏感区保护、固体废物处置等方面存在的问题及原因，以及目前需解决的主要环境问题；明确目前区域生态保护和建设、区域环境风险防范、人群健康状况方面存在的问题。

2.2.3 环境影响识别与评价指标体系构建

按照一致性、整体性和层次性原则，识别规划实施可能影响的资源与环境要素，建立规划要素与资源、环境要素之间的关系，初步判断影响的性质、范围和程度，确定评价重点，并根据环境目标，结合现状调查与评价的结果，以及确定的评价重点，建立评价的指标体系。

2.2.3.1 环境影响识别

从规划的目标、规模、布局、结构、建设时序及规划包含的具体建设项目等方面，识别规划实施可能造成的有利影响或不良影响，重点识别可能造成的重大不良环境影响，包括直接影响、间接影响，短期影响、长期影响，建立规划要素与资源、环境要素之间的动态响应关系，给出各规划要素对资源、环境要素的影响途径，筛选出受规划影响大、范围广的资源、环境要素，作为分析、预测与评价的重点内容。

2.2.3.2 环境影响评价指标体系构建

城市新区在不同规划时段应满足的环境目标可根据国家和区域确定的可持续发展战略、环境保护的政策与法规、资源利用的政策与法规、产业政策、上层位规划，规划区域、规划实施直接影响的周边地域的生态功能区划和环境保护规划、生态建设规划确定的目标，环境保护行政主管部门以及区域、行业的其他环境保护管理要求确定。

评价指标是量化了的环境目标，一般首先将环境目标分解成环境质量、生态保护、资源利用、社会与经济环境等评价主题，再筛选确定表征评价主题的具体评价指标，并将现状调查与评价中确定的规划实施的资源与环境制约因素作为评价指标筛选的重点。

2.2.4 资源环境承载力分析

城市新区所在区域的资源承载力主要是指水资源、土地资源和能源等对新区发展的支撑能力，应重点分析区域资源的开发现状和开发潜力，进而合理确定城市新区的发展规模（包括人口规模、用地规模、产业规模等）和空间布局。

城市新区所在区域的环境承载力主要包括水环境承载力和大气环境承载力，应综合分析区域水环境和大气环境容量，以及水环境功能区划、大气环境功能区划和新区定位等对水环境和大气环境质量的要求。

城市新区规划中进行资源环境承载力分析时应结合环境经济学观点，充分考虑环境的外部经济性、环境投资的边际效应，从经营城市新区的理念出发，立足于生态文明建设，进行新区发展突破资源环境承载力后的环境经济损益分析，避免城市新区规划范围和规模的盲目扩张。

2.2.5 规划实施的环境影响分析

基于规划分析设置的不同发展情景，分析城市新区规划实施过程对水环境（地表水、地下水、海水）、大气环境、土壤环境、声环境影响的性质、程度和范围，对生态系统完整性及景观生态格局的影响，为提出评价推荐的环境可行的规划方案和优化调整建议提供支撑；分析近期规划和远期规划的影响，明确近期重点建设项目内容，分析重点建设项目可能产生污染物的类型、污染物排放量，明确特征污染因子，并分析重大项目选址、选线对周围环境的影响。

2.2.5.1 水环境影响分析

预测不同发展情景下规划实施产生的水污染物对受纳水体稀释扩散能力、水质、水体富营养化和河口咸水入侵等的影响，对地下水水质、流场和水位的影响，对海域水动力条件、水环境质量的影响；明确影响的范围与程度或变化趋势，评价规划实施后受纳水体的环境质量能否满足相应功能区的要求；分析污水处理设施的环境影响及能否满足新区发展要求，论证排污口设置是否合理。

2.2.5.2 大气环境影响分析

分析城市新区所在区域气候特征、污染气象特征，从主导风向、大气扩散条件等角度评价城市新区空间布局的环境适宜性。

预测不同发展情景下，规划实施产生的大气污染物对环境敏感区和评价范围内大气环境的影响范围与程度或变化趋势，在叠加环境现状本底值的基础上，分析规划实施后区域环境空气质量能否满足相应功能区的要求。若不能满足相应功能区的要求，还应从区域环境质量改善的角度，分析大气环境的达标途径。重点突出分析产业园区和重大工业建设项目选址和布局的环境影响，包括主要污染物和特征污染物影响；分析工业用地、仓储用地等的范围和布局与城市及区域生态功能区划和环境功能区划之间的关系；分析其对城市及区域环境敏感区和重要的环境保护敏感目标的影响，判断工业用地类型是否与周围环境匹配，以及对周边一定范围内土地利用类型、开发强度等的限制性要求。

2.2.5.3 生态环境影响分析

预测不同发展情景对区域生物多样性（主要是物种多样性和生境多样性），生态系统连通性、破碎度及功能等的影响性质与程度，评价规划实施对生态系统完整性及景观生态格局的影响，明确评价区域主要生态问题（如生态功能退化、生物多样性丧失等）的变化趋势，分析规划是否符合有关生态红线的管控要求。对规划区域进行生态敏感性分区的，还应评价规划实施后对不同区域的影响后果，以及规划布局的生态适宜性。

2.2.5.4 土壤环境影响分析

预测不同发展情景下规划实施产生的污染物对区域土壤环境影响的范围与程度或变

化趋势，评价规划实施后土壤环境质量能否满足相应标准的要求，进而分析对区域农作物、动植物等造成的潜在影响。

2.2.5.5 环境敏感保护目标影响分析

分析规划的空间布局尤其是重点建设区对区域环境敏感区和重要的环境保护敏感目标的不良影响；分析规划确定的禁建区、限建区与区域环境敏感区和重要的环境保护敏感目标的一致性和相容性；预测不同发展情景对自然保护区、饮用水水源保护区、风景名胜区、基本农田保护区、居住区、文化教育区等环境敏感区、重点生态功能区和重点环境保护目标的影响，评价其是否符合相应的保护要求。

2.2.5.6 累积性环境影响分析

对于某些有可能产生难降解、易生物蓄积、长期接触对人体和生物产生危害作用的重金属污染物、无机和有机污染物、放射性污染物、病原微生物等的规划，根据这些特定污染物的环境影响预测结果及其可能与人体接触的途径与方式，分析可能受影响的人群范围、数量和敏感人群所占的比例，开展人群健康影响状况分析。通过剂量-反应关系模型和暴露评价模型，定量预测规划实施对区域人群健康的影响。

2.2.5.7 环境风险评价

对于规划实施可能产生重大环境风险源的，应进行危险源、事故概率、规划区域与环境敏感区及环境保护目标相对位置关系等方面的分析，开展环境风险评价。对于规划范围涉及生态脆弱区域或重点生态功能区的，应开展生态风险评价。

2.2.6 规划方案综合论证和优化调整建议

规划方案的综合论证包括环境合理性论证和可持续发展论证两部分内容。

(1) 环境合理性论证

环境合理性论证主要基于区域发展与环境保护的综合要求，结合规划协调性分析结论，论证城市新区总体发展目标与发展定位的环境合理性；基于资源与环境承载力评估结论，结合区域节能减排和总量控制等要求，论证规划规模的环境合理性；基于规划区域与重点生态功能区、环境功能区划、环境敏感区的空间位置关系，以及规划对环境保护目标和环境敏感区的影响程度，结合环境风险评价的结论，论证新区空间布局与新区增长边界线划分的环境合理性；基于区域环境管理和循环经济发展要求，以及资源环境利用效率的评价结果，重点结合规划重点产业的环境准入条件，论证规划能源结构、产业结构的环境合理性；基于规划实施的环境影响评价结论，重点结合环境保护措施的经济技术可行性分析，论证环境保护目标与评价指标的可达性。

（2）可持续发展论证

可持续发展论证侧重从规划实施对区域经济效益、社会效益与环境效益的贡献，以及协调当前利益与长远利益之间关系的角度，论证规划方案的合理性；从保障区域可持续发展的角度，论证规划实施能否使其消耗（或占用）资源的市场供求状况有所改善，能否解决区域经济发展的资源“瓶颈”；论证规划实施能否使其所依赖的生态系统保持稳定，能否使生态服务功能逐步提高；论证规划实施能否使其所依赖的环境状况整体改善。

根据规划方案的环境合理性和可持续发展论证结果，对城市新区发展定位、发展规模、产业定位、空间布局、基础设施建设、交通体系规划、环境保护规划、近期建设规划、重大项目布局等规划内容提出明确且合理的优化调整建议，并将优化调整后的规划方案，作为评价推荐的规划方案。

2.2.7 “三线一单”环境管控

“三线一单”是指以改善环境质量为核心、以空间管控为手段，统筹生态保护红线、环境质量底线、资源利用上线及环境准入负面清单等要求的系统性分区域环境管控体系。“三线一单”是基于环境管控单元的空间环境管控手段，是战略和规划环评落地的重要抓手，是对区域发展的环境准入建议及后续项目的环境准入要求和负面清单。根据所在区域划定的生态保护红线和城市新区环境保护目标，划定规划区域的生态保护红线和其他生态空间；基于区域的《大气污染防治行动计划》《水污染防治行动计划》《土壤污染防治行动计划》，结合环境质量标准和环境质量改善目标，确定城市新区环境质量底线；基于水、土、资源、能源等主管部门提出的总量和强度“双管控”要求，结合生态环境质量改善目标，提出水资源、土地资源、能源的总量、强度和效率指标，确定城市新区资源利用上线；在生态保护红线、环境质量底线、资源利用上线的基础上，从空间布局约束、污染物排放管控、环境风险防控、资源利用效率等方面，提出分区分类的环境准入要求和负面清单。

2.2.8 公众参与

公众参与可采取调查问卷、座谈会、论证会、听证会等形式进行。对于城市新区总体规划，参与的人员可以规划涉及的部门代表和专家为主。处理公众参与的意见和建议时，对于已采纳的，应在环境影响报告书中明确说明采纳的具体内容；对于不采纳的，应说明理由。

2.2.9 规划环境影响减缓对策与措施

环境影响减缓对策和措施包括影响预防、影响最小化及对造成的影响进行全面修复补救 3 方面的内容。影响预防对策和措施可从建立健全环境管理体系、建议发布的管理规章和制度、划定禁止和限制开发的区域、设定环境准入条件、建立环境风险防范与应急预案等方面提出。影响最小化对策和措施可从环境保护基础设施和污染控制设施建设方案、清洁生产和循环经济实施方案等方面提出。修复补救对策和措施主要包括生态修复与建设、生态补偿、环境治理，使用清洁能源与资源替代等方面。

第3章

规划分析方法

规划分析包括规划概述、规划的协调性分析和不确定性分析等。通过对多个规划方案具体内容的解析和初步评估，从规划与资源节约、环境保护等各项要求相协调的角度，筛选出备选的规划方案，并对其进行不确定性分析，给出可能导致环境影响预测结果和评价结论发生变化的不同情景，为后续的环境影响分析、预测与评价提供基础。

规划概述主要介绍城市新区规划编制的背景、规划范围与规划时限、规划功能定位、规划目标与规模、规划用地结构与空间布局、规划产业与产业布局、综合交通体系规划、基础设施建设规划（如给排水工程、能源工程、环卫基础设施等）、生态环境保护规划、近期建设规划等。

规划协调性分析主要分析规划定位、规模、布局、产业等各规划要素与上层位规划（国家经济社会发展规划、主体功能区划、区域发展规划、国家和地方层面的产业规划、生态环境保护规划、城市总体规划或空间规划）的符合性，重点分析规划之间在资源保护与利用、环境保护、生态保护要求等方面的冲突和矛盾。通过规划协调性分析，从多个规划方案中筛选出与各项要求较为协调的规划方案作为备选方案，或综合规划协调性分析结果，提出与环保法规、各项要求相符合的规划调整方案作为备选方案。

规划的不确定性是指规划编制及实施过程中可能导致环境影响预测结果和评价结论发生变化的因素。不确定性主要来源于两个方面：一是规划方案本身在某些内容上不全面、不具体或不明确；二是规划编制时设定的某些资源环境基础条件，在规划实施过程中发生的能够预期的变化。因此，规划的不确定性分析主要包括规划基础条件的不确定性分析、规划具体方案的不确定性分析及规划不确定性的应对分析 3 个方面。

常用的规划分析方法有情景分析法、系统动力学法和地理信息系统＋叠图分析法等。情景分析法主要用来分析和预测不同情景下的规划实施的环境影响程度，降低规划的不确定性分析带来的影响，为推荐环境可行的规划方案提供依据；系统动力学法主要用于辅助预测不同情景下的规划实施效果和环境影响；地理信息系统+叠图分析法主要用来分析规划布局与相关区划和规划的协调性。

3.1 情景分析法

3.1.1 情景分析法概述

情景分析法是通过对规划方案在不同时间和资源环境条件下的相关因素进行分析，设计出多种可能的情景，并评价每一情景下可能产生的对资源、环境、生态影响的方法。情景分析法可反映出不同规划方案、不同规划实施情景下的开发强度及其相应的环境影响等一系列的主要变化过程。

情景分析法已经成为一种被普遍接受的规划环境影响评价方法，它可以在一定程度上降低环境影响评价中的不确定性，有效处理动态性特征，更好地体现环境规划的时效性和政策性，从而使整体方案更具科学性和实用性，便于方案的比选。

情景分析法首先需要设计一个以环境现状和已有规划为基础的基准情景，在此基础上设计多个代表着对未来可能发展的替代情景；然后，利用情景分析法对不同情景的后果进行环境影响的系统分析和对比；最后，通过对各种情景结果在环境、社会、经济等方面的比较，提出最佳方案、不良影响的减缓措施及调控对策。

3.1.2 情景分析法的特点

未来是不确定的，所以存在多种可能。情景的作用正是向人们展示一系列可能的、看似合理的未来前景。因此，情景代表的并不是未来本身，而是一种预见未来的途径。情景分析法在未来预测中的特点体现在以下三个方面。

第一，该方法承认未来的发展是多样化的，有多种可能的发展趋势，因此，其结果也是多维的。

第二，该方法承认人在未来发展中的“能动作用”，充分利用参加人员的知识经验，发挥其想象力。因为人具有超强的想象和联想能力，所以由参加人员勾绘出来的未来情景可能包括很多计算机、数学模型无法预见的事件及其之间的联系，其结果是相对全面的。

第三，情景分析法是一种对未来进行研究的思维方法，具有很强的包容性。它不仅包括对未来情景的定性描述，还可以为各种定性、定量的预测打下基础。定性的情景描述与定量预测结合起来构成了完整的情景分析，其预测结果是定性、定量相结合的。

3.1.3 情景分析法的应用

情景分析法在规划分析中主要用于规划方案的不确定性分析，分析和预测不同情景下的环境影响程度和环境目标的可达性，为推荐环境可行的规划方案提供依据。情景分析法应用步骤如下。

3.1.3.1 不确定性因子识别

预测规划可能产生的环境影响时，必须解决规划内容本身存在的不确定性。规划通过指导、调整社会经济活动和改变内部自然环境，使规划朝着预期的方向变化。然而，决策是在大空间尺度下统筹安排中长期的人类活动，不可能对未来的活动做出详细、具体的计划。因此，规划系统本身的变化存在高度的不确定性。同时，外界因素，如外部政策、社会经济条件以及该区域所隶属大系统中的自然环境等，都是区域发展的驱动因子。

3.1.3.2 情景构建及其参数设定

识别出不确定性因子是情景分析法的关键驱动因素。识别不确定性因子后，在把握其历史和现状的基础上利用类比分析等方法预测因子的发展路径，构建情景。预测资源、环境等问题还需要开展定量预测，因此，还应当在定性情景下设定相应的定量参数，为后续的定量预测和评价做好准备。

（1）情景构建方法

预测规划可能产生的影响时，按照以下基本步骤构建情景：

① 预测驱动因子的发展路径。构建情景的关键是基于历史情况和现状，利用类比分析、头脑风暴、咨询调查等方法大胆预测驱动因子所有可能的、看似合理的发展路径。

② 筛选驱动因子。情景分析不可能包罗万象，应当关注对规划区域未来发展的重点领域，对预测后的驱动因子进行筛选。

③ 驱动因子聚类。筛选后按照驱动因子的发展路径及其在预测时间点所呈现的状态，采用因果链或因果网络等方法分析因子间的逻辑关系，对其进行聚类。

④ 选择主题撰写情景。根据每类因子的特征选择情景主题，完善情景的“故事情节”，构成多个情景。

（2）情景参数定量方法

情景分析最终要落实到定量预测上。由于情景的复杂性和不确定性，一般可在回顾分析的基础上结合专家咨询、头脑风暴、横向类比和参考国际数据等方法确定不同情景下参数的取值。

（3）基于情景的影响分析与评价

设计完成后的情景，还应当将情景分析与数学模型、系统动力学模型、地理信息系统技术等方法相结合，对各类资源环境影响展开预测，做出评价，并提出预防和减缓的对策和措施。

3.1.4 情景分析法的应用案例

案例 青岛某新区采用情景分析法构建规划情景

青岛某新区发展规划对新区部分经济增长指标提出了定量的规划目标值，包括第一、第二、第三产业的发展目标。由于规划文本中定性描述较多，并没有对分支行业的发展目标提出明确指标，通过分析规划中关于产业发展的定性、定量描述，以规划文本中提出的定量化经济增长指标作为产业发展情景的基准，并在此定量化的规划目标限定下，针对主导行业的不同发展状况分别提出分支行业的发展情景。

3.1.4.1 规划目标

《某新区产业发展规划》提出：到2020年经济总量达到5000亿元，三次产业比例约为1.5∶43.5∶55；2030年达到10000亿元，三次产业比例约为1∶39∶60。

3.1.4.2 污染源的不确定性

《某新区产业发展总体规划》给出了新区在未来的发展规模、性质、生产力布局、产业结构、功能布局、土地利用规划、污染综合治理等方面的战略性规划，而具体建设项目、污染源种类、污染源分布、污染物排放量等均属不确定性因素。

污染源与城市环境质量密切相关，因此城市规划污染源的不确定性必然会引起其环境影响的不确定性。污染源的不确定性主要体现为产业布局中各行业规模、布局的不确定性。

3.1.4.3 产业发展情景的设置基准

（1）情景分析的不确定因素和焦点因子

规划的资源、能源、污染物排放变化不确定因素主要有行业（工业、农业）的单位GDP（国内生产总值）能耗、水耗水平。

上述不确定因素涉及的情景分析的驱动因子包括：产业宏观调整经济政策、行业技术政策；工业技术水平、管理水平，排污标准和清洁生产水平；规划所考虑的三次产业结构；交通运输量增长趋势等。

情景分析的焦点因子：按照上述不确定因素间的逻辑关系，污染排放情景变化聚焦于能源、水资源两方面，也就是说，所有的驱动因子均与这两个因子有直接的逻辑关系，所以能源、水资源为情景分析的焦点因子。

符合节能减排要求的产业结构与环境污染特征情景分析思路如图 3-1 所示。

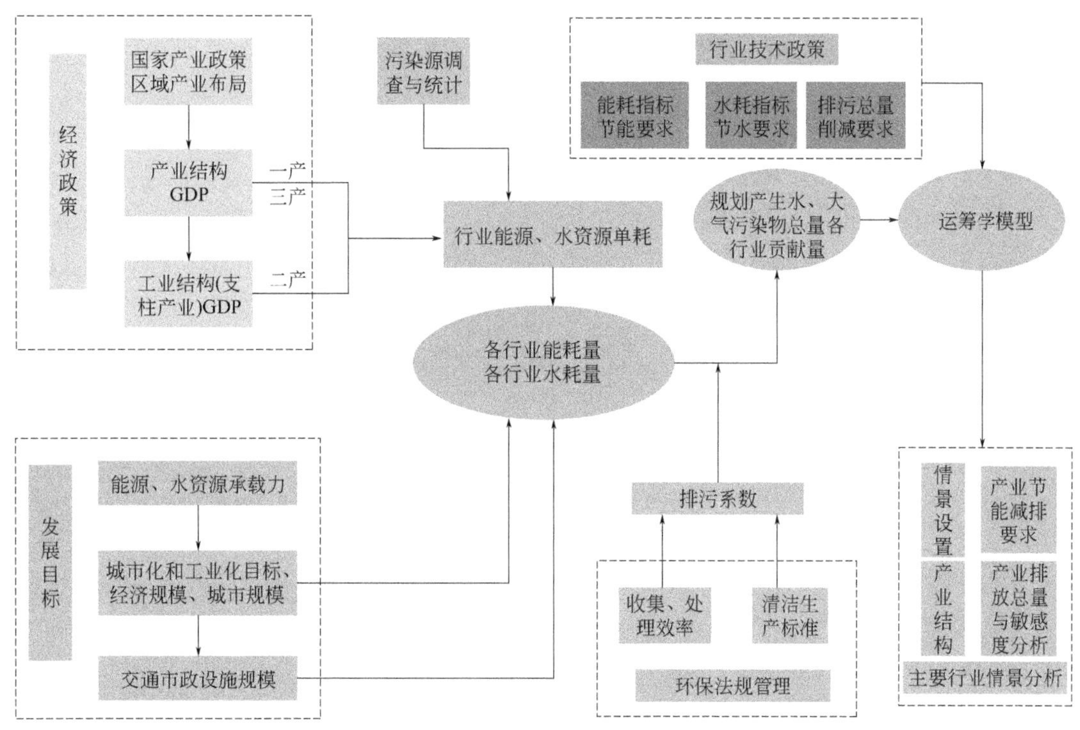

图 3-1 符合节能减排要求的产业结构与环境污染特征情景分析思路

(2) 驱动因子的归一化处理

采用投入产出法，即将 GDP 目标、污染物排放量、能耗转变为一个线性问题进行求解。驱动因子即线性问题的变量，归一化即变量的线性化。

外在驱动力量，包括政治、经济、社会、技术各层面，以决定关键决策因素的状态；其中应重点考虑国家产业结构调整政策、国务院关于节能减排综合性工作方案、国家发展改革委产品能源消耗限额、国家清洁生产标准、国务院关于加快发展服务业的若干意见、山东省重点工业行业产品用水定额等。

规划的经济目标采用不变价格计算，各行业的规模与 GDP 的关系采用现状推算，规划年经济规模和 GDP 的关系也采用现状推算；为取得上述驱动因子与 GDP 的量化关系，需要对驱动因子进行归一化处理，即将现行技术标准和规划年技术标准的比值，作为归一化的驱动因子；建立规划年各行业单位 GDP 与排污量、能耗、水耗关系的模型。

(3) 选择不确定性分析的轴向

本节选用投入产出模型，模拟污染物排放与各驱动因子的逻辑关系。目标函数为工业行业、三产的 GDP 之和的最大化；选择节能减排指标为约束条件；传递函数为各个行业 GDP 与排污量、能耗、水耗之间的逻辑关系（驱动因子）；通过投入产出模型，得到定向的优化结果。

产业结构调整的计算采用试差法，调整各个行业 GDP 规模，寻求目标函数最接近规划目标各个行业 GDP 的结果；此结果与原规划产业结构的区别，即为产业结构调整方案。模型如下。

目标函数：

$$\max f(m)=\sum m_i$$

约束条件：

$$\sum E_i \leqslant E_0$$
$$\sum W_i \leqslant W_0$$
$$\sum Q_i \leqslant Q$$
$$\sum P_i \leqslant P$$

式中　i——工业、第三产业；

m——产业的增加值，万元/a；

E_i——产业的综合能耗（按标煤计），t/a；

E_0——规划年的综合能耗（按标煤计），t/a；

W_i——产业消耗的新鲜水量，10^4t/a；

W_0——新区规划年消耗的新鲜水量，10^4t/a；

Q_i——产业 SO_2、NO_x 排放量，t/a；

Q——新区规划年 SO_2、NO_x 的总量控制目标，t/a；

P_i——产业 COD、氨氮排放量，t/a；

P——新区规划年 COD、氨氮的总量控制目标，t/a。

（4）发展情景逻辑

产业发展的情景设置以工业为主，选定大气污染物、水污染物排放量的变化趋势，进行情景变化特征和量化分析。因“十二五”期间新区已形成鲜明的支柱产业、完整的工业体系，且产业结构较为合理，故规划水平年的情景预测，不准备对产业结构做大的调整，除支柱产业参照《新区“十三五”社会经济发展规划》所列指标推算外，其他行业的经济规模预测采用外推法估算。

依据规划中对新区主导产业发展速度的预期，得到基准情景 2020 年主导产业的规划目标产值，并在此基础上完成 2020 年产业结构的情景设置。由于基准年距 2020 年时间跨度不大，能耗、煤耗、水耗可使用新区行业现状水平进行推算，污染物排放水平采用新区现状先进水平进行推算，估算 2020 年的环境情景。

2030 年新区产业发展的环境影响评价设置情景。首先对工业中 12 种主要行业的发展规模作出预测；其次在工业总量规划目标值的框架下，依据主要行业不同的发展速度、产业结构设置情景。

1）2030 年情景 1：调整行业发展规模　考虑到 2030 年的规划目标，2030 年常规水源用水总量控制在 $3.6445\times10^8\mathrm{m}^3$，万元工业增加值用水量为 $3.3\mathrm{m}^3$，新区 COD 排放量控制在 11834.17t，SO_2 排放量控制在 24846.74t，万元生产总值综合能耗（按标煤计）降至 0.55t 以下；2030 年《某新区产业发展规划》给出了万元生产总值综合能耗（按标煤计）降低到 0.32t 以下，其他指标没有明确给出，所以 2030 年设定的环境目标以 2020 年的目标值为基准。

经济建设、资源利用与环境保护的关系基本协调，这种协调关系建立在先进工业技术体系之上，因此，行业能耗、水耗、产排污系数达到清洁生产一级水平或者现状先进水平，并以此分析设定的环境情景。

新区发展规划没有提出 2030 年各行业具体的发展速度，根据 2030 年规划的经济总量目标 10000 亿元，2020 年后工业增加值年均增长速度为 6.01%。考虑到调整关闭的污染源和增加拟建的污染源，各行业采用外推法，按照平均增长速度。

2）2030 年情景 2：调整第二产业的发展速度　采用试差法调整产业结构约束方程，使目标函数（GDP 最大化）最大限度地逼近规划的 GDP 总量目标。调整产业结构约束条件时，注意使产业结构变化呈现连续、平稳的状态。

考虑到第二产业中，不同行业的发展速度不同，工业加工度和技术密集度明显提高，新区逐渐向综合性基地转型提升；崛起新兴支柱产业、高端新兴产业达到规模量级，具有较强的支撑带动作用。据此，海洋生物、船舶海工产业发展速度为 10%，信息技术、家电电子、通用航空产业发展速度为 8%，机械装备、汽车制造、新材料产业发展速度为 6%，高耗能的电力行业维持 2020 年的规模不变，其他行业发展速度稍缓，调整为 2%。具体产业发展情景见表 3-1。

表 3-1　产业发展情景　　单位：亿元

编号	行业名称	2020 年	2030 年		
			情景 1	情景 2	情景 3
1	电力、热力的生产和供应	25	44.8	25.0	25.0
2	石油化工	280	502.2	341.3	297.6
3	机械装备	280	502.2	501.4	437.2
4	家电电子	400	717.4	863.6	752.9
5	船舶海工	140	251.1	363.1	316.6
6	汽车制造	200	358.7	358.2	312.3
7	信息技术	220	394.7	475.0	414.1
8	海洋生物	60	107.6	155.6	135.7
9	通用航空	40	79.8	86.4	75.3
10	新材料	180	322.8	322.4	281.0
11	食品加工	200	358.7	243.8	212.5
12	节能环保	120	215.3	146.3	127.5
13	其他工业	25	44.8	30.5	26.6
14	第一产业	80	100.0	100.0	100.0
15	第三产业	2750	6000.0	6000.0	6500.0
总计		5000	10000.0	10012.6	10014.3

3）2030 年情景 3：调整行业结构和产业结构　以情景 2 为基础，根据国家对第三产业的政策，设定 2030 年新区第三产业在三次产业结构中的比例为 65%，产业发展情景见表 3-1。

（5）规划年大气污染物排放量的预测结果

2020 年、2030 年情景 1、2030 年情景 2、2030 年情景 3 新区 SO_2 排放总量预测分别为 21833.7t/a、27996.2t/a、21136.1t/a、19980.4t/a。

2020 年、2030 年情景 1、2030 年情景 2、2030 年情景 3 新区 NO_x 排放总量预测分别为 23601.1t/a、29612.5t/a、22074.8t/a、20888.2t/a。

2020 年、2030 年情景 1、2030 年情景 2、2030 年情景 3 新区 PM_{10} 排放总量预测分别为 16227.0t/a、21938.1t/a、20080.2t/a、20178.5t/a。

新区"十二五"大气环境 SO_2、NO_x 总量控制目标分别为 24846.74t/a 和 28026.39t/a，在 2020 年，按照"增产不增污"的原则，SO_2、NO_x 总量控制目标分别为 24846.74t/a 和 28026.39t/a。将新区规划年大气污染物预测排放量与规划年大气环境总量控制目标相对比，分析规划年新区大气环境总量控制目标实现的可行性，比较内容见表 3-2。

表 3-2　大气污染物排放总量预测值和大气环境总量控制目标

名称	2020 年	2030 年情景 1	2030 年情景 2	2030 年情景 3
预测 SO_2 排放量/t	21833.7	27996.2	21136.1	19980.4
规划 SO_2 总量目标/t	24846.74	24846.74	24846.74	24846.74
变化率/%	−12.1	12.7	−14.9	−19.6
预测 NO_x 排放量/t	23601.1	29612.5	22074.8	20888.2
规划 NO_x 总量目标/t	28026.39	28026.39	28026.39	28026.39
变化率/%	−15.8	5.7	−21.2	−25.5

通过表 3-2 可以看出，在 2020 年，大气污染物的排放总量预测值比规划总量目标低，说明在 2020 年，既可以实现"十三五"规划的经济目标，又可以满足新区大气环境总量控制的要求。

对于 SO_2，在 2030 年，情景 1 的预测值比规划总量目标高 12.7%，说明情景 1 虽然可以实现规划年的经济发展目标，但不能满足规划年新区大气环境总量控制目标。情景 2 的预测值比规划总量目标低 14.9%，情景 3 的预测值比规划总量目标低 19.6%，说明情景 2 和情景 3 的设置既符合新区产业规划要求，又可以实现规划年经济发展的目标，同时也满足新区大气环境总量控制目标的要求。

对于 NO_x，在 2030 年，情景 1 的预测值比规划总量目标高 5.7%，说明情景 1 虽然可以实现规划年的经济发展目标，但不能满足规划年新区大气环境总量控制目标。情景 2 的预测值比规划总量目标低 21.2%，情景 3 的预测值比规划总量目标低 25.5%，说明情景 2 和情景 3 的设置既符合新区产业规划要求，又可以实现规划年经济发展的目标，同时也满足新区大气环境总量控制目标的要求。

3.2 系统动力学法

3.2.1 系统动力学法概述

系统动力学法是一种以计算机仿真技术为辅助手段，通过建立系统动力学模型进行系统模拟，研究复杂社会经济系统的定性与定量相结合的分析方法。系统动力学法以现实存在的系统为前提，从系统的微观结构入手建模，构造系统的基本结构和信息反馈机制，进而模拟与分析系统的动态行为，可以分析研究信息反馈结构、功能与行为之间动态的对立统一的辩证关系，是一种从结构机制上认识与理解动态系统的科学思维方法。

3.2.2 系统动力学法的特点

系统动力学可以从定性和定量两方面综合地研究系统整体运行状况，通过分析各要素之间的联系和反馈机制，综合协调各要素，从而为制定有利于区域可持续发展的规划方案提供指导。在规划环境影响评价中使用系统动力学法，评价结果可信度高，对于规划要素的调整反应灵敏。其不足是对较复杂的系统进行模拟时，需要的参数多且难以准确设定，可能导致预测结果失真。

3.2.3 系统动力学法的应用

系统动力学法主要用于辅助预测不同情景下的规划实施效果和环境影响。使用情景分析法对规划方案设置不同的情景后，通过系统动力学法确定不同情景下的系统参数，并运用计算机仿真模拟出结果，进而判断设置情景的优劣，筛选出合理的规划方案。系统动力学建模及解决问题可分为以下 5 个步骤。

（1）系统分析

系统分析是用系统动力学解决问题的第一步，其主要任务是明确研究的对象，确定系统的目标和边界。其主要内容包括：调查收集有关系统的情况与统计数据；了解用户提出的要求、目的，明确要解决的问题；分析系统的基本问题与主要问题、基本矛盾与主要矛盾、基本变量与主要变量；初步确定系统的界限并确定内生变量、外生变量、输入变量；确定系统行为的参考模式。

（2）系统结构分析

根据系统内部各因素之间的关系设计系统流程图，目的是反映各因素的因果关系、不同变量的性质和特点。这一步的主要任务是处理系统信息，分析系统中的主要变量及其有关因素间的反馈机制，主要包括：分析系统总体与局部的反馈机制；划分系统的层次与子块；分析系统的变量和变量间的关系，定义变量（包括常数），确定变量的种类和主要变量；确定回路和回路间的反馈耦合关系；初步确定系统的主回路及其性质；分析主回路随时间转移的可能性。

（3）构建数学模型

根据环境承载力及系统要素之间的反馈关系，建立描述各类变量的数学方程，通常包括状态方程、常数方程、速率方程、表函数、辅助方程等，估计或确定方程参数。

（4）模型仿真计算和模型修改调整

将各规划方案确定的不同输入变量，利用计算机仿真模拟软件对所建立的模型进行模拟仿真计算，得出不同规划方案下的环境承载力、国内生产总值、人口数、资源条件、环境质量等指标，对仿真计算结果进行解释，同时将结果与实际情况进行对比检验，并对模型结构及相关参数进行调整和修改，使之尽量符合实际系统的行为特点，然后重新进行模拟仿真，重复数次直至模型行为基本符合系统的实际情况，满足目标要求。

（5）规划分析与反馈

使用检验好的模型，针对相关规划实施后系统目标问题所产生的变化和影响做出仿真模拟预测，并根据仿真结果对规划提出修改建议。

3.2.4 系统动力学法的应用案例

案例　系统动力学法应用于山西省临汾市转型发展规划环境影响评价

图 3-2 是山西省临汾市转型发展规划环境影响评价系统动力学模型示意。根据临汾市发展目标及定位，将其环境影响系统划分为经济发展子系统、能源消耗子系统和污染物排放子系统。其中，经济发展子系统主要变量包括 GDP 增长速度、增长方式（如三次产业结构、主导产业比重）及其调整方式等；能源消耗子系统和污染物排放子系统主要变量包括主导产业规模、能耗，污染物排放强度，节能减排目标完成情况等。3 个子系统中，经济发展起驱动作用，GDP 增长速度及增长方式是能源消耗和污染物排放强度的主要影响因素，具有规模效应和结构效应，即经济规模越大，经济结构越偏重，则能源消耗和污染物排放强度越大；反过来，若环境质量改变则对经济发展具有明显的反馈作用。例如，针对环境污染提出的总量控制政策、环境准入政策、结构调整政策等，都在很大程度上制约了经济的无序扩张；同时，提高能源消耗子系统和污染物排放子系统的节能减排技术标准既具有技术效应，又能对经济增长起到积极的促进作用。

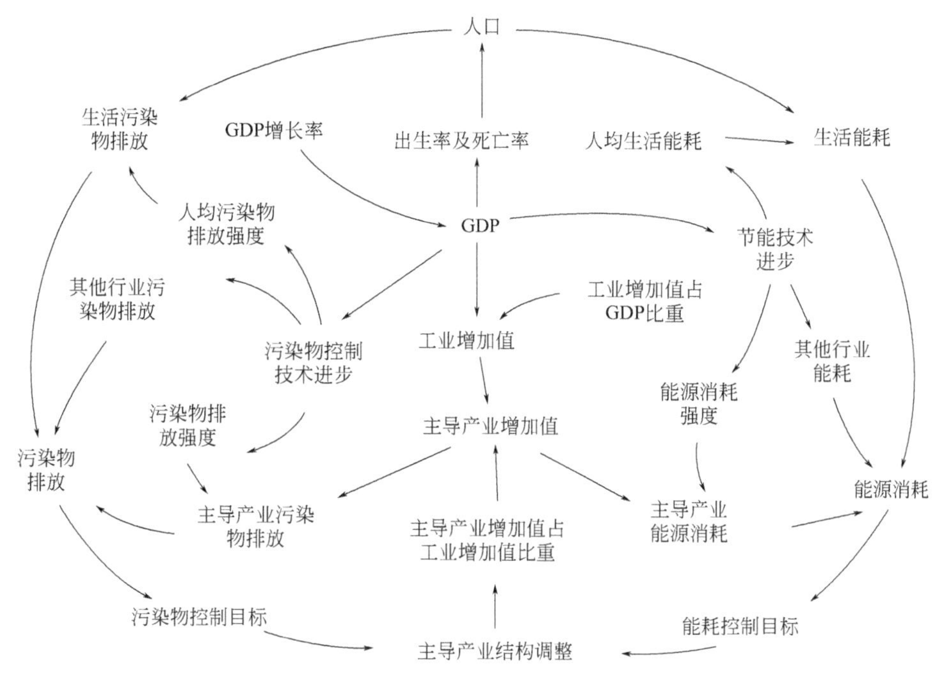

图 3-2　山西省临汾市转型发展规划环境影响评价系统动力学模型示意

3.3 地理信息系统+叠图分析法

3.3.1 地理信息系统的概述

3.3.1.1 地理信息系统的概念

地理信息系统（GIS）是在计算机硬件系统与软件系统支持下，以采集、存储、管理、检索、分析和描述空间物体的定位分布及与之相关的属性数据，并回答用户问题等为主要任务的计算机系统。它是一门集计算机科学、地理学、测绘学、环境科学、城市科学、空间科学、信息科学和管理科学等学科于一体而迅速发展起来的新兴边缘学科。

一个完整的地理信息系统应包括计算机硬件系统、计算机软件系统、地理数据库系统和应用人员与组织机构 4 个基本组成部分。

3.3.1.2 地理信息系统的功能

（1）空间分析功能

空间分析功能是 GIS 的核心功能，也是它与其他计算机制图软件的根本区别。GIS 的空间分析功能有 3 个不同的层次。

① 空间检索，包括从空间位置检索空间物体及其属性和从属性检索空间物体。

② 空间拓扑叠加分析，空间拓扑叠加实现了输入特征的属性合并以及特征属性在空间上的连接，其本质是空间意义上的布尔运算。

③ 空间模型分析，该层次的应用和研究可分为3类，即GIS外部的空间模型分析、GIS内部的空间模型分析和混合型的空间模型分析。

作为空间信息自动处理与分析系统，GIS的功能贯穿“数据采集-数据分析-决策应用”的全过程。

(2) 数据采集、检验与编辑功能

数据采集、检验与编辑功能是GIS的基本功能之一，主要用于获取数据，保证数据库中的数据在内容与空间上的完整性，数据值逻辑的一致性、正确性等。

(3) 数据操作功能

GIS的数据操作功能包括数据格式化、转换和概化。数据格式化是指不同数据结构的数据间的转换。数据转换包括数据格式转化和数据比例尺的变换等。数据概化包括数据平滑、特征集结等。

(4) 数据的存储与组织功能

数据的存储与组织是建立GIS数据库的关键步骤，包括空间数据和属性数据的组织。栅格模型、矢量模型和栅格/矢量混合模型是常用的空间数据组织方法。目前属性数据的组织方式有层次结构、网状结构和关系数据库管理系统（RDBMS）等，其中RDBMS是目前应用最广泛的数据库管理系统。

(5) 分析、查询、检索、统计和计算功能

模型分析是GIS应用深化的重要标志，如图形图像叠合和分离功能、缓冲区功能、数据提炼功能及分析功能等。利用GIS可以方便地进行有用信息的查询和检索（通过菜单或命令），通过模型数据库可以方便地进行统计和计算。

(6) 空间显示功能

GIS具有良好的用户界面，其二维和三维的动态显示功能具有鲜明的特点，直观和方便的显示方式对辅助决策极为有用。

3.3.2 地理信息系统的特点

GIS具有以下3个方面的特征：

① 具有空间性和动态性，并且能采集、管理、分析和输出多种地理信息；

② 由于GIS对空间地理数据管理的支持，可以基于地理对象的位置和形态特征，使用空间数据分析技术，从空间数据中提取和传输空间信息，最终可以完成人类难以完成的任务；

③ GIS的重要特征是计算机系统的支持使其能精确、快速、综合地对复杂的地理系统进行过程动态分析和空间定位。

3.3.3 地理信息系统+叠图分析法的应用

叠图分析法是将自然环境条件（如水系等）、生态条件（如重点生态功能区等）、社会经济背景（如人口分布、产业布局）等一系列能够反映区域特征的专题图件叠放在一起，并将规划实施的范围、产生的环境影响预测结果等在图件上表示出来，形成一张能综合反映规划环境影响空间特征的地图。叠图分析法借助地理信息系统，主要以规划方案和图件为依据，采用 GIS 的显示、查询、空间分析等功能辅助叠图分析法对规划方案进行分析。将规划图件导入 GIS 的空间数据库，结合基础地理数据、环境保护目标、生态敏感点图层、生态功能区划、环境功能区划和环境现状分析，在空间维度分析对比规划布局与区域主体功能区规划、生态功能区划、环境功能区划和环境敏感点之间的关系，分析规划的协调性。叠图分析法能够直观、形象、简明地表示规划实施的单个影响和复合影响的空间分布，适用范围广。

3.3.4 地理信息系统+叠图分析法的应用案例

案例　地理信息系统+叠图分析法用于柳州市某新区水源保护区的规划环评分析

柳州市某新区规划环境影响评价应用 GIS，将规划范围内的水源保护区与规划土地利用结构叠加。规划区范围内涉及某水源地，其中水源地的二级保护区范围内规划了部分居住用地和商业用地，与水源地保护存在矛盾，评价建议按照水源地保护要求调整该范围的用地性质。水源地与新区规划位置具体情况如书后彩图 1 所示。

第4章

规划环境影响识别与评价指标体系构建

4.1 规划环境影响识别

规划环境影响识别主要是通过识别规划实施可能影响的资源与环境要素，建立规划要素与资源、环境要素之间的关系，初步判断影响的性质、范围和程度，进而建立评价指标体系。矩阵法、网络法和压力-状态-响应分析法是规划环境影响识别中比较常用的方法，以下分别介绍这 3 种方法。

4.1.1 矩阵法

4.1.1.1 矩阵法的概述

矩阵是一种用来反映人类活动和环境资源或相关生态系统之间的交互作用的二维核查表。它本来用于评估一个项目或行为与环境资源直接相互作用的大小和重要性，现已被扩展到用于考查一个规划或多项活动对环境的影响。矩阵法可以将矩阵（经过矩阵代数）中每个元素的数值，与对各环境资源、生态系统和人类的各种行为产生的累积效应的评估很好地联系起来。可将规划要素（即主体）与资源环境要素（即受体）作为矩阵的行与列，并在相对应位置用符号、数字或文字表示两者之间的因果关系。矩阵法有简单矩阵、Leopold 矩阵、Phillip-Defillipi 改进矩阵、Welch-Lewis 三维矩阵等。

4.1.1.2 矩阵法的特点

矩阵法的优点是可直观地表示主体与受体之间的因果关系，表征和处理由模型、图形叠置和主观评估方法取得的量化结果，可将矩阵中资源与环境各个要素，与人类各种活动产生的累积效应很好地联系起来。其缺点是较少体现主体对受体产生影响的机理，不能表示影响作用是即时发生的还是延后发生的、是长期的还是短期的，难以处理间接影响和反映不同层次规划在复杂时空关系上的相互影响。

4.1.1.3 矩阵法的应用

矩阵法主要用于规划环境影响识别与评价指标的构建，也可以用于规划分析和累积影响评价。矩阵法的应用步骤为：

① 梳理规划要素，识别可能对环境产生影响的项目和行为，将其作为矩阵的列；

② 识别可能受影响的主要环境要素，将项目实施后可能产生的各种环境影响作为矩阵的行；

③ 确定①与②之间的关系，将项目对环境的影响程度划定级别，并在矩阵中标出规划项目对环境的影响程度。

输入矩阵的数据可以是以一种影响的有或无（如二进制数“0”与“1”），也可以选择基于诸如大小、重要性、持续性、发生概率或可否减小等因子数值的大小来评判环境影响。输入的数据可以反映一些可度量值，也可以反映一些影响的等级。

4.1.1.4 典型案例

案例　采用矩阵法识别某新区的环境影响

表 4-1 是某新区总体规划对环境要素的环境影响识别矩阵。

矩阵法识别该新区环境影响的具体过程为：梳理规划要素，分析规划内容，把规划内容拆分成小的规划要素；识别可能受影响的主要环境要素，将规划对环境产生的影响分为环境资源、环境质量、生态环境、社会经济 4 个方面，并进一步细化环境要素；依据资料查阅、专家咨询和经验判断等方法确定规划内容对环境要素的影响程度。

4.1.2 网络法

4.1.2.1 网络法的概述

网络法（Networks）可表示规划造成的环境影响及其与各种影响间的因果关系，尤其是由直接影响所引起的二次、三次或更多次影响，通过多次影响逐步展开，形成树枝状的结构图，因此，又称为影响树法。它以原因-结果关系树或关系网表示环境影响链，特别适合反映次级影响（间接影响或累积影响），识别结果的使用者可以通过网络法的链接关系找出影响的根本原因和最终结果。目前，网络法主要有因果网络法和影响网络法两种应用形式。

表 4-1　某新区总体规划对环境要素的环境影响识别矩阵

规划内容			环境资源			环境质量						生态环境		社会经济
			土地资源	能源	水资源	大气	地表水	地下水	土壤	固体废物	环境噪声	生态系统	城市景观	
城乡统筹规划		人口增加	−3s	−3s	−2s	−2s	−1s	−1s	−2s	−1s	−1s	−3s	+1s	+2s
		城镇化率提高	−3s	−3s	−2s	−2s	−1s	−1s	−2s	−1s	−1s	−3s	−1s	+3s
产业发展	第一产业	生态农业	−3s	−3s	−3s	—	−1s	−1s	−1s	−1s	—	−1s	+1s	+1s
		生态林业	+2s	−1s	−2s	+2s	+2s	+2s	+3s	—	—	+3s	+3s	+3s
	第二产业	石油化工	−2s	−3s	−3s	−3s	−3s	−3s	−2r	−3s	−1s	−2r	−2s	+3s
		装备制造	−2s	−2s	−2s	−2s	−2s	−2s	−2r	−2s	−1s	−1r	−1s	+3s
		新材料	−2s	−2s	−2s	−2s	−2s	−2s	−2r	−2s	−1s	−1r	−1s	+3s
		生物医药	−2s	−1s	−2s	−2s	−2s	−1s	−2r	−1s	−1s	−1r	−1s	+3s
		高新技术	−2s	−1s	−1s	−1s	−1s	−1s	−2r	−1s	−1s	−1r	−1s	+3s
	第三产业	现代物流	−1s	−1s	−1s	−1s	−1s	−1s	−1r	−1s	−1s	−2r	−1s	+3s
		现代服务业	−2s	−1s	−1s	−1s	−1s	−1s	—	−1s	−1s	—	−1s	+3s
		旅游业	−1s	−1s	−1s	−1s	−1s	−1s	−1r	−1s	—	+2s	+2s	+3s
空间布局	工业园区建设		−3s	−3s	−3s	−3s	−3s	−3s	−2r	−2s	−1s	−2r	+2s	+3s
	城市集中区、生活区		−3s	−2s	−2s	−1s	−1s	−1s	−1s	−3s	−1s	−2s	+1s	+2s
生态保护		生态建设	+2s	−1s	−2s	+2s	+2s	+2s	+3s	—	—	+3s	+3s	+3s
		景观绿化	+3s	−1s	−3s	+3s	+3s	+2s	+2s	−2s	—	+2s	+2s	+2s
		环境保护	+3s	+3s	—	+3s	+3s	+2s	+3s	+3s	+3s	+3s	+3s	+3s

续表

规划内容			环境资源			环境质量						生态环境		社会经济
			土地资源	能源	水资源	大气	地表水	地下水	土壤	固体废物	环境噪声	生态系统	城市景观	
综合交通规划		机场建设(扩建跑道)	−1s	—	—	−1r	—	—	—	−1s	−3s	−1s	−2s	+3s
		公路建设	−3s	—	—	−2s	—	−1s	−1r	—	−3s	−2s	−2s	+3s
		铁路建设	−3s	—	—	−1s	—	−1s	−1r	—	−3s	−2s	−2s	+3s
		轨道交通	−3s	—	—	−1s	—	−1s	−1r	—	−3s	−2s	−2s	+3s
市政公用设施规划	水资源与供水排水	引水工程改造	−1s	—	+3s	—	+3s	—	−1r	+1s	—	+3s	—	+3s
		新建水库	—	—	—	—	−2r	+1s	−1s	+1s	—	+2s	—	+3s
		新、扩建净水厂	−2s	−1s	—	—	—	—	—	—	—	—	—	+3s
		新建污水处理厂	−2s	−1s	+2s	−1s	+3s	+2s	+3s	+3s	−1s	+3s	—	+3s
	供电	输电线路建设	−1s	—	—	—	—	—	—	−1s	—	−1r	—	+3s
	燃气	天然气管网建设	−1s	—	—	+2s	—	—	—	—	—	−1r	—	+3s
	供热	新建热电厂	−1s	+3s	−2s	−3s	—	−1s	−3s	−2s	−1s	−1r	—	+3s
		热网建设	−1s	—	—	—	—	—	—	—	—	−1r	—	+3s
	环境卫生	卫生填埋	−2s	—	—	−1s	—	−1r	−2s	−2s	—	−1s	—	+3s
		环卫设施配套建设	—	—	—	—	—	—	—	—	—	—	—	+3s

注：1.“+”表示有利影响，“−”表示不利影响；

2.“r”表示可逆或短期影响，“s”表示不可逆或长期影响；

3.3，2，1分别表示强、中、弱影响。

（1）因果网络法

因果网络法实质是一个包含规划及其所包含的建设项目、建设项目与受影响环境因子以及各因子之间联系的网络图。优点是可以识别环境影响发生途径，可依据其因果联系设计减缓和补救措施。缺点是如果分析过细，在网络中出现了可能不太重要或不太可能发生的影响；如果分析得过于笼统，又可能遗漏一些重要的影响。

（2）影响网络法

影响网络法是对影响矩阵中关于规划要素与可能受影响的环境要素进行分类，并对影响进行描述，最后形成一个包含所有评价因子（即各规划要素、环境要素及影响或效应）的联系网络。

4.1.2.2 网络法的特点

网络法的优点是方法简单，易于理解，能明确地表述环境要素间的关联性和复杂性，能够有效识别次级影响和累积效应；可以分辨直接影响和间接影响；可识别实施战略行为的制约因素。缺点是无法进行定量分析，不能反映具有时间和空间跨度的环境影响及其变化趋势，表达结果非常复杂；难以建立可比性单位，无法定量描述影响程度。

4.1.2.3 网络法的应用

网络法普遍适用于各类规划的环境影响评价，主要用于环境影响识别与评价指标确定。网络法的应用重点是可表示规划要素与可能受影响的环境要素间的因果关系，尤其是直接影响所引起的间接影响。网络法应用的主要步骤如下：

① 识别出规划要素，包含规划及其所包含的建设项目；

② 找出可能受影响的环境要素，包括受影响环境因子和其他因子；

③ 分析规划要素与环境要素之间的影响关系，对影响进行描述，并根据影响联系设计减缓及补救措施。

4.1.3 压力-状态-响应分析法

4.1.3.1 压力-状态-响应分析法的概述

压力-状态-响应分析法（pressure-state-response analysis，PSR）由三大类指标构成，即压力、状态和响应指标。其中，压力指标表述规划实施将产生的环境压力或导致的环境问题，如由于过度开发导致的资源耗竭，污染物无序或超标排放导致的环境质量恶化等；状态指标表征生态、环境现状及其发展变化趋势，是对压力的直接反映；响应指标表征社会对生态环境变化做出的响应，是指为减缓环境污染、生态退化和资源过度消耗，而需要调整的规划内容、制定的政策措施等。驱动力-压力-状态-影响-响应

(DPSIR）模型是PSR模型的扩展和修正，增加了造成“压力”的“驱动力”，以及对资源、环境、生态的“影响”。

具体来说，压力指标表征人类的经济和社会活动对环境的作用，如资源索取、物质消费以及各种产业运作过程所产生的物质排放等对环境造成的破坏和扰动的活动，这种作用与生产消费模式紧密相关，包括直接压力指标（如资源利用、环境污染）和间接压力指标（如人类活动、自然事件），它能反映“状态”形成的原因，同时也是政策“响应”的结果。状态指标表征特定时间阶段的环境状态和环境变化情况，包括生态系统与自然环境现状，人类的生活质量和健康状况等，它反映了特定“压力”下环境结构和要素的变化结果，同时也是政策“响应”的最终目的。响应指标包括社会和个人如何行动来减轻、阻止、恢复和预防人类活动对环境的负面影响，以及对已经发生的不利于人类生存发展的生态环境变化进行补救的措施，如法规、教育、市场机制和技术变革等，它反映了社会对环境“状态”或环境变化的反应程度，同时也为人类活动提供政策指导。

PSR框架指标体系能较好地反映人类活动、环境问题和政策之间的联系，该框架体系倾向于认为人类活动和生态环境之间的相互作用是呈线性关系的。该体系以环境生态资源面的“状态”来呈现环境恶化或改善的程度，以经济与社会面的“压力”来探讨对环境施压的社会结构与经济活动，以政策与制度面的“响应”来反映制度响应环境生态现状与社会经济压力的情形。

4.1.3.2 压力-状态-响应分析法的特点

压力-状态-响应分析法构建的指标体系反映了指标之间的因果关系和层次结构。该方法具有以下特点：

① 将压力指标放在指标体系的首位，突出了压力指标的重要性，强调了规划实施可能造成环境与生态系统的改变；

② 涵盖面广，综合性强。

4.1.3.3 压力-状态-响应分析法的应用

PSR结构模型是规划环境影响识别与评价指标体系建立常用的方法之一。PSR结构模型的应用重点是区分3种类型指标，即环境压力指标、环境状态指标和社会响应指标，主要步骤如下：

① 识别出压力指标，找出规划实施将产生的环境压力或导致的环境问题；

② 依据识别出的压力指标，找出衡量环境质量及其变化的状态指标，表征特定时间阶段的环境状态和环境变化情况；

③ 根据前面识别的压力指标和状态指标，给出响应指标，提出社会和个人应如何行动来减轻、阻止、恢复和预防人类活动对环境的负面影响，以及对已经发生的不利于人类生存发展的生态环境变化进行补救的措施。

4.2 规划环境影响评价指标体系的构建

在构建城市新区规划环境影响评价指标体系时，需根据拟评价规划的生态环境目标，以及所在区域对新区的生态环境要求，在识别规划实施后可能影响资源和环境要素的基础上，结合环境质量现状调查与评价的结果，构建相应的评价指标体系。评价指标体系的构建应以城市新区可持续发展内涵为出发点，根据环境影响识别结果，包括影响性质（正、负效应）、影响范围（局部、整体）、影响方式（直接、间接）、影响程度（轻、中、重）、影响可逆性（可逆、不可逆），建立城市新区规划环境影响评价指标体系。选择的评价指标应充分体现国家发展战略和生态环境保护战略、政策、法规的要求，体现规划特点及其城市发展过程中的主要环境影响特征，并易于统计、比较、量化和考核，建立的评价指标既要作为规划环评的基础，也要作为规划实施后新区环境管理考核的内容。评价指标的目标值应根据相关标准、国际或国家先进经验、区域环境质量现状、生态环境规划、“大气十条”“水十条”“土十条”考核指标等，确定指标目标值。考虑到新区不同发展阶段的建设重点不同，指标应设置低、中、高不同的比例。

新区规划环境影响评价指标如表 4-2 所列。

表 4-2　新区规划环境影响评价指标

生态环境目标		评价指标	单位	指标性质
发展规模		地区生产总值	亿元	指导性指标
		人口	万人	指导性指标
		高新产业占 GDP 的比例	%	指导性指标
资源能源	水资源	万元 GDP 用水量	m^3	约束性指标
		单位工业增加值用水量	m^3/万元	约束性指标
		农业灌溉水有效利用系数	—	约束性指标
		工业废水重复利用率	%	约束性指标
		中水回用率	%	约束性指标
	土地资源	单位工业用地产值	亿元/km^2	约束性指标
		受保护地区占区域面积比例	%	指导性指标
	能源	万元生产总值能耗(按标煤计)	t/万元	约束性指标
		可再生能源使用比例	%	指导性指标
	固体废物	工业废物综合利用率	%	约束性指标

续表

生态环境目标		评价指标	单位	指标性质
环境目标	水环境	集中饮用水水源水质达标率	%	约束性指标
		水环境质量达标率	%	约束性指标
		城镇污水集中处理率	%	约束性指标
		工业废水达标排放率	%	约束性指标
		单位 GDP COD 年排放量	kg/万元	约束性指标
		单位 GDP 氨氮年排放量	kg/万元	约束性指标
	大气环境	SO_2 年均浓度达到国家二级标准	—	约束性指标
		NO_2 年均浓度达到国家二级标准	—	约束性指标
		PM_{10} 年均浓度达到国家二级标准	—	约束性指标
		$PM_{2.5}$ 年均浓度达到国家二级标准	—	约束性指标
		单位 GDP SO_2 排放量	kg/万元	约束性指标
		单位 GDP NO_x 排放量	kg/万元	约束性指标
	固体废物	城镇生活垃圾无害化处理率	%	约束性指标
		工业固体废物处置率	%	约束性指标
		危险废物安全处置率	%	约束性指标
	声环境	环境噪声达标率	%	约束性指标
	生态系统	城镇人均公共绿地面积	m^2/人	约束性指标
环境管理		环境风险防范应急预案	—	指导性指标
		主要污染源在线监测比例	%	指导性指标
		环保投资占 GDP 的比例	%	约束性指标
		城镇绿色建筑比例	%	指导性指标

第5章

资源环境承载力分析方法

5.1 水资源承载力分析

水资源承载力是指一个流域或者区域在一定的社会发展水平和科学技术条件下，区域水资源可持续支持的合理人口数量及其相应的社会经济规模。水资源承载力分析就是在规划的流（区）域空间范围和时间尺度、可预见的生产技术水平和科技管理水平下，以维护生态环境良性循环为基本条件，针对规划各阶段的社会经济水平，动态分析一个流（区）域可利用水资源量对规划人口规模、社会经济发展规模、产业结构和生产力布局的支撑能力。

水资源承载力与自然资源条件以及资源开发配置紧密相关，反映了社会经济活动与自然资源禀赋的相互影响与互动。水资源承载力分析的核心目标就是在比较可供水资源量与实际用水需求的基础上，通过采取水资源合理配置、节约用水、非常规水资源开发以及相关基础设施建设等多方面措施，将经济活动强度及其影响控制在水资源系统承载能力范围之内，从而确保社会经济系统与水资源系统的可持续发展。

5.1.1 水资源承载力分析方法

水资源承载力评价的方法主要有总量指标分析法、供需平衡法、层次分析法、系统动力学法和灰色系统分析法等。在城市新区规划环境影响评价中，常用的是供需平衡法和总量指标分析法，本小节重点介绍这两种方法。

5.1.1.1 供需平衡法

供需平衡法是评价水资源承载力最传统、最常用和最为直观的方法。供需平衡法分析的关键是确定规划年的可供水量和需水量，在城市新区规划环境影响评价中，可供水量通常通过查询与供水相关的专项规划（如供水规划、水利发展规划、水资源公报等）获得，需水量通过对城市新区的工业、人口、农业和生态等各用水要素的用水量进行预测获得。将不同规划情景下的需水量与供水量进行比较，即可确定在该规划情景下的水资源供需平衡是否能够实现。

水资源承载力分析供需平衡法技术路线如图 5-1 所示。

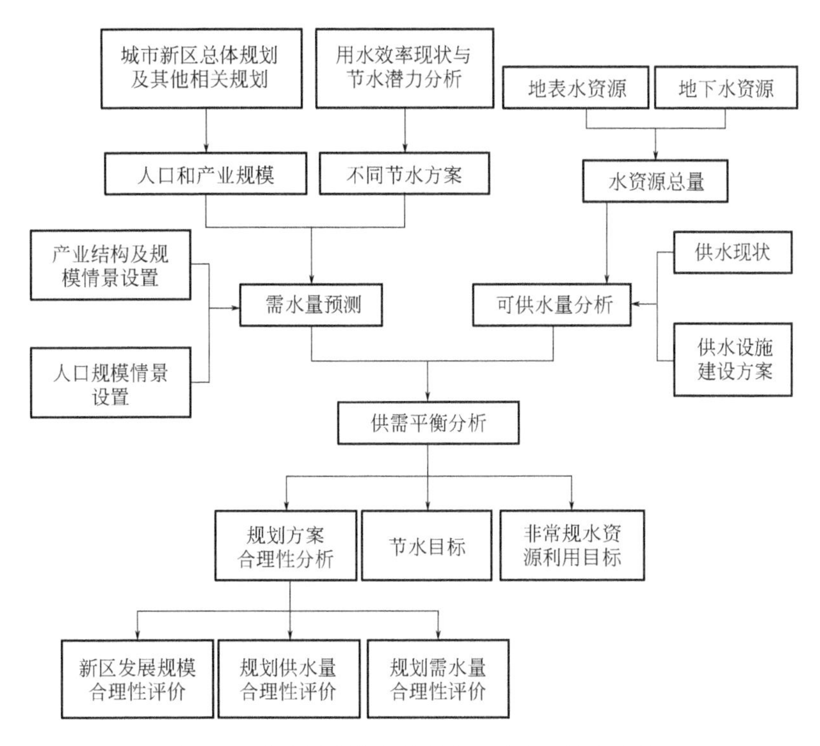

图 5-1　水资源承载力分析供需平衡法技术路线

供需平衡法可使用供需平衡指数进行量化表达：

$$IW_{SD}=\frac{W_S}{W_D}$$

式中　IW_{SD}——供需平衡指数；

W_S——区域可供水资源量；

W_D——城市新区总需水量。

$IW_{SD}>1.0$ 且越大，表示区域水资源可承载城市新区规划发展，水资源供需呈良好状态；$IW_{SD}<1.0$ 且越小，表示区域可供水资源量不能承载新区的人口和经济规模，需要开发新的供水来源，如新建供水工程、进行跨流域调水、开发非常规水资源，或实行更严格的水资源利用制度，构建节水型社会，满足水资源供需平衡。

水资源供需平衡法各指标计算方法如表 5-1 所列。

表 5-1　水资源供需平衡法各指标计算方法

项目	指标	要素	量化方法
供水量分析	区域水资源条件	水资源总量	包括地表水、地下水、非常规水资源(如城市污水再生、海水利用、苦咸水利用、雨洪利用)、跨流域调水等水资源。地表水时空变化可使用径流深等值线图法描述,地下水资源量可使用单位面积可开采量表征,非常规水资源和跨流域调水水资源量应结合相关政策和设计方案确定
		可利用水资源量	从不同水平年水资源总量中扣除河道内生态环境需水量以及汛期难以控制利用的洪水量,得到不同水平年的可利用水资源量
	可供水量	供水工程现状	调查收集区域各类蓄水、引水、提水、跨流域调水等供水工程资料
		供水工程规划情况	调查收集区域供水工程规划资料
		非常规水资源利用情况	可供水量预测应考虑非常规水资源利用,如城市污水再生、海水利用、苦咸水利用、雨洪利用等
需水量分析	需水量	农业需水量	农业需水包括农田灌溉需水和牲畜养殖需水,采用用水定额法进行计算。农田灌溉需水量预测采用农业灌溉定额法,考虑田间灌溉损失以及灌渠利用系数,计算规划年的农田灌溉定额,然后乘以不同种植结构(水田、旱田、菜田、果园等)的灌溉面积即可预测得到农业灌溉需水量。牲畜养殖需水量根据牲畜养殖定额等进行计算
		工业需水量	根据规划产业类型、规模、工艺、技术水平、用水现状水平与节水潜力等,采用万元工业增加值定额法进行预测计算
		生活需水量	根据规划人口规模和市政公用设施等情况,采用用水定额法进行预测计算
		生态需水量	生态需水量包括城镇绿化用水和河道环境用水,可采用用水定额法预测计算,也可直接调查收集相关规划确定
	用水结构及节水水平	产业清洁生产水平、节水潜力等	需水量预测应考虑规划产业清洁生产水平(生产工艺设备、技术水平及产品结构、用水现状水平和节水潜力等),同时考虑农业、生活需水的节水潜力进行综合确定

5.1.1.2　总量指标分析法

水资源总量指标分析法就是从水资源总量控制和用水效率控制等管理层面，收集和分析流（区）域用水总量控制的相关管理、政策控制文件，如流（区）域供水规划、水资源综合规划、城市总体规划等，确定城市新区在流（区）域或城市建设中的定位与水资源的供需关系，分析规划可分配指标与规划各单位需水量的匹配程度，同时结合水环境质量现状，分析规划需水与供水的水量和水质可行性，并给出满足用水要求的相关建议（如跨流域调水工程、再生水利用工程、用水效率控制措施等）。

5.1.2 水资源承载力分析方法应用

案例　采用供需平衡法计算兰州市某新区的水资源承载力

5.1.2.1 新区供用水现状

新区范围内现状2014年总供水量$15387\times10^4m^3$，其中引大入秦工程供水$13539\times10^4m^3$，占87.99%；西岔电力提灌工程供水$1793\times10^4m^3$，占11.65%；中川机场供水工程供水$55\times10^4m^3$，占0.36%。新区现状供水水源以引大入秦工程为主，利用的水资源主要为地表水资源。

5.1.2.2 新区需水量预测

（1）综合生活需水量预测结果

综合生活需水量包括居民生活用水和公共设施用水。

根据新区总体规划，2020年规划人口规模为60万人，2030年规划人口规模为100万人。根据《城市给水工程规划规范》（GB 50282—2016），规划区人均综合生活用水量指标取180L/(人·d)。因此可估算出新区2020年综合生活最高日需水量为$10.8\times10^4m^3/d$，2030年综合生活最高日需水量为$18\times10^4m^3/d$。

（2）工业用地需水量预测结果

新区城市建设用地中的一类、二类、三类工业用地需水量根据《城市给水工程规划规范》（GB 50282—2016）进行取值；石化园区根据园区规划单独计算；机场北飞地产业园区用地规模为$18.5km^2$，树屏飞地经济产业园区用地$13km^2$，飞地产业经济区远期用水量为$15\times10^4m^3/d$，近期按$6\times10^4m^3/d$考虑。

预测新区2020年工业用地最高日需水量为$31.7292\times10^4m^3/d$，2030年最高日需水量为$49.053\times10^4m^3/d$。新区工业用地需水量预测结果如表5-2所列。

表5-2　新区工业用地需水量预测结果

用地性质		新区城市工业用地			石化园区	机场北飞地产业园区	合计
		一类	二类	三类			
规划取值/[$10^4m^3/(km^2\cdot d)$]		1.2	2	3	—	—	—
2020年	工业用水重复率/%	95	95	95	—	—	—
	规划面积/km^2	11.4044	8.6913	0.292	—	—	—
	需水量/($10^4m^3/d$)	0.6843	0.8691	0.0438	24.131	6	31.7292
2030年	工业用水重复率/%	97	97	97	—	—	—
	规划面积/km^2	25.4703	15.169	2.8667	—	—	—
	需水量/($10^4m^3/d$)	0.9169	0.9101	0.258	31.968	15	49.053

(3) 仓储用地、对外交通用地和市政公用设施需水量预测结果

依照《城市给水工程规划规范》(GB 50282—2016),规划年限单位仓储用地、对外交通用地和市政公用设施用水指标按规范取值。其他单位用地用水量指标取值如表5-3所列。

表5-3 其他单位用地用水量指标

用地名称	用水量指标 /[$10^4 m^3/(km^2 \cdot d)$]	规划取值 /[$10^4 m^3/(km^2 \cdot d)$]
仓储用地	0.20~0.50	0.20
对外交通用地	0.20~0.30	0.30
道路广场用地	0.20~0.30	0.20
市政公用设施用地	0.25~0.50	0.30
绿地	0.10~0.30	0.10

根据新区总体规划,2020年仓储用地规划建设面积为324.47hm^2($1hm^2 = 0.01km^2$,下同),2030年仓储用地规划建设面积为682.81hm^2,预测出规划区仓储用地2020年最高日需水量为$0.649 \times 10^4 m^3/d$,2030年最高日需水量为$1.366 \times 10^4 m^3/d$。

2020年对外交通用地规划建设面积为106.72hm^2,2030年对外交通用地规划建设面积为169.2hm^2。据此预测出规划区对外交通用地2020年最高日需水量为$0.320 \times 10^4 m^3/d$,2030年最高日需水量为$0.5076 \times 10^4 m^3/d$。

2020年市政公用设施用地规划建设面积为78.80hm^2,2030年市政公用设施用地规划建设面积为239.29hm^2。据此预测出规划区市政公用设施用地2020年最高日需水量为$0.236 \times 10^4 m^3/d$,2030年最高日需水量$0.718 \times 10^4 m^3/d$。

(4) 生态需水量预测结果

城市生态用水含绿地、城市道路、广场及生态水系用水,由城市中水系统统一供给。

根据新区总体规划,2020年城市绿地规划建设面积12.6281km^2,2030年城市绿地规划建设面积19.7406km^2。2020年城市绿地需水量为$1.263 \times 10^4 m^3/d$,2030年城市绿地需水量为$1.974 \times 10^4 m^3/d$。

2020年新区城市道路广场用地15.5121km^2,2030年城市道路广场用地25.1397km^2。2020年城市道路广场需水量为$3.10 \times 10^4 m^3/d$,2030年城市道路广场需水量为$5.03 \times 10^4 m^3/d$。

新区共规划建设13座单位湖和4个湖滨区,水体总面积4603亩(1亩=666.67m^2),总蓄水量$779 \times 10^4 m^3$,其中引大入秦供水$624 \times 10^4 m^3$,灌溉回归水$155 \times 10^4 m^3$。2020年需要新增年补给量$393 \times 10^4 m^3$,2030年需要新增年补给量$624 \times 10^4 m^3$。秦王川沙坑建成的水塘1000多座,年需水量$276 \times 10^4 m^3$。

(5) 未预见用水量预测结果

管网漏算及未预见用水按照综合用水、工业用水、仓储用水、对外交通用水和市政设施用水总量的10%计算。根据估算，2020年新区未预见用水量为$4.373\times10^4 m^3/d$，2030年新区未预见用水量为$6.964\times10^4 m^3/d$。

(6) 农业需水量预测结果

1) 农业灌溉　随着新区的逐步发展，建设占用引大入秦工程灌区面积逐年增大，灌区农田灌溉面积有所减少。2014～2020年，新区建设占用引大入秦工程农业有效灌溉面积2.0万亩，其中占用东二干0.5万亩；占用电灌分干渠有效灌溉面积1.5万亩。2021～2030年再占用引大入秦工程农业有效灌溉面积6.28万亩。

根据甘肃省水利发展"十三五"规划，引大入秦工程列入大型灌区续建配套与节水改造工程项目。在"十三五"期间，在现状有效灌溉面积28.51万亩的基础上，新区建设占用有效灌溉面积2.0万亩，续建配套有效灌溉面积11.39万亩，到2020年，引大入秦工程灌区总有效灌溉面积将达到37.9万亩。

在2021～2030年间，在2020年有效灌溉面积37.9万亩的基础上，新区建设占用有效灌溉面积6.28万亩，续建配套有效灌溉面积9.01万亩，到2030年，引大入秦灌区总有效灌溉面积将达到40.63万亩。将《引大入秦工程供水结构优化调整方案报告》中确定的66.13万亩灌溉面积除新区建设占用外的其余全部面积均配套成有效灌溉面积。引大入秦灌区续建配套后灌溉面积如表5-4所列。

表5-4　引大入秦灌区续建配套后2020年和2030年灌溉面积汇总　单位：万亩

渠系	县区	2014年有效灌溉面积	2020年新区建设占用灌溉面积	"十三五"续建配套面积	2020年有效灌溉面积	2030年新区建设占用灌溉面积	2030年续建配套面积	2030年有效灌溉面积
引大入秦灌区		28.51	2	11.39	37.9	6.28	9.01	40.63
其中	新区	17.04	2	5.49	20.53	6.28	4.67	18.92
	永登县	5.51	0	3.91	9.42	0	4.02	13.44
	皋兰县	2.06	0	1.34	3.4	0	0.32	3.72
	白银县	1.03	0	0.17	1.2	0	0	1.2
	景泰县	2.87	0	0.48	3.35	0	0	3.35
总干沿线	永登县	0.30	0	0.05	0.35	0	0.32	0.67
东一干		5.41	0	4.24	9.65	0	3.07	12.72
其中	新区	0.56	0	1.44	2	0	1.2	3.2
	永登县	4.85	0	2.80	7.65	0	1.87	9.52
东二干		13.29	0.5	3.52	16.31	6.28	4.76	14.79
其中	新区	12.93	0.5	2.46	14.89	6.28	2.93	11.54
	永登县	0.36	0	1.06	1.42	0	1.83	3.25

续表

渠系	县区	2014年有效灌溉面积	2020年新区建设占用灌溉面积	“十三五”续建配套面积	2020年有效灌溉面积	2030年新区建设占用灌溉面积	2030年续建配套面积	2030年有效灌溉面积
电灌分干	新区	3.34	1.5	1.55	3.39	0	0.54	3.93
黑武分干		6.17	0	2.03	8.2	0	0.32	8.52
其中	新区	0.21	0	0.04	0.25	0	0	0.25
	永登县	2.06	0	1.34	3.4	0	0.32	3.72
	皋兰县	1.03	0	0.17	1.2	0	0	1.2
	白银县	2.87	0	0.48	3.5	0	0	3.35

另外，西岔电力提灌工程现状年有效灌溉面积15.62万亩，其中新区范围内5.02万亩。2020年、2030年新区建设占用西岔电灌区灌溉面积分别约1.0万亩、2.0万亩。

引大入秦灌区现状农业综合净灌溉定额为$237m^3$/亩，其中渠（管）灌净定额为$243m^3$/亩，微灌及喷灌分别为$190m^3$/亩和$180m^3$/亩。引大入秦灌区2020年和2030年综合灌溉净定额分别为$228m^3$/亩和$214m^3$/亩，其中渠（管）灌净定额分别为$240m^3$/亩、$238m^3$/亩。

西岔电灌区现状农业综合净灌溉定额为$233m^3$/亩，2020年和2030年综合灌溉净定额分别为$216m^3$/亩和$204m^3$/亩，其中渠（管）灌净定额分别为$230m^3$/亩、$226m^3$/亩。

农业灌溉净需水量预测结果如表5-5所列。

表5-5　农业灌溉净需水量预测结果　　单位：10^4m^3

水平年	引大入秦全灌区		西岔灌区	
	全灌区	其中新区	全灌区	其中新区
2020年	8420	4379	3163	774
2030年	8707	3904	2779	544

2）生态林灌溉　根据新区的生态环境保护目标，新区建设成为适宜居住的生态绿城，规划于新区南部建设人工生态林面积34万亩（其中含引大入秦工程东一干渠沿线已建成的7.34万亩生态林），分两期建设，至2020年建成28万亩，2030年再增加6万亩。

新区生态林现状灌溉净定额为$129m^3$/亩，规划年生态林灌溉净定额维持现状不变，预测2020年新区生态林净需水量$3536\times10^4m^3/a$，2030年新区生态林净需水量$4287\times10^4m^3/a$。

（7）新区净需水量预测汇总

预测出新区2020年总净需水量为$25842.63\times10^4m^3/a$，其中城市建设用地的市政统一生活工业用水量为$15269.15\times10^4m^3/a$，城市生态用水量为$1738.48\times$

$10^4 m^3/a$，中川机场专用水量为 $146\times10^4 m^3/a$，生态林灌溉用水量为 $3536\times10^4 m^3/a$，农业灌溉用水量为 $5153\times10^4 m^3/a$；新区 2030 年总净需水量为 $35811.36\times10^4 m^3/a$，其中城市建设用地的市政统一生活工业用水量为 $24314.87\times10^4 m^3/a$，城市生态用水量为 $2615.49\times10^4 m^3/a$，中川机场专用水量为 $146\times10^4 m^3/a$，生态林灌溉用水量为 $4287\times10^4 m^3/a$，农业灌溉用水量为 $4448\times10^4 m^3/a$。新区净需水量预测汇总如表 5-6 所列。

表 5-6 新区净需水量预测汇总

用水项目				单位	2020 年	2030 年
非农业	新区市政统一生活工业用水	综合生活用水		$\times10^4 m^3/d$	10.8	18
		工业	一类工业	$\times10^4 m^3/d$	0.684	0.917
			二类工业	$\times10^4 m^3/d$	0.869	0.910
			三类工业	$\times10^4 m^3/d$	0.044	0.258
			石化园区	$\times10^4 m^3/d$	24.132	31.968
			飞机产业园	$\times10^4 m^3/d$	6	15
			小计	$\times10^4 m^3/d$	31.729	49.053
		仓储用地		$\times10^4 m^3/d$	0.647	1.366
		对外交通		$\times10^4 m^3/d$	0.320	0.508
		市政公用		$\times10^4 m^3/d$	0.236	0.718
		未预见		$\times10^4 m^3/d$	4.373	6.964
		最高日用水量		$\times10^4 m^3/d$	48.108	76.609
		平均日用水量		$\times10^4 m^3/d$	41.833	66.616
		年需水量		$\times10^4 m^3/a$	15269.15	24314.87
	城市生态	城市道路绿地广场		$\times10^4 m^3/a$	1069.48	1715.49
		水系生态		$\times10^4 m^3/a$	669	900
		小计		$\times10^4 m^3/a$	1738.48	2615.49
	机场专用水量			$\times10^4 m^3/a$	146	146
	合计			$\times10^4 m^3/a$	17153.63	27076.36
灌溉用水	农业灌溉	现代生态农业(引大入秦灌区)		$\times10^4 m^3/a$	4379	3904
		西岔新区灌区		$\times10^4 m^3/a$	774	544
		小计		$\times10^4 m^3/a$	5153	4448
	生态林灌溉			$\times10^4 m^3/a$	3536	4287
	合计			$\times10^4 m^3/a$	8689	8735
总计				$\times10^4 m^3/a$	25842.63	35811.36

从需水结构上看，新区工业用水占主导，近期和远期分别占总用水量的 44.8%和 50.0%。工业用水中石化园区用水所占比例较大，近期和远期石化园区用水量占新区工业用水量的 76%和 65%，石化园区用水需求占新区工业用水的主导，为主要耗水行业。石化园区近期和远期总用水量约占新区总用水量的 34.1%和 32.6%。

5.1.2.3 新区可供水量分析

新区充分利用引大入秦工程水资源，形成以引大入秦工程为主水源，其他水源为补充的多水源供水格局；引大入秦工程的优质水优先配置给新区生活及工业，西岔电灌工程的水配置给生态及农业灌溉；再生水配置给城市道路、绿化及生态；远期引入黄河水；秦王川盆地地下水作为应急备用水源暂不予配置。

新区总可供水量汇总如表5-7所列。

表5-7 新区总可供水量汇总 单位：$10^4m^3/a$

水源类型	工程名称	2020年	2030年	
		引大入秦工程取水量$4.43×10^8m^3$	引大入秦工程取水量$4.43×10^8m^3$，黄河引水$0.85×10^8m^3$	引大入秦工程取水量$4.43×10^8m^3$，无黄河引水
工程供水	引大入秦工程	31220	31220	31220
	西岔电灌工程	4440	4849	4849
	中川机场供水工程(地下水)	55	55	55
	黄河引水	0	8500	0
	小计	35715	44624	36124
再生水		中水量60%	中水量70%	

由于再生水量跟用水量、污水量有关，具有不确定性，因此不计入供水工程供水量。通过上述分析可知，2020年，新区供水工程的供水总量为$35715×10^4m^3/a$；2030年，黄河引水$0.85×10^8m^3/a$情景下，新区供水工程可供水总量为$44624×10^4m^3/a$，无黄河引水情景下，新区供水工程可供水总量为$36124×10^4m^3/a$。

从供水结构上看，引大入秦工程为新区主要水源，引大入秦工程的供水保证率低，未来发展可能存在一定风险，建议规划实施中积极兴建调蓄水库等供水保障措施，提高供水安全。

5.1.2.4 供需平衡分析

2020年，新区可供水总量为$43044×10^4m^3/a$，其中中川机场地下水供水工程可供水量为$55×10^4m^3/a$，西岔电灌工程可供水量为$4440×10^4m^3/a$，引大入秦工程可供水量为$31220×10^4m^3/a$，市政再生水可供水量为$7329×10^4m^3/a$。从总量和各供水工程供水量及相应供水对象需水量来看，新区2020年水资源总量能满足用水要求。

2030年，黄河引水量$0.85×10^8m^3/a$得到保证且市政中水回用率70%情景下，新区的水资源总量能满足新区用水要求，从总量和各供水工程供水量及相应供水对象需水量来看，新区2030年水资源总量能满足用水要求，总富余量为$12490.55×10^4m^3/a$，其中含再生水富余量为 $5167.96\times10^4m^3/a$，引大入秦工程和黄河水富余量为 $3113.59\times10^4m^3/a$，西岔电灌水富余量为 $4209\times10^4m^3/a$。

2030 年，在无黄河引水情况下，新区可供水总量为 $49740\times10^4m^3/a$，其中中川机场地下水供水工程可供水量为 $55\times10^4m^3/a$，西岔电灌工程可供水量为 $4849\times10^4m^3/a$，引大入秦工程可供水量为 $31220\times10^4m^3/a$，市政再生水可供水量为 $13616\times10^4m^3/a$。从供水总量和需水总量来看，新区 2030 年水资源总量能满足用水要求，水资源总量富余 $3990.55\times10^4m^3/a$。但是从供水对象来说，该情景下引大入秦工程供水不能同时满足新区市政生活工业和农业灌溉用水需求，缺口 $5386.41\times10^4m^3/a$，而西岔电灌工程用于西岔新区灌区后和再生水回用后分别富余 $4209\times10^4m^3/a$ 和 $5167.96\times10^4m^3/a$。

新区水资源供需平衡分析如表 5-8 所列。

5.1.2.5 水资源配置

（1）配置原则

① 新区充分利用引大入秦工程水资源，形成以引大入秦工程为主水源，其他水源为补充水源的多水源供水格局；远期引用黄河水作为第二水源。

② 坚持以人为本和优质高效的原则，引大入秦工程的优质水优先配置给新区生活及工业用水，西岔电灌工程的水配置给生态及农业灌溉。

③ 坚持高水高用低水低用的原则。引大入秦工程自流引取大通河水，全覆盖新区，西岔电灌自黄河提水，进入秦王川盆地扬程已达 600 多米，因此引大入秦工程主要控制新区及北部的现代生态农业示范区及部分生态灌溉，西岔电灌工程主要控制盆地南部的生态及农业灌溉。

④ 再生水配置给城市道路、绿化及生态。

⑤ 秦王川盆地地下水暂不予配置。

⑥ 尽最大限度使用现有供水工程。从黄河引水扬程达 600 多米，成本较高，因此要最大限度使用现有供水工程。

⑦ 坚持各类水资源配置留有余地的原则。

（2）新区水资源配置

2020 年，新区可供水总量为 $43044\times10^4m^3/a$，其中中川机场地下水供水工程可供水量为 $55\times10^4m^3/a$，西岔电灌工程可供水量为 $4440\times10^4m^3/a$，引大入秦工程可供水量为 $31220\times10^4m^3/a$，市政再生水可供水量为 $7329\times10^4m^3/a$。

2030 年，在无黄河引水情况下，新区可供水总量为 $49740\times10^4m^3/a$，其中中川机场地下水供水工程可供水量为 $55\times10^4m^3/a$，西岔电灌工程可供水量为 $4849\times10^4m^3/a$，引大入秦工程可供水量为 $31220\times10^4m^3/a$，市政再生水可供水量为 $13616\times10^4m^3/a$。

在新区的可供水量中，当地地下水水质相对较差，潜水矿化度为 1.5～2.5g/L，承压水矿化度为 0.7～3.69g/L，因此地下水暂不配置。

表 5-8　新区水资源供需平衡分析

单位：$10^4 m^3$

<table>
<tr><th rowspan="3">供水工程名称</th><th rowspan="3">用水类型</th><th colspan="3" rowspan="2">近期 2020 年</th><th colspan="6">远期 2030 年</th></tr>
<tr><th colspan="3">无黄河引水</th><th colspan="3">黄河引水</th></tr>
<tr><th>可供水量</th><th>新区毛需水量</th><th>供需平衡情况</th><th>可供水量</th><th>新区毛需水量</th><th>供需平衡情况</th><th>可供水量</th><th>新区毛需水量</th><th>供需平衡情况</th></tr>
<tr><td>中川机场地下水供水工程</td><td>机场专用</td><td>55</td><td>55</td><td>0</td><td>55</td><td>55</td><td>0</td><td>55</td><td>55</td><td>0</td></tr>
<tr><td rowspan="3">市政
再生水</td><td>道路广场及绿地用水</td><td rowspan="3">7329</td><td>1258.21</td><td rowspan="3">638.73</td><td rowspan="3">13616</td><td>2018.22</td><td rowspan="3">5167.96</td><td rowspan="3">13616</td><td>2018.22</td><td rowspan="3">5167.96</td></tr>
<tr><td>生态水系</td><td>787.06</td><td>1058.82</td><td>1058.82</td></tr>
<tr><td>生态林地</td><td>4645</td><td>5371</td><td>5371</td></tr>
<tr><td>刘家峡水库(黄河引水)</td><td>市政统一供水</td><td>—</td><td>—</td><td>—</td><td>—</td><td>—</td><td>—</td><td>8500</td><td rowspan="2">30739.41</td><td rowspan="4">3113.59</td></tr>
<tr><td rowspan="3">引大入秦工程</td><td>市政统一供水</td><td rowspan="3">31220</td><td>19303.6</td><td rowspan="3">4582.4</td><td rowspan="3">31220</td><td>30739.41</td><td rowspan="3">—5386.41</td><td rowspan="3">31220</td></tr>
<tr><td>中川机场供水</td><td>115</td><td>115</td><td>115</td></tr>
<tr><td>现代生态农业</td><td>7219</td><td>5752</td><td>5752</td></tr>
<tr><td>西岔电灌工程</td><td>西岔新区灌区</td><td>4440</td><td>954</td><td>3486</td><td>4849</td><td>640</td><td>4209</td><td>4849</td><td>640</td><td>4209</td></tr>
<tr><td colspan="2">合计</td><td>43044</td><td>34336.87</td><td>8707.13</td><td>49740</td><td>45749.45</td><td>3990.55</td><td>58240</td><td>45749.45</td><td>12490.55</td></tr>
</table>

根据《兰州市水源地建设工程可行性研究报告》及《兰州市水源地建设工程水资源论证报告书》的相关成果和结论，兰州市黄河取水指标基本能够满足兰州市中心城区2020年的用水需求。2030年和2040年兰州市须通过合理配置和协调各部门之间用水需求，采取农业节水、水权转让、提高再生水利用率等措施，满足中心城区新增用水需求。新区黄河用水指标须从全省调整解决，或在南水北调西线工程上马后，国家增加全省黄河耗水指标后解决。因此，暂不对引黄入新工程水量进行配置。

根据水平衡计算，2030年新区的水资源总量能满足用水要求，但是引大入秦工程供水不能同时满足新区市政、生活、工业和灌区农业灌溉用水需求，西岔电灌工程有大量水资源富余，再生水回用率70%情景下只用于绿化和生态后也有大量富余；因此建议再生水回用率70%情景下，富余的$5167.96\times10^4m^3/a$的再生水回用于其他市政统一用水和工业用水。

1）2020水平年水资源配置方案　根据确定的水资源配置原则，2020年新区总配置水资源量$34336.87\times10^4m^3/a$，其中工业用水量为$12900.57\times10^4m^3/a$，占总配置水量的37.6%；生活用水配置量为$4332.39\times10^4m^3/a$，占12.6%；生态用水配置量为$6690.27\times10^4m^3/a$，占19.5%；农业配置量为$8173\times10^4m^3/a$，占23.8%；其他市政统一用水量为$2240.64\times10^4m^3/a$，占6.5%。

2020年新区总可供水资源量为$43044\times10^4m^3/a$。按供水水源划分：引大入秦供水量为$31220\times10^4m^3/a$，占新区总供水量的72.53%；机场地下水供水工程供水量为$55\times10^4m^3/a$，占0.13%；西岔电灌供水$4440\times10^4m^3/a$，占10.32%；再生水供水量为$7329\times10^4m^3/a$，占17.02%。

引大入秦工程配置新区的水量占引大入秦工程总可调水量的70.5%；西岔电灌工程配置新区的水量占西岔电灌工程总可提水量的58.4%。再生水配置新区的水量占再生水总量的55%，按照60%回用率还剩余$638.73\times10^4m^3/a$。引大入秦工程和西岔电灌工程共富余水量$8068.4\times10^4m^3/a$。

2）2030水平年水资源配置方案　按供水水源划分，2030年新区总可供水资源量为$49740\times10^4m^3/a$，其中引大入秦工程供水量为$31220\times10^4m^3/a$，占新区总供水量的62.8%；机场供水工程供水量为$55\times10^4m^3/a$，占0.1%；西岔电灌供水量为$4849\times10^4m^3/a$，占9.7%；再生水供水量为$13616\times10^4m^3/a$，占27.4%。

根据确定的水资源配置原则，2030年新区总配置水资源量为$45749.45\times10^4m^3/a$，其中工业用水配置量为$19851.43\times10^4m^3/a$，占总配置水量的43.39%；生活用水配置量为$7223.83\times10^4m^3/a$，占总配置水量的15.79%；生态用水配置量为$8448.04\times10^4m^3/a$，占18.47%；农业用水配置量为$6392\times10^4m^3/a$，占13.97%；其他市政用水配置量为$3834.15\times10^4m^3/a$，占总配置水量的8.38%。

引大入秦工程配置新区的水量占引大入秦工程总可调水量的70.5%；西岔电灌配置新区的水量占西岔电灌总可提水量的63.8%；再生水配置新区的水量占再生水总量的

70%。根据情景分析，在新区实行严格的节水措施、保证引大入秦工程取水量 $4.43\times10^8 m^3/a$ 和保证新区再生水回用率达到 70%后，新区现有的供水工程能满足用水要求。

5.2 土地资源承载力分析

土地资源承载力是指在一定时期、一定区域范围和一定的经济、社会、资源、环境等条件下，土地资源所能承载的人类各种活动的规模和强度的限度。土地资源承载力分析是评价区域土地资源条件是否可以支撑区域发展的方法之一。

5.2.1 土地资源承载力分析方法

土地资源系统是具有社会性、开放性、动态性的复杂系统。土地资源承载力计算方法可归纳为：土地资源人口承载力模型、基于土地生产潜力模型、生态足迹模型法、基于土地生态敏感性限制的研究方法，以及多维度的综合性承载力研究。在城市新区规划环境影响评价中，常用的土地资源承载力分析方法有土地资源人口承载力模型、基于生态敏感性的方法、生态足迹模型法等。

5.2.1.1 土地资源人口承载力模型

土地资源人口承载力模型是基于“人口-土地-经济”结构计算土地资源承载力的方法。该方法中，土地资源承载力能反映区域人口与粮食的关系，土地资源承载力指数揭示了区域现实人口与土地资源承载力的关系，从而以粮食和人口两种数据来评价土地资源承载力。

（1）土地资源承载力

$$LCC=G/G_{pc}$$

式中 LCC——土地资源承载力，人；

G——粮食总产量，kg；

G_{pc}——人均粮食消费标准，kg/人。

根据联合国粮食及农业组织公布的人均营养热值标准，结合中国国情计算出中国人均粮食消费 400kg/a 可达到营养安全的要求。

土地资源承载力计算公式中，粮食总产量也可用土地生产潜力替代。土地生产潜力是理想生产条件下农作物所能达到的最高理论产量，可揭示区域土地资源的利用程度、产量形成的限制因子和粮食增产的前景以及人口承载条件。基于土地生产潜力计算土地资源承载力中的数据来源于相关的统计年鉴和植被生长遥感数据。在模型基础上对逐年遥感技术数据进行分析和对比，根据相应的变化作出相应的评价。“潜力递减法”是应用最为广泛的土地生产潜力研究方法，它考虑光、温、水、土等自然生态因子，从作物光合作用入手，根据作物能力过程，逐步“衰减”来估算土地生产潜力，计算公式为：

$$\begin{aligned} YL &= Q \times f(Q) \times f(T) \times f(W) \times f(S) \\ &= YQ \times f(T) \times f(W) \times f(S) \\ &= YT \times f(W) \times f(S) \\ &= YW \times f(S) \end{aligned}$$

式中 YL——土地生产潜力；

Q——太阳总辐射；

$f(Q)$——光合有效系数；

YQ——光合生产潜力；

$f(T)$——温度有效系数；

YT——光温生产潜力；

$f(W)$——水分供应能力有效系数；

YW——气候生产潜力；

$f(S)$——土壤有效系数。

（2）土地资源承载力指数

$$LCCI = P_a / LCC$$

式中 $LCCI$——土地资源承载力指数；

LCC——土地资源承载力，人；

P_a——现实人口数量，人。

根据 $LCCI$ 大小将不同地区土地资源承载力划分为表 5-9 中的 3 种类型。

表 5-9 *LCCI* 体系下地区评价指标

类型	*LCCI* 范围	评价
粮食盈余地区	≤0.875	粮食平衡有余，具有一定的发展空间
人粮平衡地区	0.875～1.125	人粮关系基本平衡，发展潜力有限
人口超载地区	≥1.125	粮食缺口较大，人口超载严重

5.2.1.2 基于生态敏感性的土地资源承载力分析

生态敏感性表征现状自然环境背景下，人类活动干扰和自然环境变化导致的区域生态环境问题的难易程度及其可能性的大小。生态敏感性评价实质上是辨识现状生态背景下潜在的生态环境问题，分析其空间布局，明晰不同敏感性分区的土地利用格局，指出其可能存在的空间布局短板，以期为确定区域重点生态建设、土地生态承载力及生态保育区提供技术支撑。生态敏感性越低，表明生态环境对不同用地类型的限制越小，不同用地需求对生态系统及其功能结构和稳定性的影响越小，土地承载力越大。

基于生态敏感性的土地承载力评估方法主要是从区域生态安全视角出发，分析和确定因开发和利用可能会对区域土地带来较大负面影响，或使其受到约束的关键性的生态要素（或称为生态因子），研究区域或内部综合生态敏感性的差异，确定建设用地发展方向和开发规模，用于评估用地布局中发展第二、第三产业的工业用地、商业用地、建设用地可行性。该方法技术路线如图 5-2 所示。

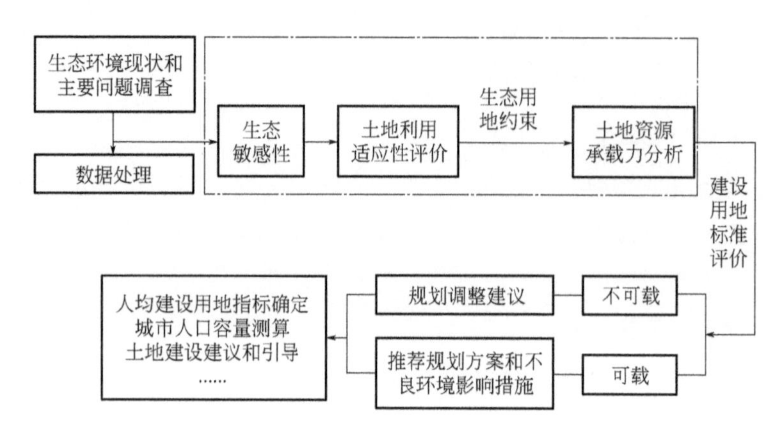

图 5-2 基于生态敏感性的土地承载力评估方法技术路线

基于生态敏感性的土地承载力评估方法步骤主要包括：

① 调查规划区域生态环境现状和主要生态环境问题。

② 确定生态敏感性评价因子和权重，进行生态敏感性单因子和综合评价。

③ 结合规划用地类型和生态敏感性评价结果，进行土地利用生态适宜性分类（见表 5-10）和评价。

④ 以生态用地为约束，对比相关建设用地标准进行土地资源承载力分析，提出规划推荐方案、调整建议和不良环境影响的减缓措施，为建设用地方向选择和发展规模的确定提供较为宏观的科学依据。

表 5-10 土地利用生态适宜性分类

敏感区类别	适宜用地类型	有条件适宜用地类型	不适宜用地类型
高度敏感区	生态用地	适量农业和居住用地	建设用地
中度敏感区	生态和农业用地	适量居住和建设用地	—
一般敏感区	生态、农业和居住用地	建设用地	—
非敏感区	生态、农业、居住和建设用地	—	—

注：生态用地指区域中以提供生态系统服务为主的土地利用类型，即能够直接或间接改良区域生态环境、改善区域人地关系（如维护生物多样性、保护和改善环境质量及调节气候等）的土地类型，主要包括林地、园地、水域、绿地、城市缓冲用地和休养与休闲用地等。

生态敏感性评价及土地利用适宜性评价中的指标选取是该方法的核心，具体方法应用参见 6.4.1 部分中的相关内容。根据生态敏感性评价结果进行土地利用生态适宜性分类，根据区域生态特点，在预留一定数量生态用地的前提下，分析区域可以提供土地资源的规模，结合建设用地标准，评价区域土地资源是否可以满足规划用地规模需求。

5.2.2 土地资源承载力分析方法应用

案例　采用生态适宜性方法评价兰州市某新区的土地资源承载力

根据弹性因子和刚性因子分析，首先建立该地区用地生态适宜性的评价指标体系（见表 5-11），然后对单因子进行评价，最后对单因子评价结果进行加权叠加，从而得到综合性的生态适宜性评价结果，再给予综合评价。

表 5-11　用地生态适宜性评价因子评分

<table>
<tr><th>一级因子</th><th colspan="2">二级因子</th><th>分级标准</th><th>分级赋值</th><th>权重值</th><th>因子属性</th></tr>
<tr><td rowspan="7">地形地貌</td><td colspan="2" rowspan="3">地貌形态</td><td>平原、盆地、谷地</td><td>5</td><td rowspan="3">0.10</td><td rowspan="3">弹性</td></tr>
<tr><td>丘陵</td><td>3</td></tr>
<tr><td>水域、山地</td><td>1</td></tr>
<tr><td colspan="2" rowspan="4">坡度</td><td><8°</td><td>5</td><td rowspan="4">0.13</td><td rowspan="4">弹性</td></tr>
<tr><td>8°～15°</td><td>4</td></tr>
<tr><td>15°～25°</td><td>3</td></tr>
<tr><td>>25°</td><td>1</td></tr>
<tr><td rowspan="14">水文气象</td><td rowspan="11">地表水</td><td rowspan="5">引大入秦水渠</td><td>>1000m</td><td>5</td><td rowspan="11">0.10</td><td rowspan="11">弹性</td></tr>
<tr><td>600～1000m</td><td>4</td></tr>
<tr><td>100～600m</td><td>2</td></tr>
<tr><td>0～100m</td><td>1</td></tr>
<tr><td>渠道</td><td>0</td></tr>
<tr><td rowspan="6">水库</td><td>>2km</td><td>5</td></tr>
<tr><td>1.5～2km</td><td>4</td></tr>
<tr><td>1～1.5km</td><td>3</td></tr>
<tr><td>0.5～1km</td><td>2</td></tr>
<tr><td>0.2～0.5km</td><td>1</td></tr>
<tr><td>水域面～0.2km</td><td>0</td></tr>
<tr><td colspan="2" rowspan="3">地下水埋深</td><td>>10m</td><td>5</td><td rowspan="3">0.07</td><td rowspan="3">弹性</td></tr>
<tr><td>5～10m</td><td>3</td></tr>
<tr><td><5m</td><td>1</td></tr>
</table>

续表

一级因子	二级因子	分级标准	分级赋值	权重值	因子属性
工程地质	地基承载力	非常适宜	5	0.07	弹性
		较适宜	4		
		基本适宜	3		
		较不适宜	2		
		不适宜	1		
	地质灾害	可能性小	5	0.09	弹性
		可能性较大	3		
		可能性大	1		
	断裂带	＞1000m	5	0.07	弹性
		500～1000m	4		
		300～500m	3		
		100～300m	2		
		＜100m	1		
自然生态	土壤质量	土壤质地好	5	0.07	弹性
		土壤质地中等	3		
		土壤质地差	1		
	景观价值	人文自然景观价值低	5	0.10	弹性
		人文自然景观价值中等	3		
		人文自然景观价值高	1		
	植被覆盖度	＜5％	5	0.08	弹性
		5％～15％	4		
		15％～30％	3		
		30％～50％	2		
		＞50％	1		
土地利用	土地利用现状	城镇用地、农村居民点用地、采矿用地、水工建筑用地	5	0.12	弹性
		交通用地、自然保留地	4		
		园地、草地、其他农用地	3		
		林地	2		
		耕地、风景名胜及特殊用地、水域	1		
		铁路用地、机场用地	0		

续表

一级因子	二级因子	分级标准	分级赋值	权重值	因子属性
其他因子	道路设施	现状或已批复高速路及两侧 50m	—	—	禁止
	石油管线	现有	—	—	禁止
	规划机场	已批复机场范围	—	—	禁止
	机场限高	中川机场净空保护区	—	—	限制建筑高度
	基本农田	现有	—	—	限制
	饮用水水源保护区	一级保护区	—	—	禁止
		二级保护区	—	—	限制

根据表 5-11 计算出的用地适宜性评价值，禁止建设区不可改变用地性质；限制建设区根据相应限制因素限制用地；综合分值 0～3 为不适宜建设区，该区土地开发利用的环境补偿费用很高，环境对人工破坏或干扰的调控能力很弱，恢复很难，建议作为禁止开发区；综合分值 3～3.8 为较不适宜建设区，该区土地开发利用的环境补偿费用高，环境对人工破坏或干扰的调控能力弱，恢复难，建议作为限制开发区，同时针对不同的限制条件可以采取相应的规避措施；综合分值 3.8～4.2 为基本适宜建设区，该区土地开发利用的环境补偿费用中等，环境对人工破坏或干扰的调控能力中等，恢复速度中等，可在这些区域进行适度开发建设，并根据相应的限制因素采取相应的防护措施，建议用作优化开发区；综合分值 4.2～5 为适宜建设区，该区土地开发利用的环境补偿费用较低，环境对人工破坏或干扰的调控能力强，恢复速度快，该区适宜用作建设用地，建设成本相对较低，对生态环境的破坏较小，建议作为新区建设重点开发区。

将各评价因子根据此表分配的权重值通过 ArcGIS 进行空间叠加分析，可得建设用地生态适宜性评价综合图。新区的中、北部较适于城市建设，南部山地不适于城市建设，可作为生态林地，与新区用地布局基本相符合。根据新区用地布局，科教研发中心组团位于新区的较不适宜建设区，区域中心服务组团位于新区的不适宜建设区，主要是受地形坡度因子的影响，城市建设需要对土地进行平整。

根据新区建设用地生态适宜性各类面积统计（见表 5-12），新区适于城市建设的面积约为 1201.93km^2，占新区规划面积 1744km^2 的 68.92%；较不适于用作建设用地的面积约为 480.51km^2，占新区规划面积 1744km^2 的 27.55%，可以通过土地平整改造，改造部分小山丘用作新区建设用地；不适于用作建设用地的面积约为 4.81km^2，占新区规划面积的 0.28%；禁止建设面积约为 56.76km^2，占新区规划面积的 3.25%。

表 5-12　新区建设用地生态适宜性各类面积统计

序号	用地类型	面积/km^2	占规划面积的比例/%	备注
1	适宜建设区	223.35	12.81	适于用作城市建设用地
2	基本适宜建设区	978.58	56.11	适于用作城市建设用地
3	较不适宜建设区	480.51	27.55	适于用于生态林地、绿化，或是通过土地整理后作为城市建设用地
4	不适宜建设区	4.81	0.28	适于用于生态林地、绿化
5	现状水源一级保护区	54.80	3.14	禁止新区规划建设
6	现状高速路	0.30	0.02	禁止新区规划建设
7	机场规划范围	1.66	0.09	禁止新区规划建设
合计	总面积	1744	100.00	

对于较不适宜的建设用地、适宜建设用地、刚性因子中的限制因子以及单因子中适宜性较差的土地，针对不同的限制条件，采取相应的规避和防护措施，如表 5-13 所列。

表 5-13　可采取的规避和防护措施

限制因子	规避和防护措施
断裂带	新区现有两条隐形断裂带，断裂带两侧要预留 100m 避让距离，或提高该区域内建筑物的抗震标准
地貌	新区的南侧、东侧、西侧的低丘缓坡要加强绿化工作，尽可能避免大规模建设
坡度	坡度 20°以上的地区要尽可能避免开发建设，同时加强绿化，增强固土防沙防冲等功能，减少水土流失
引大入秦工程水渠、水库、水源保护区	水渠周边要预留一定范围的缓冲带，建设绿化带；根据各水库的功能性质设置水源保护区，一级水源保护区禁止建设供水以外的其他建筑，二级水源保护区禁止建设居住和公共服务设施以外的建筑，禁止污染水源的行为
基本农田	禁止除国家重点建设项目外的建设活动，需要占用基本农田的，必须根据相关规定置换
输油管道	输油管道周边要预留一定范围的缓冲带，建设绿化带；要根据相关要求保持与其他管道的距离
中川机场	保留已经批复的机场规划范围；根据《民用航空法》的要求，结合机场跑道规划方案设定的净空保护范围，控制净空区的建设项目类型和建筑物高度，凡是涉及危害飞行安全的建设项目都要满足机场净空管理要求

将新区适于城市建设用地区域进行连片处理，划出建设用地适宜区，并通过 ArcGIS 将新区用地规划布局图与适宜建设区分布图进行空间叠加对比，规划的高新技术产业园、综合保税产业园、先进装备制造产业园、电子信息产业园西部、生物医药产业园、新能源产业园、装备制造产业园、综合服务城西部、机场北部物流园

区位于适宜建设区。其他规划用地主要分布在较不适宜建设区，需要对土地进行平整改造。

将新区用地规划布局与限制和禁止建设区进行空间叠加对比，新区用地空间布局存在以下几方面的问题：

① 石化园区距离引大入秦工程东一干渠较近，直线距离约 2km，干渠大部分为明渠，石化园区对其存在较大的潜在环境污染风险；

② 综合保税产业园和高新技术产业园距离中川机场较近，需要做好机场噪声防护工作，另外高新技术产业园北部工业企业的建筑物高度要满足机场限高要求；

③ 新区的一条隐形地震断裂带穿过新能源产业园和职教园区，建议断裂带两侧要预留 100m 避让距离和提高区域内建筑物的抗震标准；

④ 现状的输油管线穿过高新技术产业园，建议输油管道周边要预留一定范围的缓冲带并建设绿化带；同时其他市政管道的建设要根据相关要求保持与输油管道的横向和纵向距离。

5.3 能源需求预测

5.3.1 能源需求分析方法

（1）弹性系数法能源需求量预测分析

能源的国内生产总值弹性，是指能源消费量变化率与国内生产总值变化率之比。因此，能源的国内生产总值弹性表示为：

能源的国内生产总值弹性=能源消费量变化率/国内生产总值变化率

如果设 E_1，E_2，…，E_n 为 1，2，…，n 的能源消费量；GDP_1，GDP_2，…，GDP_n 分别为 1，2，…，n 的国内生产总值；ΔE 与 ΔGDP 分别为相应的变化量；则能源的国内生产总值弹性 η 的计算公式为：

$$\eta=(\Delta E/E)/(\Delta GDP/GDP)$$

如果 $\eta \geqslant 1$，表明能耗年均增长率大于 GDP 年均增长率，如果照此速度持续发展，反映出该区域的经济社会环境发展模式是高能耗、高污染的粗放型。伴随经济的发展，能耗量逐年提高，相应的 SO_2、NO_x、烟尘和 CO_2 排放量逐年增加，对环境的污染逐年加大，最终导致超过大气环境承载力。同时也暴露出该区域产业结构比例不合理，第二产业比例过大，第三产业比例较小。

如果 $0.5 \leqslant \eta < 1$，表明能耗年均增长率小于 GDP 年均增长率，能源消耗与 GDP 发展趋势已基本呈现缓慢增长的趋势。该区域的产业结构、产品结构基本趋向合理。

如果 $\eta < 0.5$，表明产业结构、产品结构均是低能耗的，工艺设备科技含量高，符

合经济社会环境可持续发展需求。

根据历史数据计算出规划区域能源的国内生产总值弹性，再根据规划得知规划期的GDP数据，则可以计算得出规划期的能源消费量。

（2）能源强度法能源需求量预测分析

工业能源消耗强度以“万元GDP能源消耗量”为指标，非工业消费以“人均民用耗能量”（民用耗能总量与当年总人口数的比值）为指标。

$$E = \mathrm{GDP} \cdot \sum_{1}^{3} \alpha_i E_i + \gamma \cdot P \ (i=1,2,3)$$

式中 E——预测年新区能源需求总量（以标准煤计），t；

GDP——预测年新区国内生产总值，万元；

α_i——第一、第二、第三产业产值分别在国内生产总值中所占的比例；

E_i——第一、第二、第三产业的万元GDP能源消耗量（以标准煤计），t/万元；

γ——预测年人均民用耗能量（以标准煤计），t/万人；

P——预测年总人口数，万人。

第二产业可以按照规划的主要产业类型，根据各行业的万元工业增加值能耗量计算能源消耗量。

$$E_2 = \sum_{1}^{20} \mu_t E_{2,t} \ (t=1,2,\cdots,20)$$

式中 E_2——预测年新区第二产业能源需求总量（以标准煤计），t；

μ_t——预测年 t 行业工业增加值，万元；

$E_{2,t}$——t 行业对应的万元工业增加值能耗量（以标准煤计），t/万元。

5.3.2 能源需求分析方法应用

案例 采用能源强度法计算青岛某新区的能源需求

根据新区规划，基准年为2015年，到2020年、2030年为规划水平年，新区常住人口分别为240万、320万，城镇化率分别为70%、80%。2020年GDP达到5000亿元，三次产业结构为1.5∶43.5∶55；2030年GDP达到10000亿元，三次产业结构为1∶39∶60。

5.3.2.1 万元生产总值能耗

（1）第一产业能源效率

新区第一产业的能源效率参照山东省第一产业能源效率变化趋势进行预测。按照山东省的数据，第一产业能源效率下降速度为0.0069，设定新区第一产业能源效率年均下降0.69%。

（2）第二产业能源效率

第二产业的能源效率参照新区第二产业能源效率变化趋势进行预测，第二产业能源效率下降速度为0.030，设定新区第二产业能源效率年均下降3.0%。

（3）第三产业能源效率

第三产业的能源效率参照新区第三产业能源效率变化趋势进行预测，第三产业能源效率下降速度为0.0065，设定新区第三产业能源效率年均下降0.65%。

5.3.2.2 人均年生活能耗

由于缺少新区人均年生活能耗参数，本节参考山东省人均年生活用能源消费量历史数据，得出年均增长率为5.51%。假设人均年生活能耗年均增长率不变，对各规划目标年新区人均年生活能耗进行了预测，预测结果如表5-14所列。

表5-14 各规划目标年新区人均年生活能耗预测结果

参数	2015年(基准年)	2020年	2030年
人均年生活能耗(按标煤计)/(kg/人)	234.2	400.4	684.5
年均增长率/%	5.51		

5.3.2.3 预测结果

新区第一产业2020年、2030年能源效率（按标煤计）分别为0.252t/万元、0.235t/万元，能源需求总量（按标煤计）分别为1.89×10^5t、2.35×10^5t。

第二产业2020年、2030年能源效率（按标煤计）分别为0.537t/万元、0.396t/万元，能源需求总量（按标煤计）分别为1165.3×10^4t、1544.4×10^4t。

第三产业2020年、2030年能源效率（按标煤计）分别为0.071t/万元、0.067t/万元，能源需求总量（按标煤计）分别为195.3×10^4t、402.0×10^4t。

新区2020年生活用能需求量（按标煤计）为96.1×10^4t，2030年生活用能需求量（按标煤计）为219.0×10^4t。

规划期新区能源需求量预测结果如表5-15所列。

表5-15 各规划目标年新区能源需求量预测结果（按标煤计） 单位：10^4t

用能类别	2020年	2030年
第一产业	18.9	23.5
第二产业	1165.3	1544.4
第三产业	195.3	402.0
生活用能	96.1	219.0
合计	1475.6	2188.9

5.4 水环境承载力分析

5.4.1 区域水环境质量及趋势分析

5.4.1.1 水环境现状调查与评价

（1）水环境相关保护规划的调查

调查内容包括水环境（地表水和地下水）功能区划、海洋功能区划、近岸海域环境功能区划、集中式饮用水水源地保护规划等水环境相关的规划或区划，为水环境质量评价提供依据，收集相关图件为规划方案与重要水环境保护目标进行叠图分析提供基础。

（2）区域水环境质量现状及变化趋势评价

对区域水环境的现状调查，优先考虑收集和利用区域已有的历史和现状资料，用以反映区域水环境质量的总体水平和发展趋势。区域在地表水、地下水和海洋等重点监控水域中一般均设有长期观测断面、观测站位，如国控、省控或市控断面（站点），应向当地环境或海洋监测部门收集近5～10年的区域水环境监测数据。

监测数据可采用浓度范围、检出率、超标率和超标倍数等统计指标进行评价。对于多年水质监测资料，可采用变化曲线作图法描绘各评价水域污染物浓度随时间变化的发展趋势。对地表河流还可采用同一监测期内污染物在各河段的含量水平变化曲线来反映河流污染物的沿程变化。对于海洋环境，可采用反映浓度变化梯度的等值曲线图来表征污染物在海域中的分布趋势。

（3）重点污染源现状及变化情况调查

城市新区总体规划环境影响评价需开展污染源调查和评价，了解区域水污染物排放总量及变化趋势、主要污染物类型及排放量、主要污染源分布特点及对水环境质量的贡献，明确排污与水环境质量的关系。

（4）污水处理设施情况调查

主要调查工业废水的达标处理率、生活污水的纳管率；区域污水收集管网的建设现状与存在问题；区域污水处理设施规模、分布、处理能力和处理工艺、服务范围和服务年限是否能满足污水处理需求。

5.4.1.2 水环境对规划实施的主要制约因素分析

根据水环境现状调查与评价结果，从水环境污染现状、主要污染要素与主要污染因子、水体自净能力现状、饮用水水源水质安全、污水处理设施等角度，分析水环境的不利条件可能对城市新区规划造成的制约因素。

5.4.2 水环境承载力分析方法

水环境承载力是指在维持水体环境系统结构和系统功能不发生根本性、不可逆转的质的改变的条件下，水体对社会经济系统发展的承载能力，其实质为水体对社会经济发展排污的承受能力，即通常意义上的水环境纳污能力。水环境承载力受污染物性质、污染特征、流域地球化学条件、地表河流水文和水动力条件等因素的制约。

水环境承载力分析方法主要有两类：一类是定量分析方法，这种方法采用数学模型准确地计算并确定出区域水环境所能承载的污染物最大排放量，以及相应情况下的社会经济发展规模；另一类是半定量分析方法，即总量指标分析法，是从区域污染物排放总量管理的角度调查收集区域相关环境保护规划及政策，对水环境承载力是否超载进行评价。

5.4.2.1 数学模型法

水环境承载力分析的核心和基础是分析计算区域纳污水体的水环境容量，水环境容量评估计算一般采用数学模型法，在开展水环境承载力分析时，根据规划所在的流域、海域、区域和排污口所处的不同水体类型，有针对性地选取相应的数学模型进行计算。

(1) 小型河流

小型河流由于来水量较小，污染物进入后在河流横截断面可以较快地完全混合。因此，计算水环境容量时一般将小型河流概化为一维稳态模型，采用一维稳态模型推算上游排污口的最大允许排放量（环境容量），表达公式为：

$$W=86.4\left[(Q_0+q)C_s\exp\left(\frac{k\cdot x}{86400u}\right)-C_0Q_0\right]$$

式中 W——水环境容量，kg/d；

C_s——计算水体水环境功能区水质标准，mg/L；

q——排污口废水流量，m^3/s；

C_0——上游河水污染物浓度，mg/L；

k——污染物综合降解系数，1/d；

x——距排污口的距离，m；

u——流速，m/s；

Q_0——上游河水流量，m^3/s。

(2) 大中型河流

对于大中型河流，由于河流水量较大，河面宽阔，污染物在河流横截断面上分布不均匀，计算水环境容量时宜采用二维稳态模型，采用二维模式推算上游河流的最大允许排放量（环境容量），表达公式为：

$$W=8.64\times 3.65\left[C(x,y)-C_0\right]H\sqrt{u\pi x E_y}\exp\left(\frac{y^2 u}{4E_y x}+\frac{kx}{86400u}\right)$$

式中　W——水环境容量，t/a；

$C(x,y)$——计算水体水环境功能区水质标准，mg/L；

C_0——排污口上边界污染物浓度，mg/L；

k——污染物综合降解系数，1/d；

H——设计流量下污染带起始断面平均水深，m；

x——沿河道方向变量，m；

y——沿河宽方向变量，m；

u——设计流量下污染带内的纵向平均流速，m/s；

E_y——横向混合系数，m^2/s，$E_y=(0.058H+0.0065B)\sqrt{gHI}$，其中 g 为重力加速度，m/s^2)；B 为河面宽度，m；I 为水力坡降，m/m。

（3）湖泊（水库）

湖泊（水库）纳污形式一般为沿湖河流注入，其纳污具有污染汇入受点多、分布广、水流条件复杂（大型湖泊或水库一般都伴有风生流等）且与外界水力交换相对缓慢等特点，水环境容量一般采用总体达标法进行计算。总体达标法采用零维模型作为基础，当污染物进入湖泊（水库）中时，湖泊（水库）的污染物浓度可表达为：

$$C=\frac{W+C_0Q_0}{kV+Q_0}$$

式中　C——湖泊（水库）水污染物浓度，mg/L；

W——汇入污染物排放量，t/a；

C_0——计算水体的背景浓度，mg/L；

Q_0——流入湖泊（水库）的流量，m^3/s；

k——污染物综合降解系数，1/d；

V——湖泊（水库）水体的容积，m^3。

当湖泊（水库）水污染物浓度为 C_s 时，W 即代表环境容量：

$$W=86.4\times Q_0(C_s-C_0)+0.001\times kVC_s$$

式中　C_s——湖泊（水库）水中污染物浓度，mg/L；

其余符号意义同上。

总体达标法计算简便易操作，但是计算结果偏大，需进行不均匀系数的修订。修订方法如下：

$$W_{修订}=aW$$

式中　a——不均匀系数，介于 0～1 之间。

（4）近岸海域与河口

近岸海域与河口水环境容量可以称为海洋环境容量。海洋环境容量一般定义为：在维持目标海域特定海洋学、生态学等功能所要求的国家海水质量标准条件下，一定时间范围内所允许的化学污染物最大排海量。海洋环境容量的概念是根据环境质量管理的实际需要而提出的，其大小不仅取决于自然客观属性（如海湾和河口的大小、位置、潮流、水温等水文条件），而且也同时取决于人为主观属性（指人们对目标海域指定的环境功能，如海水环境质量标准）。

海洋环境容量在数值上为标准自净容量与相应海水中污染物蓄存量之和。确定海洋容量的关键在于污染物自净容量计算，而自净容量计算的关键在于迁移-转化过程的“数值模拟再现”。因此计算海洋环境容量的前提和基础是建立化学污染物在多介质海洋环境中的迁移-转化模型，通过模型建立污染排放-水质浓度的污染响应关系，混合区边界海水水质浓度达到海水功能标准时的污染物排放量就是计算海域剩余的环境容量。

化学污染物在海洋环境中的迁移-转化模型一般分为两个模块，分别为水动力模块和水质模块，水动力模块由连续性方程和运动方程（动量方程）构成，而所有的水质模块都是基于质量守恒原理推导得来的。其方程的求解方法一般有有限差分、有限体积等方法，使用计算机语言编写程序进行求解。具体的求解一般借助现有的成形的大型环境模拟计算软件进行建模计算。目前水环境模拟研究开展得非常普遍，已经形成了众多的成熟的商业软件，运用较多、较成熟的动态水环境数学模型主要有 FVCOM、MIKE 和 EFDC。水环境数学模型基本方程，各数学模型特点及适用性见 6.1.1 部分的地表水环境影响评价方法。

5.4.2.2 总量指标分析法

使用总量指标分析法对水环境承载力进行分析，就是从区域污染物总量控制的角度，调查收集区域污染物总量控制相关规划和政策，如区域的生态环境保护规划、水污染防治行动计划、污染物总量控制和削减方案等，辨识规划污染物排放和区域总量控制要求的相互关系，分析规划可分配污染物总量指标与规划排污的目标可达性，并给出规划的优化调整建议。

5.4.3 水环境承载力分析方法应用

案例　采用数学模型法预测柳州市某新区的水环境承载力

根据水污染物总量控制现状和规划区域污水性质，取常用污染指标 COD 和 NH_3-N 为本规划环评的水环境容量预测因子。考虑到混合区，采用下式概化计算区域水环境容量。

$$W=86.4\exp\left(\frac{z^2u}{4E_yx_1}\right)\left[C_s\exp\left(k\frac{x_1}{86.4u}\right)-C_0\exp\left(-k\frac{x_2}{86.4u}\right)\right]Hu\sqrt{\pi E_y\frac{x_1}{1000u}}$$

式中　86.4——单位换算系数；

W——水环境容量，kg/d；

C_s——控制点水质标准，mg/L；

C_0——上断面来水污染物设计浓度，mg/L；

k——污染物综合降解系数，1/d；

H——设计流量下污染带起始断面平均水深，m；

x_1、x_2——概化排污口至上、下游控制断面距离，km；

u——设计流量下污染带内的纵向平均流速，m/s；

z——敏感点到排污口所在岸边的横向距离，m；

E_y——横向扩散系数，m^2/s。

根据水环境影响分析，正常情况下，新区废水排放COD和NH_3-N影响的浓度增长带宽度约为100m，新区拟建排口位于柳州市鹧鸪江排污控制区，排口下游1.3km为柳州市鹧鸪江过渡区，因此，以排口下游1.3km、宽度100m范围内的水体为纳污水体计算环境容量，经计算COD纳污能力为6697t/a，NH_3-N纳污能力为375.6t/a。

在远期规划区污水厂尾水达到《城镇污水处理厂污染物排放标准》（GB 18918—2002）一级A排放标准排入柳江后，COD、氨氮预估排放量分别为2934t、293.4t，在水环境容量范围内，但氨氮排放量占水环境容量的比例很高，如不进一步削减污染物排放，将会给柳江带来严重的污染。建议采取进一步提高出水标准、尾水再生利用、总量控制等环保措施，最大限度削减水污染物排放，同时加快实施柳江流域污染综合治理工程，以改善河流水质状况和自净能力。

5.5 大气环境承载力分析

5.5.1 区域气象资料的收集及气象特征分析

5.5.1.1 气象资料收集及气象特征分析方法

气象条件对大气污染物的扩散、稀释、混合和输送具有很大的作用，直接影响着大气环境质量的状况，其中对污染物扩散、输送影响最明显的因素是风向、风速、大气稳定度等，可通过污染系数的计算（污染系数＝风向频率/平均风速）进一步反映某方位所受污染的程度。城市新区总体规划环境影响评价中对区域大气环境质量约束探讨的第一步应该是收集地区多年气候观测统计资料以及近20年常规气象观测资料，分析新区所在地区气候特征、污染气象特点，以便从主导风向、大气扩散条件等角度初步评价新区规划主导产业及功能布局的环境适宜性。

（1）气候资料收集与统计分析

应调查评价范围20年以上的主要气候统计资料。按照《环境影响评价技术导则 大气环境》（HJ 2.2—2018）的规定，所收集的气候统计因子包括：多年平均风速和风向玫瑰图，最大风速与月平均风速，年平均气温，极端气温与月平均气温，年平均相对湿度，年均降水量，降水量极值，日照时间等。

（2）常规气象观测资料收集与分析

常规气象观测资料包括常规地面气象观测资料和常规高空气象探测资料。收集所评价区域及其周边地区（近距离）的地面气象站近5年内连续3年的常规地面气象观测资料。调查距离城市新区最近的高空气象探测站近5年内的至少连续3年的常规高空气象探测资料。如果高空气象探测站与城市新区的距离超过50km，高空气象资料可采用中尺度气象模式模拟的50km内的格点气象资料。

对于常规气象观测资料的分析应按照《环境影响评价技术导则　大气环境》（HJ 2.2—2018）的要求逐项分析，主要分析风速、风向、温度、降水等气象因子的变化特点。

（3）地形特点与污染气象特征分析

影响新区环境空气质量的主要因素为大气污染物排放总量、污染物分布特征、排放高度以及区域的地形特点和气象特征。从环境条件角度出发，主要应分析地形与气象的综合特征对污染物输送与扩散的影响。局地大气污染物输送扩散条件的分析要点主要包括地形特点（反映大气下垫面特征）、城市热岛效应、大气环流特点、山谷风特点、大气边界层温度场（逆温生消、逆温出现频率、逆温层厚度和强度特点）、大气混合层分布分析等。

（4）区域气象特征模拟

区域缺乏可用气象资料时，可采用WRF模型模拟区域气象风场。可采用美国USGS数据库中的地形高度、土地利用、植被组成等标准基础数据，原始气象数据采用美国国家环境预报中心的NCEP/NCAR的FNL数据库中的数据。

5.5.1.2　气象特征模拟方法应用

案例　某新区区域气象风场模拟

在对某新区总体规划进行环境影响评价时，由于新区范围内缺乏可用的气象数据，同时涉及石化园区重大项目的选址布局问题，采用WRF模型模拟区域的气象风场，对石化园区选址的环境合理性进行分析论证。

（1）区域风场模拟

采用WRF模拟新区逐时风场。采用的基础数据和参数设置情况如下。

1）基础数据　采用美国USGS数据库中的地形高度、土地利用、植被组成等标准基础数据。原始气象数据采用美国国家环境预报中心的NCEP/NCAR的FNL数据库中的数据。

2）计算范围　以新区为中心，计算网格数为 24×24，网格间距为 5km，范围为 120km×120km，垂直方向分为 27 层。

3）配置参数　本项目 WRF 计算网格为 2 层嵌套网格，设置方法：外部第一层网格数为 20×20，网格间距为 15km，范围为 300km×300km；内部第二层网格数为 24×24，网格间距为 5km，范围为 120km×120km，使用第二层网格数据的输出结果。

① 风场特征。书后彩图 2 为典型污染物清除风场，新区及周边地区在大尺度环境背景作用下，区域偏北风强烈，风向较为一致，风速较高，形成自东北向西南方向的污染物清除风场。在这种典型的背景风场下，区域排放的污染物能够得到及时扩散，排放源对区域空气质量影响较小。

书后彩图 3 为典型污染风场，受地形和大气环境背景风场影响，区域内风速小，特别是山谷和小型盆地地区，风速常低于 2m/s，甚至低于 1m/s，且形成各种局地汇聚。这种典型风场易造成区域内排放的污染物在局地徘徊，难以扩散清除。

② 温度层结构特征。图 5-3 为新区东西向垂直剖面的逆温示例。由图可知，新区近地面经常出现逆温现象，且冬季较夏季更明显，出现频率更高。逆温出现时间有明显的规律性，盆地中部区域有明显的热岛效应。

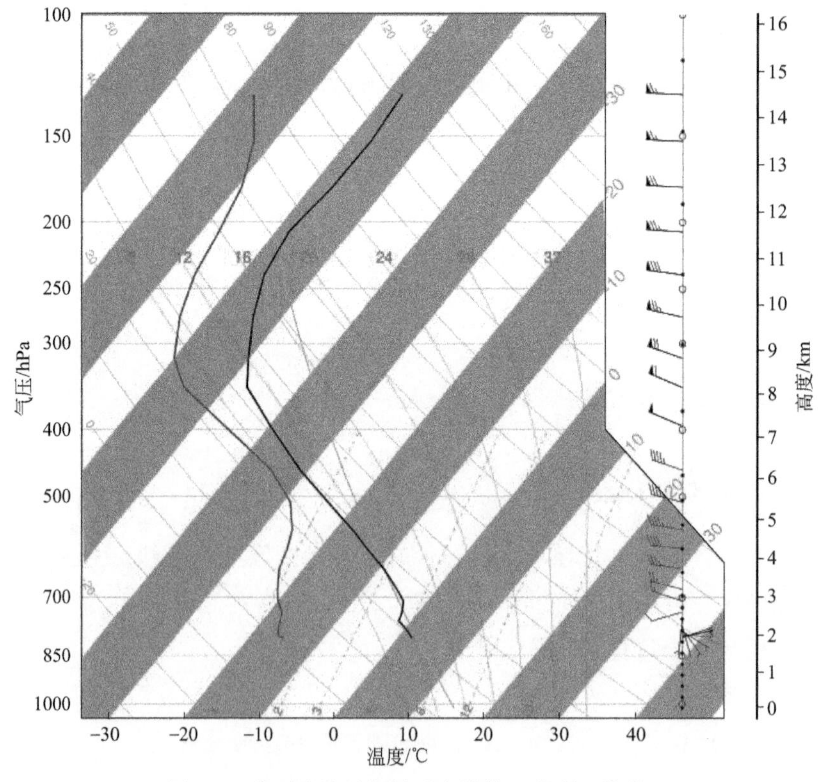

图 5-3　典型清除风场的垂直结构（有利于扩散）

图 5-3、图 5-4 是新区中心点位的温度、湿度垂直结构图。图 5-3 代表了有利于污染物扩散的垂直结构，图 5-4 表示不利于污染物扩散的垂直结构。

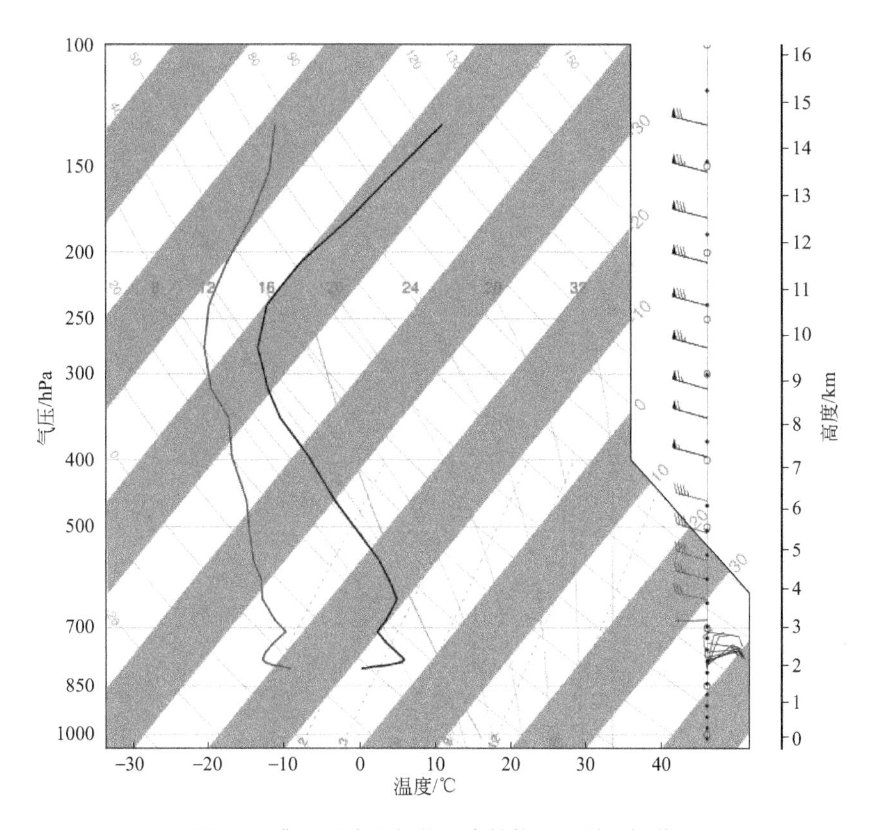

图 5-4 典型污染风场的垂直结构（不利于扩散）

图 5-3 显示典型的清除情景，大气的温度廓线基本没有逆温层，平流层以下，空气对流明显，925hPa 出现上升气流，500hPa 高空风速大于 12m/s，利于污染物的垂直输送和水平扩散。

图 5-4 中的温度层结显示在 925hPa 附近，650hPa 附近出现明显的逆温结构，形成下冷上暖的稳定大气结构，多层逆温导致区域内排放污染物难以进入自由大气进行输送和扩散，因此，如果这种大气结构下有大量化学污染物排放极其容易造成新区内的重污染。

(2) 石化园区选址

根据新区管委会及当地政府的规划，对于石化园区的选址确定以下五个方案：

方案一：位于新区东北部的段家川；

方案二：位于苗联村，新区以北偏西处；

方案三：位于黑石川乡，新区东南部；

方案四：位于新区内西北角；

方案五：位于新区内西南角。

采用WRF模型模拟新区逐时风场，方案一所在位置主导风向为东北风（NE），石化园区位于主导风向的上风向，新区规划城市中心在主导风向的下风向，污染物在偏北风的作用下影响中心区域以及东南地区，不符合城市规划基本要求。方案二所在区域的主导风向为NNE-ENE的扇形区域，石化园区位于主导风向的侧风向。方案三所在位置的主导风向为NE-E的扇形区域，新区规划城市中心在主导风向侧风向。方案四主导风向为NNE-ENE，石化园区位于主导风向的侧风向。方案五所在位置的主导风向为NE-E，新区规划城市中心位于主导风向的侧风向。同时对石化园区5个拟选场址方案进行大气环境影响预测及分析比较，根据预测结果和气象模拟结果，从大气环境影响角度出发提出了推荐方案：石化园区位于新区规划范围外西北角。

5.5.2 区域大气环境质量及趋势分析

城市新区总体规划环境影响评价中对于区域环境质量评价的重点应为：分析区域环境质量的发展演变特点和趋势，不能仅侧重现状，而是要通过对历史及现状的环境数据的分析，掌握环境质量总体演变趋势。对应区域污染物排放的变化情况，尝试建立污染源和环境受体的响应关系，进而识别出累积性的环境问题。

5.5.2.1 监测资料的收集与分析方法

（1）监测资料调查收集

为了分析城市大气环境质量的演变趋势，所调查的环境监测资料应注重长期性与可比性。与单个建设项目环评期间所需开展的1～2期各连续7天的大气环境质量监测工作相比，城市新区总体规划环境影响评价开展短期监测的意义不大，故本书认为，评价期间的大气环境质量评价仅收集常规大气监测数据（以监测点位多年的监测数据为宜，一般可不再布点开展短期监测）。但对于缺乏可用数据的新区，有必要在评价工作期间开展适当的补充大气环境质量监测工作，监测频次应按2期（冬季、夏季），每期监测时间建议至少为有代表性的15天。同时，对于区域典型性特征污染因子，如果常规监测点位中缺乏监测资料，应调查对应特征废气排放源周边近年是否开展过相关环境质量监测工作，优先采用资料收集法，若无法满足要求（如最近一次监测时间距调查时超过3年，不能满足时效性要求；监测点位不合理等），可适当进行相应的补充监测。

（2）大气环境质量变化趋势分析

1）年内变化趋势分析　收集各常规大气监测站点近几年的逐日大气污染物浓度监测数据，进行统计分析。统计因子包括日变化趋势、月变化趋势和季变化趋势，可采用变化曲线作图法描绘变化趋势，评价因子包括浓度均值、浓度范围、超标率和较大浓度值占相应空气质量标准的百分比。

2）年际变化趋势分析　分析区域历年大气污染物的年均变化情况，对应污染物历年排放量变化，建立污染物排放和环境质量变化的关系。

5.5.2.2　监测资料收集与分析方法的应用

案例　青岛某新区大气环境质量资料收集与统计分析

根据《青岛市环境空气质量功能区划》，新区内环境空气质量一类区有3处，分别为青岛大公岛海洋岛屿生态系统自然保护区、珠山国家森林公园、灵山岛省级自然保护区，其余区域为环境空气质量二类区。

一类区执行《环境空气质量标准》（GB 3095—2012）一级标准，二类区执行二级标准。现状环境空气质量评价2013年之前采用《环境空气质量标准》（GB 3095—1996）及其修改单中的标准，自2013年执行《环境空气质量标准》（GB 3095—2012）。

图5-5为以近年来SO_2年均浓度变化反映新区环境空气质量变化趋势。

GB 3095—1996与GB 3095—2012中SO_2一级和二级浓度限值分别相同，该新区SO_2浓度一直低于二级标准限值，但高于一级标准限值，近15年来二级标准平均占标率为68%。

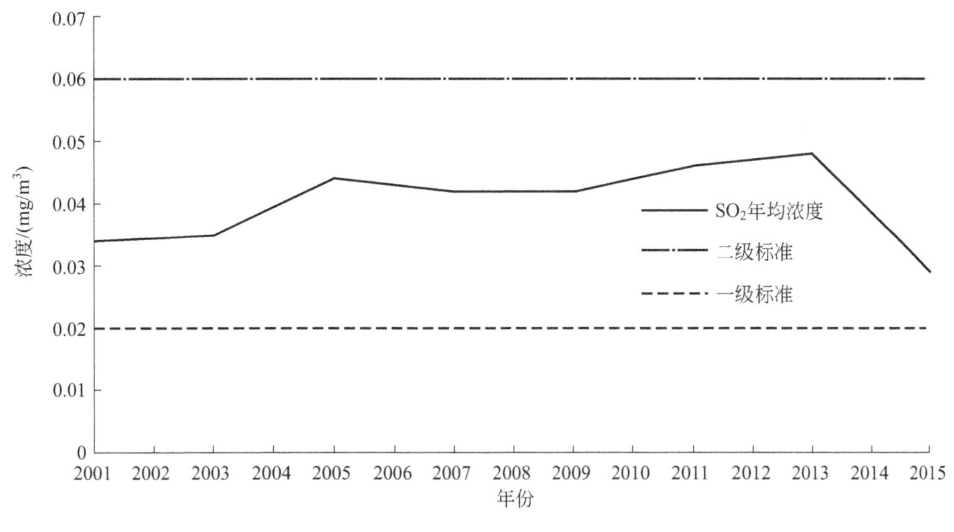

图5-5　新区环境空气质量变化趋势（SO_2）

图5-6为以近年来NO_2年均浓度变化反映新区环境空气质量变化趋势的示意。

2007年之前该新区NO_2年均浓度保持平稳，均低于一级标准限值，自2007年后NO_2年均值明显升高，2009年后NO_2浓度高于一级标准限值，但低于二级标准限值，《环境空气质量标准》（GB 3095—2012）实施后，NO_2年均值一级标准和二级标准限值相同，NO_2年均值高于二级标准限值。

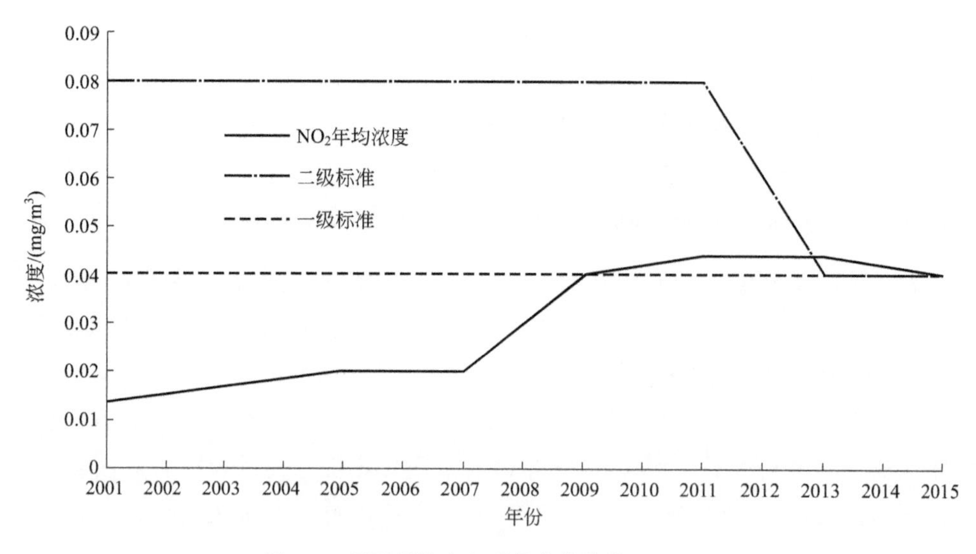

图 5-6 新区环境空气质量变化趋势（NO_2）

图 5-7 为以近年来 PM_{10} 年均浓度变化反映新区环境空气质量变化趋势的示意。

《环境空气质量标准》（GB 3095—2012）实施前，该新区 PM_{10} 年均浓度高于一级标准限值，但低于二级标准限值，平均占标率为 88%；GB 3095—2012 实施后，PM_{10} 高于二级标准限值要求，平均占标率为 154%。

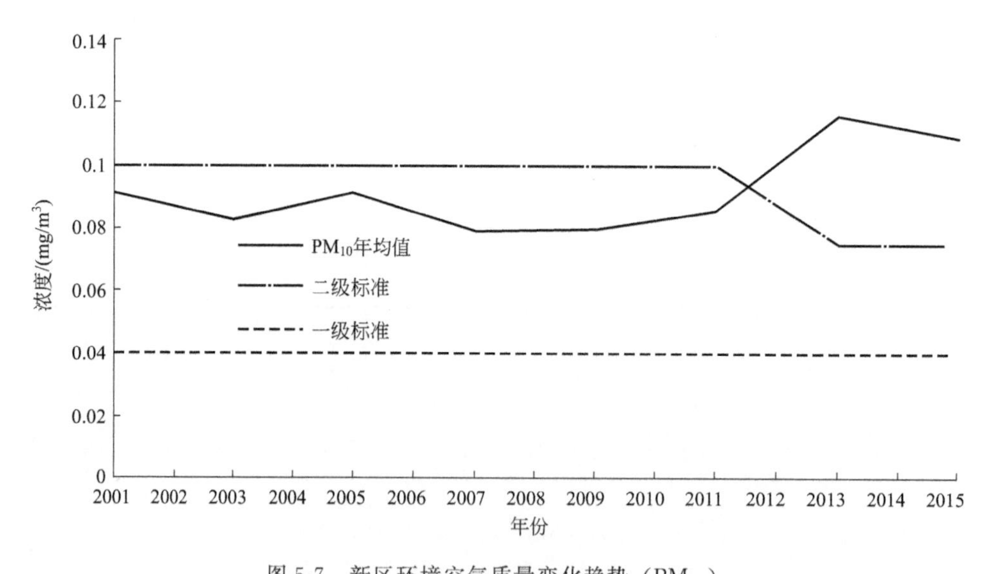

图 5-7 新区环境空气质量变化趋势（PM_{10}）

图 5-8 为以近年来 $PM_{2.5}$ 年均浓度变化反映新区环境空气质量变化趋势的示意。

2013～2015 年该新区 $PM_{2.5}$ 年均浓度高于《环境空气质量标准》（GB 3095—2012）二级标准限值要求，平均占标率为 180%。月均浓度在 0.033～0.138mg/m^3 之间，其中 11、12、1、2 月浓度较高。

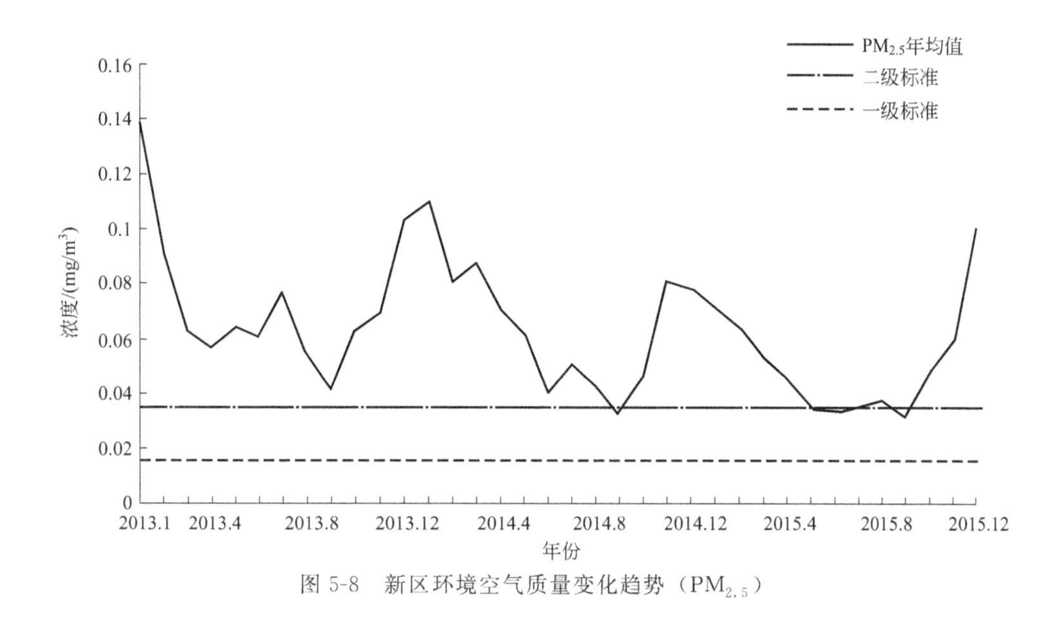

图 5-8 新区环境空气质量变化趋势（$PM_{2.5}$）

5.5.3 大气污染物总量控制方法

大气环境承载力是在维持大气环境质量不发生质的改变，大气环境功能不朝恶化方向转变的前提下，大气环境所能承受的社会经济活动强度的能力，即大气系统在人类干扰的前提下，维持自身稳态的阈值。在一定程度上，大气环境容量是环境承载力的一种简单、直接的表征。

5.5.3.1 大气污染物总量控制方法

大气污染物总量控制的方法分为目标总量控制和容量总量控制两种。前者是根据城市基准年的排污量来确定计划年的总量控制指标，后者是根据环境功能区要求的环境目标来确定总量指标。

目标总量控制是我国目前污染物总量控制的主导方法，在《“十三五”生态环境保护规划》中，按我国的各类受控制的污染物（COD、氨氮、NO_x 和 SO_2 等）以 2015 年的排放量为基准，提出 2020 年拟实现的目标排放量，并计算污染物削减率，该方法的优点是便于管理和操作，但作为一种人为设定目标控制手段，目标总量控制与环境功能区的质量管理要求尚有一定距离，其科学依据较为薄弱。

容量总量控制是以环境容量作为污染物排放总量控制的基础，与环境特征及功能控制目标结合紧密，是更为科学的总量控制方法，该方法目前存在的问题是方法的成熟性、有效性及准确度有待提高。未来的发展趋势应以环境容量的计算为基础，将污染物排放总量限制在允许环境容量的范围内，使区域的环境质量维持在环境功能区划要求控制的状态。

5.5.3.2 大气环境容量核算方法

大气环境容量核算主要内容包括：选择总量控制指标；根据区域大气环境功能区划，确定各功能区环境质量目标；根据环境质量现状，分析不同功能区大气环境质量达标情况；结合当地地形和气象条件，选择适当的方法确定区域大气环境容量；结合规划分析和污染控制措施，提出区域大气环境容量和污染物排放总量控制指标。

目前，大气环境容量核算方法主要包括 A-P 值法、模拟法和线性规划法。

(1) A-P 值法

A-P 值法以《环境空气质量标准》为控制目标，在采用基于箱模型的 A 值法测算出控制区域污染物理想环境容量的基础上，再应用 P 值法进行不同高度类型污染源允许排污量的分配，按低架源（排放高度小于 30m，含无组织排放源）、中架源（排放高度在 30～100m）和高架源（排放高度在 100m 以上）3 种高度进行测算。《制定地方大气污染物排放标准的技术方法》(GB/T 3840—91) 中给出了 A-P 值法的具体计算过程和相关参数取值。

A-P 值法计算方法较为简单，特别是 A 值法更为简易，使得 A-P 值法的应用非常广泛，在城市、开发区等规划环评工作中均有运用，其中大多环评报告是运用 A 值法对控制区的理想环境容量进行粗算，再对污染源进行简化，将其分为低架源和高架源两种类型，对照《制定地方大气污染物排放标准的技术方法》(GB/T 3840—91) 关于不同地区低架源排放分担率的取值 (0.15～0.25)，就实现了控制区低架源和高架源排污量的简易分配，也就是仅采用 A 值法就完成了整个估算工作，大多没有再采用运算过程略微复杂的 P 值法进行排污量分配。

国家推荐的 A 值分区方法仅将全国划分为六大区域，较为粗糙，难以满足当前及今后精细环境管理的需求。因此，具体运用中针对公式中的参数进行一定的修正，主要是对 A 值的修正。采用中尺度气象模式 MM5、WRF 等对区域 A 值进行更高精度的计算，可将评价区域划分为若干网格，分别计算各网格的 A 值；或是计算每月或每季度的 A 值，更为准确地估算区域大气环境容量。A 值计算方法如下。

$$A=3.1536\times10^{-3}\sqrt{\pi}V_E/2$$

$$V_E=\overline{u}H_i$$

式中 V_E——通风系数，m^2/s；

$\overline{u}$——混合层内平均风速，m/s；

H_i——混合层高度，m。

(2) 模拟法

模拟法是一种基于大气扩散模式对区域的污染物扩散进行计算的方法，利用环境空气质量模型模拟开发活动所排放的污染物引起的环境质量变化是否会导致环境空气质量超标。如果超标，可按等比例或对环境质量的贡献率对相关污染源的排放量进行削减，以最终满足环境质量控制标准的要求。满足这个充分必要条件所对应的所有污染源排放量之和便可视为区域的大气环境容量。

模拟法计算方式较为简单，公式如下：

$$Q_{a}=\frac{(C_{0}-C_{s}-C_{关心点})Q_{预测}}{C_{关心点}}+Q_{预测}$$

式中 Q_{a}——总量控制区污染物允许排放总量，t/a；

C_{0}——污染物应执行的空气环境质量标准，mg/m^{3}；

C_{s}——污染物本底浓度，mg/m^{3}；

$C_{关心点}$——规划实施对区域环境敏感点的贡献浓度，mg/m^{3}；

$Q_{预测}$——规划实施所新增的污染物排放量，t/a。

(3) 线性规划法

线性规划法是在考虑多源叠加的基础上，根据线性规划理论计算大气环境容量。该方法以不同功能区的环境质量标准为约束条件，以区域污染物排放量最大化为目标函数。该方法根据评价区域所执行的环境质量标准限值，确定控制点（环境敏感点和网格点）的浓度限值，以现状污染源排放量的总和最大化作为控制目标，建立大气环境容量线性规划数学测算模型。具体模型如下：

目标函数： $f(\boldsymbol{Q})=\boldsymbol{D}^{T}\boldsymbol{Q}$

约束条件： $\boldsymbol{AQ}\leqslant\boldsymbol{C}_{s}-\boldsymbol{C}_{a}$； $\boldsymbol{Q}\geqslant 0$

其中：

$$\boldsymbol{Q}=(q_{1},q_{2},\cdots,q_{i})^{T}$$

$$\boldsymbol{C}_{s}=(C_{s1},C_{s2},\cdots,C_{sj})^{T}$$

$$\boldsymbol{C}_{a}=(C_{a1},C_{a2},\cdots,C_{aj})^{T}$$

$$\boldsymbol{D}=(d_{1},d_{2},\cdots,d_{i})^{T}$$

$$\boldsymbol{A}=\begin{bmatrix} a_{11} & \cdots & a_{1j} \\ \vdots & \ddots & \vdots \\ a_{i1} & \cdots & a_{ij} \end{bmatrix}$$

式中 q_{i}——第 i 个污染源的排放量，t/a；

C_{sj}——第 j 个环境质量控制点的标准限值，mg/m^{3}；

C_{aj}——第 j 个环境质量控制点的现状浓度，mg/m^{3}；

a_{ij}——第 i 个污染源排放单位污染物对第 j 个环境质量控制点的浓度贡献；

d_{i}——第 i 个污染源的价值（权重）系数；

$\boldsymbol{Q}$——污染物允许排放量矩阵；

$\boldsymbol{C}_{s}$——环境质量控制点的标准矩阵；

$\boldsymbol{C}_{a}$——环境质量控制点的现状浓度矩阵。

浓度贡献系数矩阵 $\boldsymbol{A}$ 中各项，可采用 ADMS 模型、CALPUFF 模型、CMAQ 模型进行计算。价值系数矩阵 $\boldsymbol{D}$ 中各项，在没有特殊要求时可取 1。

5.5.4 大气环境承载力分析方法应用

案例 采用 A-P 值法计算新区大气环境承载力

通过耦合使用中尺度气象模式 MM5 和气象诊断模式 CALMET，模拟得到逐时的混合层高度和混合层内的风速，计算不同区域 A 值的大小。

采用 A 值法计算新区大气环境容量。新区规划区域全部为二类功能区，无一类功能区，均执行《环境空气质量标准》(GB 3095—2012) 二级标准。

A 值按下式计算：

$$A=3.1536\times10^{-3}\sqrt{\pi}V_E/2$$

$$V_E=\overline{u}H_i$$

式中 V_E——通风系数，m^2/s；

$\overline{u}$——混合层内平均风速，m/s；

H_i——混合层高度，m。

新区各月混合层参数及 A 值如表 5-16 所列。4 月份新区 A 值达到最大，12 月最小，说明新区不同季节的环境容量差异较为显著。评价采用最不利的 12 月份的 A 值计算新区环境容量。

表 5-16 新区各月混合层参数及 A 值

项目	1月	2月	3月	4月	5月	6月
混合层高度/m	471.2	581.0	755.6	818.4	800.2	736.8
混合层内平均风速/(m/s)	5.1	6.2	8.4	8.4	7.7	6.6
通风系数/(m^2/s)	2390.8	3620.4	6335.9	6906.3	6192.9	4892.3
A值	3.43	5.32	9.33	10.52	9.13	7.55
项目	7月	8月	9月	10月	11月	12月
混合层高度/m	715.2	669.3	534.6	513.3	468.3	422.3
混合层内平均风速/(m/s)	6.4	6.1	5.2	5.0	4.9	4.7
通风系数/(m^2/s)	4548.6	4099.7	2787.5	2556.7	2300.7	2071.3
A值	6.77	5.98	5.01	3.66	2.97	2.55

计算得到新区的 SO_2、NO_2 的环境容量分别为 57505t/a、32267t/a（折 NO_x 43022t/a）。新区 2030 年 SO_2、NO_x 排放量分别为 7267.1t/a、19876.24t/a，排放量未超过环境容量。

第6章 规划实施的环境影响分析

6.1 地表水环境影响分析

6.1.1 地表水环境影响评价方法

规划环境影响评价中的地表水环境影响评价就是使用一定的方法，预测和评估拟定规划的不同排污方案对周边纳污水体的影响，给出影响范围、持续时间、规划实施前后水质变化情况等预测结果，以及不同排污方案的优化比选，提出最优方案，为规划的水环境目标可达性提供强有力的技术支撑。

常用的地表水环境影响的预测方法包括类比分析法和数学模型法等。

6.1.1.1 类比分析法

使用类比分析法对规划实施的地表水环境影响进行预测，就是根据预测对象的排污特点，首先从排放源和纳污水体两方面考虑，选取合适的类比调查对象；再从排放强度、污染物因子种类、排放方式等方面对排放源进行类比；最后根据排放源强类比结果，对预测影响进行类比分析，并进行必要的检验，得出结论。

当评价时间短、无法取得足够的数据，不能利用数学模型法预测规划的环境影响时，可采用此方法。此外，规划实施对地表水环境的某些影响，如感官性状、有害物质在底泥中的累积和释放等，目前尚无实用的定量预测方法，这种情况可以采用类比分析法进行预测分析。预测对象与类比调查对象之间应满足如下要求：

① 两者地表水环境的水力、水文条件和水质状况类似；

② 两者的某种环境影响来源具有相同性质，其强度比较接近或成比例关系。

6.1.1.2 数学模型法

数学模型法是将水体的水动力特征和污染物在水环境中的迁移转化规律概化为数学

模式计算的方法，具有较高的操作性和精确度，普遍运用于水力和环境模拟。目前水环境模拟研究发展迅速，已经形成了众多通用的软件包，运用较多、较成熟的非稳态模型软件主要有 MIKE、EFDC、FVCOM 等。在实际应用中，MIKE 软件功能开发程度高，基本包括所有水文-水质-生态过程的模拟，应用较为广泛。

(1) MIKE 模型

MIKE 模型是一款致力于水环境和水资源方面研究的水质数学模型，是由丹麦水资源及水环境研究所（DHI）研究人员合作开发出来的。从最初的 MIKE11 一维水质模型，到目前发展成熟的 MIKE BASIN 多目标综合模型，从研究水动力到研究整个河流的生态系统，从降雨模拟到深海三维动态模拟，从一维到三维的仿真模拟，能够综合反映水质变化的过程，从单一的水质数学模型到与 GIS 等其他技术相集成，MIKE 模型的功能越来越强大，模拟的精度越来越精确，服务于研究人员的界面也越来越友好。在我国研究人员的努力下，MIKE 模型已经成为我国专门用来研究水环境影响评价的标准软件之一。在规划环境影响评价中应用最多的是 MIKE11 和 MIKE21。

MIKE 模型主要包括水动力模块、水工建筑物模块、溃坝模块、降雨径流模块、对流扩散模块、黏性泥沙输运模块、水质水生态模块、洪水预报模块等，其中水动力模块为最核心的基础模块，可用于模拟由于各种作用力的作用而产生的水位和水流变化。

(2) EFDC 模型

该模型最早是由美国弗吉尼亚海洋科学研究所利用 Fortran77 语言开发的一个水环境开源软件；后由美国国家环境保护局资助，采用 Fortran95 再次优化开发。改进的 EFDC 模型已经成为美国国家环境保护局推荐的水动力和水质模型之一，是美国最大日负荷总量（TMDL）等环境保护计划主要使用的水质模型。EFDC 模型主要由水动力、水质、标量输运、有毒物质及沉积物等模块组成。其中，水动力模块是 EFDC 模型建立的基础，其余模块都是建立在水动力模块的基础上。水动力模块主要涉及了淡水流、大气作用、水深、表面高程、底摩擦力、流速、湍流混合、盐度、水温 9 大部分。

(3) FVCOM 模型

FVCOM（Finite Volume Coast and Ocean Model）模型是由以陈长胜教授为首的马萨诸塞州立大学达特茅斯分校（UMASSD）海洋生态系统实验室和伍兹霍尔海洋研究所（WHOI）联合开发的非结构网格、有限体积法、自由表面、三维原始方程的海洋数值模型，也是目前国际海洋学界比较流行的河口、陆架海洋数值模式。

FVCOM 包括很多模块和选项：a. 笛卡尔/球面坐标系，可以选择平面或球面坐标系的控制方程；b. 三维干湿处理模块，可以用来处理河口或者湿地等干湿淹没严重的区域；c. 表面波模型（FVCOM-SWAVE），源代码中整合了第三代海浪模式 SWAN；

d. 三维泥沙输运模块（FVCOM-SED），可以用来模拟河口及近岸地区泥沙的输运过程；e. 水质模块（FVCOM-WQM），可以用来模拟溶解氧等其他水环境指标；f. 非静压流体近似模型（FVCOM-NH）；g. 通用海洋湍流闭合模型（GOTM），用来处理垂向混合；h. 海冰模块；i. 数据同化模块，拥有 3 种数据同化方法，即 Nudging 法、OI 法、卡尔曼滤波法；j. 生态系统模块（FVCOM-BEM），可以用来模拟生态系统动力学研究中的细菌、溶解有机物等的运动特性；k. 拉格朗日粒子追踪模块（Lagrangian-IBM），使用拉格朗日法计算不考虑生物过程的粒子的运动过程。

各模型特点如表 6-1 所列。

表 6-1　主要水环境模型特点

特点	MIKE	EFDC	FVCOM
水体复杂程度	一维、二维、三维	二维、三维	三维
求解格式	有限差分	有限差分	有限体积
网格可生成类型	无结构三角形网格、矩形正交等	矩形正交、曲线正交（Delft3D 实现）	无结构三角形网格
应用水体范围	河流、河口、海洋、湖泊等多个模块	河流、河口、海洋、湖泊等多个模块	河口、海洋、湖泊
模块功能	流域水文过程模拟、水动力、水质、泥沙、水体营养化过程等	水动力、水质、泥沙、水体营养化过程等	水动力、水质、泥沙、水体营养化过程等
源代码	不公开	公开	公开
优缺点	模型功能开发程度最高，最为强大，几乎包括所有水文-水质-生态过程的模拟；单价较为昂贵	功能全面而强大；网格单一，不能很好地贴合岸线形状，且概化费时费力，局部加密受限较多	运行效率非常高，采用非结构网格，贴合岸线，方便局部加密；但需要非常强的计算能力

6.1.2　地表水环境影响评价方法应用

案例　采用 MIKE 21 二维水动力水质模型预测新区水环境影响

6.1.2.1　计算条件

（1）模型参数

MIKE 21 二维非恒定流数值模型的参数主要包括河床糙率、污染物的横向扩散系数以及各种污染物的源项和降解系数，主要参数取值如表 6-2 所列。

表 6-2　主要参数取值

参数	河床糙率	横向扩散系数	降解系数	
取值	25	$0.5m^2/s$	COD	0.08/d
			氨氮	0.04/d

(2) 水文条件

通常情况下，枯水季节是对天然河流水质最不利的时期，河流水质问题一般出现在枯水期。目前，国内外普遍采用枯水期90%保证率最枯月平均流量作为河流水质规划的控制流量，计算排水对河流水质产生的影响范围。黄河兰州段河道比降较大，平均为0.102%。枯水期平均流速在0.5m/s以上。据1984～2000年连续17年的统计，最大流量为2430m^3/s，枯水期最枯月平均流量为325m^3/s。根据相关资料，该段河道平均河宽为150m。

(3) 背景浓度

背景浓度值参考黄河什川桥断面段水质监测资料，确定论证水域内枯水期污染物的背景浓度：COD为18mg/L，氨氮为0.5mg/L，石油类为1.0mg/L。

(4) 计算范围

拟定排污口位于黄河兰州段下游什川镇河口村，计算长度约6km。沿岸水资源开发利用程度较低。现状水质为Ⅲ类，水质管理目标按Ⅲ类执行。

6.1.2.2 模型参数率定验证

模型参数率定与验证工作是确保模型可用性的最基本和重要的工作。模型参数的验证需要同步的水文水质观测数据，采用2016年7月6～7日实测数据。

(1) 计算网格划分

在选定范围内划分计算网格，选取的三角网格尺寸$S_{max}=20m^2$，网格最小角度26°。计算网格划分结构网格、非结构网格总数为93780个，节点数为8378个。

(2) 计算条件与污染负荷输入值

1）计算时段　采用2016年7月6～7日实际监测数据，2016年7月6～7日作为模型的验证计算时段。

2）水文参数　采用2016年7月6～7日实际监测数据与多年统计数据结合为准。区域水深的计算方法是根据实测与后期处理得到的河道地形图提取，再根据模型计算需要，进行线性插值计算，以得出各对应网格点的水深值。流量采用黄河水利委员会提供的兰州段2009～2012年1月平均流量415m^3/s。

3）输入负荷量　计算单元内无明显排污口，输入负荷以蔡家河上游汇入的农村生活污水为主。排污口水文特征与水化学特征没有统计资料，采用实测估算。

(3) 验证计算结果分析

1）流场验证计算　通过表层流速的计算值与2016年7月6～7日实测值比较，验证计算结果如表6-3所列。由表6-3可知，通过表层流速的计算值与实测值比较，其相对误差一般在25%以内，且计算值大部分都稍小于实测值，是偏安全的。由流场模型计算的流场分布与实际情况基本相符合，该流场模型可用于本论证研究。

表 6-3 流场验证计算结果比较

断面编号	采样断面(点)	实测流速/(m/s)	计算流速/(m/s)	相对误差/%
1#	上游	−0.20	0.18	−10.0
2#	上游	0.22	0.19	13.6
3#	上游	0.32	0.28	−12.5
4#	排污口	0.16	0.14	−12.5
5#	排污口	0.25	0.21	16.0
6#	排污口	−0.17	0.19	−11.8
7#	下游	−0.21	0.18	−14.3
8#	下游	−0.21	0.19	−9.5
9#	下游	0.31	0.28	9.7

2）浓度场验证计算　2016 年 7 月 6～7 日的浓度场验证计算结果如表 6-4 所列。由表 6-4 可知，浓度计算值与实测值吻合较好，浓度变化趋势也较为合理。

表 6-4 浓度场验证计算结果比较

断面编号	采样断面(点)	指标	实测浓度/(mg/L)	计算浓度/(mg/L)	相对误差/%
1#	排污口	COD	23.25	29.25	25.8
		氨氮	0.27	0.31	14.8
2#	排污口	COD	21.50	22.70	5.6
		氨氮	0.26	0.32	23.1
3#	排污口	COD	19.25	20.40	6.0
		氨氮	0.26	0.29	11.5
4#	下游	COD	19.50	20.80	6.7
		氨氮	0.25	0.26	4.0
5#	下游	COD	19.25	21.20	10.1
		氨氮	0.23	0.22	−4.3
6#	下游	COD	19.00	20.30	6.8
		氨氮	0.23	0.25	8.7

6.1.2.3 计算模拟

根据规划方案进行预测情景设置，如表 6-5 所列。

表 6-5 预测情景

情景	蔡家河			新区中水			排入黄河		
	流量/(m^3/s)	水质/(mg/L)		流量/(m^3/s)	水质/(mg/L)		流量/(m^3/s)	水质/(mg/L)	
近期	0.29	COD	34	0.58	COD	50	0.87	COD	44.67
		氨氮	2.4		氨氮	8		氨氮	6.13
		石油类	0.05		石油类	1		石油类	0.68
远期	0.31	COD	36	5.83	COD	50	6.14	COD	49.29
		氨氮	2.8		氨氮	8		氨氮	7.74
		石油类	0.05		石油类	1		石油类	0.95

根据表 6-5 所列计算情景，利用模型进行模拟计算，模拟计算结果如表 6-6～表 6-8 所列。

表 6-6 COD 预测计算范围统计 单位：m

序号	计算情景	18～20mg/L		20～30mg/L		30～40mg/L		≥40mg/L	
		长度	宽度	长度	宽度	长度	宽度	长度	宽度
1	近期	480	20	150	18	8	3	4	2
2	远期	3200	130	500	42	150	20	20	15

注：20mg/L、30mg/L 和 40mg/L 的影响范围限值分别按《地表水环境质量标准》(GB 3838—2002) COD Ⅲ类、Ⅳ类和Ⅴ类标准划定，17mg/L 为本底值。

表 6-7 氨氮预测计算范围统计 单位：m

序号	计算情景	0.5～1.0mg/L		1.0～1.5mg/L		1.5～2.0mg/L		≥2.0mg/L	
		长度	宽度	长度	宽度	长度	宽度	长度	宽度
1	近期	500	50	60	20	20	5	5	2
2	远期	2400	80	400	35	260	22	100	12

注：0.5mg/L、1.0mg/L、1.5mg/L 和 2.0mg/L 的影响范围限值分别按《地表水环境质量标准》(GB 3838—2002) NH_3-N Ⅱ类、Ⅲ类、Ⅳ类和Ⅴ类标准划定。

表 6-8 石油类预测计算范围统计 单位：m

序号	计算情景	0.05～0.5mg/L		≥0.5mg/L	
		长度	宽度	长度	宽度
1	近期	510	20	—	—
2	远期	4400	130	270	40

注：0.05mg/L、0.5mg/L 的影响范围限值分别按《地表水环境质量标准》(GB 3838—2002) 石油类Ⅲ类和Ⅳ类标准划定。

(1) 近期情况影响范围分析

新区中水排入黄河，与黄河水掺混后，COD 浓度超过《地表水环境质量标准》(GB 3838—2002) Ⅲ类水标准部分，Ⅳ类浓度范围长度 150m、宽度 18m；Ⅴ类浓度范围长度 8m、宽度 3m；劣Ⅴ类浓度范围长度 4m、宽度 2m。

NH_3-N 浓度超过《地表水环境质量标准》（GB 3838—2002）Ⅲ类水标准部分，Ⅳ类浓度范围为长度 60m、宽度 20m；Ⅴ类浓度范围为长度 20m、宽度 5m；劣Ⅴ类浓度范围长 5m、宽 2m。

石油类浓度超过《地表水环境质量标准》（GB 3838—2002）Ⅲ类水标准部分，Ⅳ类浓度范围为长度 510m、宽度 20m；Ⅴ类浓度未出现。

（2）远期情况影响范围分析

新区中水正常排入黄河，与黄河水掺混后，其 COD 浓度超过《地表水环境质量标准》（GB 3838—2002）Ⅲ类水标准部分，Ⅳ类浓度范围长度 500m、宽度 42m；Ⅴ类浓度范围长度 150m、宽度 20m；劣Ⅴ类浓度范围长度 20m、宽度 15m。

NH_3-N 浓度超过《地表水环境质量标准》（GB 3838—2002）Ⅲ类水标准部分，Ⅳ类浓度范围为长度 400m、宽度 35m；Ⅴ类浓度范围为长度 260m、宽度 22m；劣Ⅴ类浓度范围长 100m、宽 12m。

石油类浓度超过《地表水环境质量标准》（GB 3838—2002）Ⅲ类水标准部分，Ⅳ类浓度范围为长度 4400m、宽度 130m；Ⅴ类浓度线范围为长度 270m、宽度 40m。

6.2 地下水环境影响分析

6.2.1 地下水环境影响评价方法

地下水环境影响评价方法主要包括地下水污染运移预测评价方法和地下水脆弱性（风险）评价方法两类。地下水污染运移预测评价方法主要针对规划中有确定性地下水污染源分布的情形，研究污染源所在区域地下水污染物渗入地下水后随时间、空间的变化情况，以及对规划区及周边地下水环境造成的影响，常用的方法包括类比分析法、解析法、数值法等。地下水脆弱性（风险）评价方法是基于规划区域水文地质、环境条件等综合条件，根据各种污染源、水文地质因子的组合评价规划区域地下水受污染的难易程度，提出规划布局优化建议和风险源防范控制措施，从规划源头降低地下水污染风险，其中，DRASTIC 方法为当今应用范围最广、最灵活的评价方法。

6.2.1.1 地下水污染运移预测评价方法

（1）类比分析法

类比分析法是根据已经研究清楚、有环境水文地质资料且已实施多年的规划，估算与其相似规划的地下水环境影响。该方法只能概略评价规划实施过程对地下水环境的部分影响。利用类比分析法时必须满足以下几个条件：

① 类比与被类比的两个规划区域的水文地质条件基本一致，并选取最有代表性的水文地质参数作为比拟指标。

② 类比规划与被类比规划在规划目标、规模、产业布局等方面有较强的一致性。

对于被类比规划未出现地下水环境污染的情况，如类比规划与被类比规划规模接近，可给出可行的地下水环境影响评价结论；对于被类比规划已出现地下水环境污染的情况，应找出被类比规划可能的地下水污染源，并在本次规划中采取可行的地下水污染防治措施，或对规划规模、布局等进行优化调整。

（2）解析法

地下水解析公式是依据渗流理论，在理想的介质条件、边界条件下建立起来的。该方法在理论上是严密的，只要符合公式假定条件，计算结果可以反映基本情况，但是，由于水文地质条件的复杂性，如客观存在的含水层介质的非均质性、边界条件非规则性等，常产生较大误差。

1）计算过程　解析法的计算过程通常包含以下 4 部分。

① 建立水文地质概念模型。一般是根据水文地质概念模型选用公式，也常根据公式的应用条件建立水文地质概念模型，两者相互依存，相互制约。

② 选择计算公式。应考虑以下几个问题：

a. 根据补给条件和计算的目的要求，决定选用稳定流公式还是非稳定流公式；b. 根据地下水类型确定选择承压水井还是潜水井流公式；c. 考虑边界的形态、水力性质，含水介质的均质程度。

③ 确定水文地质参数。包含渗透系数（又称水力传导系数）、导水系数、给水度、弹性释水系数、弥散系数等。

④ 计算评价。根据水文地质概念模型，拟订方案，确定计算公式进行计算。

采用解析法预测污染物在含水层中的扩散时，一般应满足以下条件：a. 污染物的排放对地下水流场没有明显的影响；b. 评价区内含水层的基本参数（如渗透系数、有效孔隙度等）不变或变化很小。

2）常用模型　常用的地下水溶质运移模型主要有以下 4 种。

① 一维无限含水层瞬时点源

$$C(x,t)=\frac{m/w}{2n_e\sqrt{\pi D_L t}}e^{-\frac{(x-ut)^2}{4D_L t}}$$

式中　x——距注入点的距离，m；

t——时间，d；

$C(x,t)$——t 时刻 x 处的示踪剂浓度，g/L；

m——注入的示踪剂质量，kg；

w——横截面面积，m^2；

u——水流速度，m/d；

n_e——有效孔隙度，无量纲；

D_L——纵向弥散系数，m^2/d；

π——圆周率。

② 一维半无限含水层瞬时点源

$$\frac{C}{C_0}=\frac{1}{2}erfc\left(\frac{x-ut}{2\sqrt{D_L t}}\right)+\frac{1}{2}e^{\frac{ux}{D_L}}erfc\left(\frac{x+ut}{2\sqrt{D_L t}}\right)$$

式中　C——t 时刻 x 处的示踪剂质量浓度，mg/L；

C_0——注入的示踪剂质量浓度，mg/L；

$erfc()$——余误差函数；

其余因子意义同上。

③ 瞬时点状注入污染物二维弥散

$$C(x,y,t)=\frac{m_M/M}{4\pi n_e t\sqrt{D_L D_T}}e^{-\left[\frac{(x-ut)^2}{4D_L t}+\frac{y^2}{4D_T t}\right]}$$

式中　x,y——计算点处的位置坐标；

$C(x,y,t)$——t 时刻点（x,y）处的示踪剂浓度，g/L；

M——承压含水层的厚度，m；

m_M——长度为 M 的线源瞬时注入的示踪剂质量，kg；

D_T——横向 y 方向的弥散系数，m^2/d；

其余因子意义同上。

④ 连续点状注入污染物二维弥散

$$C(x,y,t)=\frac{m_t}{4\pi M n_e\sqrt{D_L D_T}}e^{\frac{xu}{2D_L}}\left[2K_0(\beta)-W\left(\frac{u^2 t}{4D_L},\beta\right)\right]$$

$$\beta=\sqrt{\frac{u^2x^2}{4D_L^2}+\frac{u^2y^2}{4D_L D_T}}$$

式中　m_t——单位时间注入的示踪剂质量，kg/d；

$K_0(\beta)$——第二类零阶修正贝塞尔函数；

$W\left(\frac{u^2t}{4D_L},\beta\right)$——第一类越流系统井函数；

其余因子意义同上。

（3）数值法

数值法将计算机快速计算的能力用于求解地下水数值模型，具有仿真度高、方便灵活的特点，能够处理介质的非均质性、边界条件不规则等解析法难以处理的问题。该方法已成为现在求解复杂条件下地下水污染问题的主要手段，可用来解决大区域规划地下水环境影响评价问题。地下水数值模拟过程通常包括水文地质概念模型的建立、数值模型再现、求解，模型识别、验证、灵敏度分析6个部分。

在地下水数学模拟过程中，通常水文地质概念模型的建立、数值模型的再现和求解是模型预测结果准确的关键，而在模型建立后，通过已有资料对模型进行识别、检验则是模型建立过程中不可或缺的一部分，识别、验证和灵敏度分析构成了地下水数值模拟真实度的关键检视步骤。此外，模型后续使用过程中应不断通过收集新的野外数据以确定预测结果是否正确，如果模拟结果精确，则该模型对该模拟区来说是有效的。

常用的地下水评价预测模拟软件有以下几种。

1）MODFLOW　MODFLOW是由美国地质调查局（USGS）于20世纪80年代开发用于孔隙介质中地下水流模拟的软件。该软件的源代码是免费的，主要利用Fortran编写。

2）Visual MODFLOW Flex　Visual MODFLOW（VMOD）是由加拿大Waterloo Hydrogeologic公司开发的一个基于MODFLOW地下水模拟引擎的软件程序，最初于1994年发布，于2012年5月正式更名为Visual MODFLOW Flex。该软件主要由水文地质学家用于模拟地下水溶质运移，还结合了MODFLOW-SURFACT，MT3DMS和三维模型可视化等功能，Visual MODFLOW Flex软件输入输出方便，操作合理易学，是简单高效的模拟软件。

3）FEFLOW　FEFLOW是德国柏林的WASY公司于1994年研究开发的用于地下水溶质运移过程模拟的软件，它涵盖了多孔、裂隙介质建模领域中的各种物理和计算问题。该软件依据连续介质力学基础上的所有有关流动和运输现象的理论，系统地涵盖了多相介质，潜水自由面，含水层平均方程，离散特征元素等几类问题。该软件引入有限元方法求解基本多维平衡方程，详细讨论了由此产生的非线性和线性问题、质量和热量运移问题（例如，地下流和渗流问题、不饱和水流、对流扩散传输、盐水入侵、地热和热盐流等）。

4）GMS　GMS（Groundwater Modeling System）是地质建模和地下水流模拟应用程序，它具有二维和三维地质建模、地质统计功能，是建立独特概念模型方法的软件。目前支持的模块包括MODFLOW，MODPATH，MT3DMS，RT3D，FEMWATER，SEEP2D和UTEXAS。最新版加入了XMDF（可扩展模型数据格式）板块，GMS中MODFLOW板块可以进行稳态和瞬态分析的差分饱和流模型，可为溶质运移提供一个新的界面。

5）MT3DMS　MT3DMS是地下水污染物迁移模拟的国际通用软件，广泛应用于地下水污染与修复的研究，是应用广泛的三维地下水溶质运移模拟软件。MT3DMS本身不包括地下水流模拟程序，需要与中心网格的有限差分水流计算程序联合使用。MT3DMS不但可以同时模拟地下水中多种污染物组分的物理迁移过程（包括对流、弥散、吸附等），而且可以（或结合其他软件如RT3D）模拟组分在运移过程中发生的简单（或复杂）生物和化学反应。

常用的地下水数值模拟软件及其特点如表6-9所列。

表6-9　常用的地下水数值模拟软件及其特点

软件名称	特点
MODFLOW	(1)现阶段使用最广泛的三维地下水水流模型； (2)可以模拟水井、河流、溪流、排泄、水平水障、蒸散和补给对非均质和复杂边界条件的水流系统的影响； (3)DOS界面，不易操作，源文件修改需较强的编程能力
Visual MODFLOW Flex	(1)三维地下水水流和溶质运移模拟评价的标准可视化专业软件系统； (2)以MODFLOW、MT3DMS等模块为基础，可进行三维水流模拟、溶质运移模拟和反应运移模拟； (3)界面友好，可操作性较强
FEFLOW	(1)三维地下水水流和溶质运移模拟评价的标准可视化专业软件系统； (2)可进行三维水流模拟、溶质运移模拟和反应运移模拟，可解决复杂的地下水模拟问题； (3)界面友好，可操作性较强，但采用有限元法要求有较扎实的地质和数学功底
GMS	(1)三维地下水水流和溶质运移模拟评价的标准可视化专业软件系统； (2)可进行三维地质建模、地下水水流模拟、溶质运移模拟和反应运移模拟； (3)界面友好，可操作性较强
MT3DMS	(1)首屈一指的溶质运移模拟软件； (2)提供了MODFLOW接口，可在MODFLOW地下水水流模拟基础上进行溶质运移模拟； (3)DOS界面，不易操作，源文件修改需较强的编程能力

6.2.1.2　地下水脆弱性（风险）评价方法

地下水环境脆弱性，也就是地下水的易污染性，它反映了地下水环境的自我防护能力。地下水环境脆弱性评价可以从地下水环境保护的角度，对规划选址、选线或布局方案进行优化、调整。

DRASTIC评价模型是现阶段应用最为普遍、最为成熟的地下水脆弱性评价方法，采用地下水埋深（depth to groundwater）、含水层净补给量（recharge）、含水层介质（aquifer media）、土壤介质（soil media）、地形坡度（topography）、包气带介质（impact of the vadose zone media）、含水层水力传导系数（hydraulic conductivity of the aquifer）7个影响和控制污染物运移的指标，来定量分析区域地下水脆弱性程度。DRASTIC评价模型影响因子特征如表6-10所列。

表6-10　DRASTIC评价模型涉及的影响因子特征

序号	因子	特征
1	地下水埋深 (D)	地下水位埋深决定了污染物到达含水层之前所经过的距离及与周围介质接触的时间。如果是潜水含水层，由地下水位确定含水层埋深；如果是承压含水层，则取承压含水层，顶板为含水层埋深
2	含水层净补给量 (R)	补给量主要来源于降雨量，可用降雨量减去地表径流量和蒸散量来估算净补给量，或者用降水入渗系数计算
3	含水层介质 (A)	根据评价要求，将含水层介质分为9类：块状页岩；变质岩、火成岩；风化的变质岩、火成岩；薄层状砂岩、灰岩、页岩；块状砂岩；块状灰岩；砂砾岩；玄武岩；岩溶发育灰岩

续表

序号	因子	特征
4	土壤介质(S)	土壤层通常为距地表平均厚度2m或小于2m的地表风化层。在此,土壤介质分为以下9类:薄层或缺失;砾石;砂;胀缩性黏土;砂质壤土;壤土;粉质壤土;黏质壤土;非胀缩性黏土
5	地形坡度(T)	地形包括地形坡度变化和土地的覆盖与使用类型
6	包气带介质(I)	指潜水水位以上或承压含水层顶板以上、土壤层以下的非饱和区或非连续饱和区。分10种类型:粉土/黏土;页岩;灰岩;砂岩;层状的灰岩、砂岩、页岩;含较多粉粒和黏粒的砂砾岩;变质岩、火成岩;玄武岩;砂砾岩;岩溶发育灰岩
7	含水层水力传导系数(C)	传导系数的影响因素有很多,主要有含水层中介质颗粒的形状、大小、不均匀系数和水的黏滞性等,通常通过实验方法或经验估算法确定

DRASTIC评价模型应用假设条件如下：a.污染物由地表进入地下；b.污染物随降雨入渗到地下水中；c.污染物随水流动；d.评价区面积大于40hm^2。

DRASTIC评价主要包括评价区域剖分、因子赋值、加权求和、等级确定、结果成图、反馈等步骤。

(1) 评价区域剖分

根据评价区域资料翔实程度，采用矩形、正方形、三角形、多边形等剖分，剖分精度尽量与资料详实程度一致。资料较多的区域，建议适当密集剖分；资料欠缺的区域，建议适当增加剖分间距或面积。

(2) 因子赋值

根据评价区域水文地质资料，对选取的各个评价因子进行赋值，并将赋值大小对应到各剖分区域。按照对地下水脆弱性影响的程度，可将每项指标划分为10个等级区间，影响最小的赋值为1，最大的赋值为10，具体评分标准如表6-11所列。

(3) 加权求和

根据评价区域水文地质条件，对各个因子进行权重确定，权重值的选取根据其对地下水脆弱性影响的大小来确定，范围为1～5，最具影响的指标赋值为5，影响最小的赋值为1，如表6-12所列。根据各个评价因子在各个剖分区域的赋值，按照约定权重对各个剖分区域进行加权求和，得出每个剖分区域的最终值，具体计算公式如下：

$$DRASTIC=5D+4R+3A+2S+1T+5I+4C$$

式中 DRASTIC——区域地下水脆弱性指数；

D——地下水埋深评分值；

R——含水层净补给量评分值；

A——含水层介质评分值；

S——土壤介质评分值；

T——地形坡度评分值；

I——包气带介质评分值；

C——含水层水力传导系数评分值。

表 6-11 DRASTIC 模型中各参数的类别及评分

地下水埋深(D)		净补给量(R)		含水层介质(A)		土壤介质(S)		地形坡度(T)		包气带介质(I)		含水层水力传导系数(C)	
埋深/m	评分	含水层净补给量/(mm/a)	评分	介质	评分	介质	评分	坡度/(°)	评分	介质	评分	水力传导系数/(m/d)	评分
0～1.5	10	0～50.8	1	块状页岩	1～3(2)	薄层或缺失	10	0～2	10	粉土/黏土	1～2(1)	0.04～4.1	1
1.5～4.6	9	50.8～101.65	3	变质岩、火山岩	2～5(3)	砾石	10	2～6	9	页岩	2～5(3)	4.1～12.2	2
4.6～9.1	7	101.65～177.8	6	风化的变质岩、火山岩	3～5(4)	砂	9	6～12	5	灰岩	2～7(6)	12.2～28.5	4
9.1～15.2	5	177.8～254	8	薄层状砂岩、灰岩、页岩	5～9(6)	胀缩性黏土	7	12～18	3	砂岩	4～8(6)	28.5～40.7	6
15.2～22.9	3	>254	9	块状砂岩	4～9(6)	砂质壤土	6	>18	1	层状的灰岩、砂岩、页岩	4～8(6)	40.7～81.5	8
22.9～30.5	2	—	—	块状灰岩	4～9(6)	壤土	5	—	—	含较多粉粒和黏粒的砂砾岩	4～8(6)	>81.5	10
>30.5	1	—	—	砂砾岩	6～9(8)	粉质壤土	4	—	—	变质岩、火成岩	2～8(4)	—	—
—	—	—	—	玄武岩	2～10(9)	黏质壤土	3	—	—	砂砾岩	6～9(8)	—	—
—	—	—	—	岩溶发育灰岩	9～10(10)	非胀缩性黏土	1	—	—	玄武岩	2～10(9)	—	—
—	—	—	—	—	—	—	—	—	—	岩溶发育灰岩	8～10(10)	—	—

注：括号内的数值为典型评分值。

表 6-12 DRASTIC 模型中各参数的权重赋值

评价指标	权重	评价指标	权重	评价指标	权重
地下水埋深(D)	5	土壤介质(S)	2	含水层水力传导系数(C)	4
含水层净补给量(R)	4	地形坡度(T)	1		
含水层介质(A)	3	包气带介质(I)	5		

(4) 等级确定

根据各个剖分区域加权求和值，对区域进行等级评定，地下水脆弱性分区和防污性能级别划分如表 6-13 所列。

表 6-13 地下水脆弱性分区及防污性能级别划分

地下水脆弱性指数总评分	防污性能	脆弱性级别	地下水易污染性
2～71	极高	Ⅰ	难
72～120	高	Ⅱ	不易
121～160	中等	Ⅲ	可能
161～218	低	Ⅳ	容易
219～226	极低	Ⅴ	极易

6.2.2 地下水环境影响评价方法应用

案例 某新区规划环评采用 MODFLOW 模拟地下水环境影响

6.2.2.1 新区地下水类型及分布特征

根据地下水的分布、赋存条件和含水层介质性质，将调查区地下水分为志留系、奥陶系、前寒武系变质岩裂隙水，新近系-白垩系砂岩、砂砾岩承压水及潜水-承压水和第四系更新统洪积、冲洪积角砾、砾砂、砂层孔隙水 3 类。以上 3 种类型的地下水分别简称为基岩裂隙水、碎屑岩类孔隙裂隙水和第四系松散岩类孔隙水。

(1) 基岩裂隙水

基岩裂隙潜水主要分布于规划新区东北侧的山区地段，地下水赋存于绢云方解片岩、方解石英片岩的风化裂隙和构造裂隙带内。地下水主要接受大气的降水补给，自高处向低洼处径流，在地形低洼地段转化为沟谷的潜水。基岩裂隙水富水性差，单泉流量小于 0.1L/s，径流模数小于 0.1L/(s · km^2)，水质一般较好，矿化度一般在 0.5～1.0g/L 之间。

(2) 碎屑岩类孔隙裂隙水

该类型地下水又可分为潜水和承压水两种类型。

1) 碎屑岩类孔隙裂隙潜水　碎屑岩类孔隙裂隙潜水主要分布于盆地中部呈南北向展布的黄茨滩—廖家槽—尖山庙—何家梁—西槽东梁一线。因该基岩相对较高，第四系松散层中含水很少或几乎没水，有少量地下水赋存于新近系基岩风化层中，地下水埋深20～30m，含水层水力传导系数小于0.5m/d。碎屑岩类孔隙裂隙潜水与第四系松散岩类孔隙水关系密切，互为补排，构成统一的含水层。

2) 碎屑岩类孔隙裂隙承压水　分布于盆地的中部和南部，含水层为新近系咸水河组下部的砂岩或砂砾岩，含水层厚50～100m，承压水头埋深16～60m，碎屑岩类孔隙裂隙承压含水层分布广泛，但多埋藏于盆地的中下部，其上部的泥岩基本上构成了区域性隔水底板，与第四系潜水含水层无明显的水力联系。

碎屑岩类孔隙裂隙承压水水量中等，单井涌水量100～500m^3/d，最大达656.5m^3/d，水化学类型以Cl^--SO_4^{2-}-Na^+型为主，矿化度1～4g/L。

(3) 第四系松散岩类孔隙水

进一步分为黄土孔隙裂隙潜水、沟谷潜水和盆地潜水3类。

1) 黄土孔隙裂隙潜水　分布于丘陵区，赋存于黄土中孔隙裂隙内，地下水主要接受大气降水补给，多以泉的方式排泄，水量贫乏，水质较差。区内大多地段为透水而不含水的黄土，只在每年的雨季有暂时性的地下水富集与赋存。

2) 沟谷潜水　分布于碱沟沟谷、龚巴川等较大的支沟中，该类地下水对普通硅酸盐水泥具有较强的腐蚀性。

碱沟沟谷含水层为第四系洪积形成的粉土，地下水位埋深在沟谷的上游段为5～8m，在其南部因沟谷强烈的下切侵蚀，谷底基岩裸露，基本上不含水。区内矿化度多大于5g/L，水化学类型为Cl^--SO_4^{2-}型。该类水主要接受上游段的地下径流补给和降水及灌溉水的入渗补给，自北向南径流，最终排泄于碱沟沟谷的主沟道内。

龚巴川沟谷的含水层也为第四系洪碎石土和粉土，水位埋深大于30m，地下水位埋深3～5m。单井出水量在陈家井以南为500～1000m^3/d（口径取254mm，水位降深取含水层厚度一半进行推算，下同），富水性中等；在陈家井以北小于500m^3/d，富水性较差。沟谷区矿化度上游较好，下游逐渐变差，其矿化度一般在1～5g/L，局部地段高达5～8g/L。

地下水的溶滤和蒸发浓缩是区内地下水矿化度升高的一个主要原因。在灌区一带水化学类型以Cl^--SO_4^{2-}-Na^+-Mg^{2+}型为主，Cl^--SO_4^{2-}-Na^+型次之。该类水主要接受降水及灌溉水的入渗补给，由北向南径流，向下游沟谷段排泄。

3) 盆地潜水　主要赋存于盆地区的两个古沟槽中，盆地北部的山前洪积物中亦有分布，古沟槽以外的第四系地层中仅分布有厚度很薄的潜水，部分地带因基底相对抬高出现了透水而不含水的地段。

6.2.2.2 新区地下水富水性特性

调查区地下水的富水性主要取决于含水层厚度的变化，根据单井涌水量（井径300mm，降深为含水层厚度1/2时的出水量）的大小，按照含水层富水性可将调查区分为水量丰富区、水量中等区、水量贫乏区和水量极贫乏区4个区。

（1）水量丰富区（单井涌水量>1000m^3/d）

主要分布于西槽南—当铺—牛路槽东—刘家湾一带，呈带状分布。单井涌水量在方家坡外最大可达9450m^3/d。

（2）水量中等区（单井涌水量500～1000m^3/d）

主要分布在东槽古沟道、西槽古沟道中下游、龚巴川西盆镇下游地带、水阜河曾家井—水阜乡段。

（3）水量贫乏区（单井涌水量100～500m^3/d）

分布在除西槽古沟道上游外的盆地区，东槽古沟道东侧，北部槽地区、碱水沟、碱沟中游、水阜河中上游及龚巴川中上游及其支沟大槽沟沟谷内。

（4）水量极贫乏区（单井涌水量<100m^3/d）

分布在除古沟道外的盆地北部及中部区域，盆地东南部边缘黄土丘陵地带和碱沟、水阜河下游沟谷内。

6.2.2.3 新区地下水的补给、径流和排泄条件

（1）秦王川盆地地区地下水

秦王川盆地地区地下水的补给来源主要有大气降水入渗、灌溉用水和灌溉渠系水入渗、北部基岩丘陵区基岩裂隙水和沟谷潜流补给。其中，引大入秦工程等水利工程灌溉用水和灌溉渠系水入渗补给为盆地地区地下水的主要补给来源，其次为北部基岩丘陵区基岩裂隙水和沟谷潜流补给，大气降水入渗补给量有限。盆地内潜水径流方向总体是沿东槽、西槽等古沟道呈股状由北向南运移，水力坡降0.5%～2.3%，受地貌条件、地层结构及基底形态的控制，径流条件在不同地段有明显差异。排泄方式主要有泉水溢出、土面蒸发、水面蒸发及沟谷潜流等形式。泉水溢出和土面蒸发主要在当铺—芦井水一带，沟谷潜流形式排泄主要出口分布在盆地南部碱沟、水阜河及龚巴川等地。

（2）沟谷潜水

沟谷潜水补给来源主要有大气降水入渗、灌溉用水入渗、灌溉渠系水入渗及基岩裂隙水和松散岩类孔隙裂隙水侧向补给，其中灌溉用水入渗和灌溉渠系水入渗为主要补给来源。各条沟谷自成潜水系统，自沟道上游向下游径流，在沟谷下段或沟口地带的现代冲沟中以泉的形式排泄，以潜流的形式汇入河谷潜流或在适宜的条件下转化为碎屑岩类孔隙裂隙水或基岩裂隙水。

（3）碎屑岩类孔隙水

碎屑岩类孔隙水主要接受沟谷潜水补给，仅在调查区南部丘陵区岩体裸露地段接受大气降水或地表水下渗补给。通过碎屑岩类孔隙裂隙向地势低洼处运移，在适宜的条件下转化为沟谷潜水，碱水沟、碱沟下游局部地段有少量地下水以泉的形式直接溢出地表。该类地下水的补给与排泄过程基本通过同沟谷潜水的相互转换来实现，由地貌、地层岩性和地质构造条件决定，各个储水构造受同一储水构造的不同部位和不同深度的影响，其径流条件有所差异。

（4）基岩裂隙水

基岩裂隙水主要接受大气降水入渗补给，基岩裂隙水水质和水量特征取决于降水量，由于区内降雨量小，基岩裂隙水具有水质差、水量小的特点。基岩裂隙水在基岩风化裂隙和构造裂隙中向沟谷运移，转化为沟谷潜水或在地势低洼处以泉的形式向外排泄。

6.2.2.4 新区建设对地下水环境的影响

选用GMS7.0软件中基于有限差分的MODFLOW模块模拟程序分析新区规划对地下水环境的影响。MODFLOW是一种基于网格的有限差分方法，专门用于孔隙介质中地下水流动的三维数值模拟程序。通过把研究区在空间和时间上进行离散，建立研究区每个网格的水均衡方程式，将所有网格方程联立成为一组大型的线性方程组，迭代求解方程组可以得到每个网格的水头值。

（1）含水层概化

盆地南部广泛分布第四系松散层孔隙潜水，含水层为砂砾岩及中细砂层。受构造、地貌和沉积条件的制约，自北而南沉积物颗粒渐细，地下水位埋深渐浅，富水性渐弱，含水层次增多，北部是单一的潜水含水层，向南逐渐过渡为双层或多层结构的潜水-承压含水层的统一含水体。第四系松散层承压水主要分布在盆地南部当铺、下牛路槽、隆号及李麻沙沟沟道区，含水层岩性为全新统含砾中粗砂或粉细砂层，局部为砂砾碎石层，由北向南颗粒逐渐变细。

由于沉积环境的变化交替，黏性土的分布在水平方向上和垂直方向上都有较大的变化，隔水层呈断续状或透镜体分布，很难在区域内找到一层分布比较稳定的隔水层，故承压水和潜水在区域上有不可分割的水力联系，构成了统一的含水层系统，可视为统一的多层介质的潜水含水系统。从空间上看，地下水流整体上以水平运动为主、垂向运动为辅，地下水系统符合质量守恒原理和能量守恒原理。含水层分布广、厚度大，在常温常压下地下水运动符合达西定律。考虑浅、深层之间的流量交换以及软件的特点，地下水运动可概化成空间三维流。地下水系统的垂向运动主要是层间的越流，地下水三维模型可以很好地解决越流问题。考虑到数据收集程度，模型定位为稳定流。

(2) 边界条件概化

南部盆地最北边为1号剖面，可控制整个灌区北面进入工作区的来水量，秦王川北部灌区所形成的地下潜流通过该断面进入南部盆地，断面布置与地下水位等值线基本垂直，该断面作为第一类边界处理。东、西两侧为盆地周边的低山丘陵，属隔水边界；下边界为地下水的排泄通道，且地下水出露，以地表径流的形式流出边界，可作为第一类边界；盆地分布有排水沟。整个模拟区域为一个既封闭又有排泄通道的堤坝式汇水盆地。

(3) 网格剖分

网格剖分的疏密对计算的精度和效率有重要的影响。在平面上将研究区剖分为200行100列，在垂向上为层的矩形网格，共计20000个单元格，其中16862个为有效单元格。

(4) 时间离散

时间步长5000天。

(5) 水文地质参数选取

1) 渗透系数　在收集前人水文地质报告和相关文献资料的基础上，计算获得渗透系数值，新区分区域的渗透系数取值如表6-14所列。

表6-14　新区渗透系数

名称	东部古沟槽区	中川以南	西部古沟槽区	引大入秦东一干以南	
岩性组成	砂砾岩	中细砂、砾石	砾石	中细砂	砂砾层
厚度/m	5～8.4	4～10	<5	4～10	
渗透系数/(m/d)	25～44	13～27	12～15	25～30	7～13

2) 给水度　根据研究区含水层岩性及颗粒组成，参照《水利水电工程水文计算规范》(SL 278—2002) 附录中的经验值。

3) 其他水文地质参数　其他水文地质参数的获取方式主要是收集前人资料和实地水文地质勘察，同时参考《水利水电工程水文计算规范》(SL 278—2002) 附录B中的经验值。

(6) 初始流场

以2011年《新区工程地质调查与研究报告》中地下水位观测资料为基础，用软件采用距离反比法的插值方式将地下水位数据插值到网格图中，生成地下水位等值线图，以此作为模拟计算的初始流场。

(7) 地下水污染预测情景设定及预测结果

新区主要城区范围设有污水收纳系统，基本排除对地下水污染的情况。因此主要针对石化片区进行污染影响预测。

本次模拟预测情景设定为对厂区初期雨水收集池、储罐中污染物在正常工况有防渗情景下进行预测。本次研究模拟污染物扩散时未考虑吸附作用、化学反应等因素，在其他条件（水动力条件、泄漏量及弥散等）相同的情况下，污染物的扩散主要取决于污染物的初始浓度。因此，本情景评价对污染物浓度、超标倍数、毒性大小等因素综合考虑，选取COD、SS、石油类、苯作为预测因子，预测结果分析如表6-15所列。

表6-15 预测结果分析

污染物	初始浓度/(mg/L)	浓度变化/(mg/L)							
		长度/km	宽度/km	长度/km	宽度/km	长度/km	宽度/km	长度/km	宽度/km
COD	200	0.0016～0.0032		0.0032～0.0047		0.0047～0.0063		0.0063～0.0079	
		4	5	3	4	2	2	1	1
SS	400	0.003～0.006		0.006～0.010		0.010～0.013		0.013～0.016	
		4	5	3	3	2	1	1	1
石油类	10	0.0001～0.00015		0.00015～0.0002		0.0002～0.00025		0.00025～0.0003	
		4	4	3	3	2	1	1	0.5
苯	80	0.0006～0.0012		0.0012～0.0018		0.0018～0.0024		0.0024～0.0030	
		4	4	3	2	1	1	0.5	0.5

COD最大污染范围南北4km，东西5km，其中浓度0.0016～0.0032mg/L；其次南北3km，东西4km，其中浓度0.0032～0.0047mg/L；再其次南北2km，东西2km，其中浓度0.0047～0.0063mg/L；最高浓度污染范围南北1km，东西1km，其中浓度0.0063～0.0079mg/L。

SS最大污染范围南北4km，东西5km，其中浓度0.003～0.006mg/L；其次南北3km，东西3km，其中浓度0.006～0.010mg/L；再其次南北2km，东西1km，其中浓度0.010～0.013mg/L；最高浓度污染范围南北1km，东西1km，其中浓度0.013～0.016mg/L。

石油类最大污染范围南北4km，东西4km，其中浓度0.0001～0.00015mg/L；其次南北3km，东西3km，其中浓度0.00015～0.0002mg/L；再其次南北2km，东西1km，其中浓度0.0002～0.00025mg/L；最高浓度污染范围南北1km，东西0.5km，其中浓度0.00025～0.0003mg/L。

苯最大污染范围南北4km，东西4km，其中浓度0.0006～0.0012mg/L；其次南北3km，东西2km，其中浓度0.0012～0.0018mg/L；再其次南北1km，东西1km，其中浓度0.0018～0.0024mg/L；最高浓度污染范围南北0.5km，东西0.5km，其中浓度0.0024～00030mg/L。

从项目场地水文地质条件分析，潜水含水层岩土渗透性较差，地下水渗流速度极小，污染物不易扩散；但风险污染源位于秦王川水文地质单元的潜水层补给区，且存在污染物进入潜水层的风险。根据预测结果可知，在园区防渗措施得当情况下，对地下水的污染影响范围较小，仅局限在园区附近局部区域。

6.3 大气环境影响分析

大气环境影响评价是系统分析规划实施全过程对大气环境的影响类型和途径，按照规划不确定性分析给出的不同发展情景，进行同等深度的影响预测与评价，明确给出规划实施对评价区域大气环境的影响性质、程度和范围，为提出和推荐环境可行的规划方案和优化调整建议提供支撑。

但污染影响毕竟是存在的，且地下水一旦遭受污染，自净条件较差，污染具有长期性，因此建议石化园区首先确保污水处理设施安全正常运营，加强管理，确保不发生泄漏，其次加强对地下水监测井的观测。以上模拟为连续排放，如建设监测预警措施，连续排放时间将大大缩短，污染范围也将减少。因此，建议项目建设区地下水污染防治务必进行地面防渗和地下水监测方案。地面防渗方案考虑主动防渗措施及被动防渗措施，例如在发生意外泄漏的情形下，要在泄漏初期及时控制污染物向下游进行运移扩散，综合采取水动力控制、抽采或阻隔等方法，在污染物进一步运移扩散前将其控制、处理，避免对下游地下水造成污染影响。同时，在项目建设区及下游共布设监测井进行长期监测，随时掌握地下水水质变化趋势，发现污染和水质恶化时要及时进行处理，开展系统调查，并上报有关部门。

6.3.1 大气环境影响评价方法

大气环境影响评价应充分考虑规划的层级和属性，依据不同层级和属性规划的决策需求选取评价方法。主要评价方法包括类比分析法和数值模拟法等。

6.3.1.1 类比分析法

类比分析法是根据一类规划所具有的某种属性，推测分析对象也具有这种属性的方法，以找出其中的规律或得出符合客观实际的结论。

采用类比分析法进行大气环境影响评价，需选择同类型、主要特征类似、已实施（所产生的影响已基本全部显现）等具有可比性的规划作为类比对象，并考虑拟实施规划与类比规划的差异，根据类比规划对大气环境产生的影响来分析或预测得出拟实施规划可能产生的大气环境影响。

6.3.1.2 数值模拟法

大气环境影响评价中采用的数学模型主要包括大气导则中推荐的大气预测模式，主要为 AERMOD 模型、ADMS 模型、CALPUFF 模型、CMAQ 模型和 CAMx 模型。通过上述模型来模拟各类气象条件和地形条件下的污染物在大气中输送、扩散、转化和清除等物理、化学机制。根据预测结果分析该规划对评价区域及其周围环境可能造成的影响范围和影响程度。

(1) AERMOD模型

AERMOD预测模型包括3个模块，分别是扩散模块AERMOD、气象预处理模块AERMET和地形预处理模块AERMAP。AERMOD适用于稳定场的烟羽模型，与其他模块的不同之处包括对垂直非均匀的边界层的特殊处理，不对称或不规则尺寸的面源的处理，对流层的三维尺度烟羽模型，在稳定边界层中垂直混合的局限性和对地面反射的处理，在复杂地形上的扩散处理和建筑物下洗的处理。AERMET是AERMOD的气象预处理模块，输入数据包括每小时云量、地面气象观测资料和一天两次的探空资料，输出文件包括地面气象观测数据和一些大气参数的垂直分布数据。AERMAP是AERMOD的地形预处理模块，仅需输入标准的地形数据。将两者得到的数据输入AERMOD扩散模块，利用不同条件下的扩散公式计算出污染物浓度。AERMOD模型技术流程如图6-1所示。

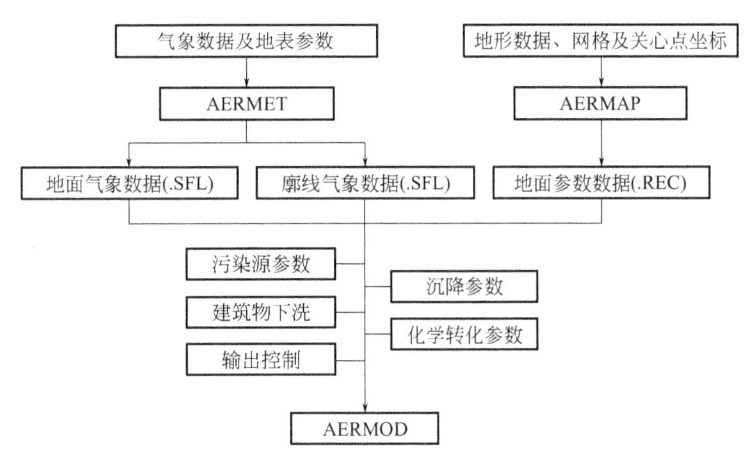

图6-1 AERMOD模型技术流程

AERMOD模型地面气象数据选择距离项目最近或气象特征基本一致的气象站的逐时地面气象数据，要素至少包括风速、风向、总云量和干球温度。根据预测精度要求及预测因子特征，可选择观测资料包括湿球温度、露点温度、相对湿度、降水量、降水类型、海平面气压、地面气压、云底高度、水平能见度等。其中对观测站点缺失的气象要素，可采用经验证的模拟数据或采用观测数据进行插值得到。高空气象数据选择模型所需观测或模拟的气象数据，要素至少包括一天早晚两次不同等压面上的气压、离地高度和干球温度等，其中离地高度3000m以内的有效数据层数应不少于10层。

(2) ADMS模型

ADMS (Atmospheric Dispersion Management System) 由英国剑桥环境研究公司(CERC)开发研制。ADMS大气扩散模型的模拟范围为中小尺度范围，不超过

50km。ADMS模型可以模拟点源、面源、线源、体源和网格点源的大气污染源污染物扩散，既可以模拟单个点源、面源和线源的污染物扩散，也可以模拟多个污染源的大气污染物扩散，适用于工业污染源、道路交通源。ADMS模型可以作为一个独立的预测模式进行模拟计算，同时也可以和地理信息系统进行串联使用。CERC基于ADMS大气扩散模型又开发出了不同类型的ADMS模型软件，主要有ADMS-Screen（ADMS-筛选）、ADMS-EIA（ADMS-环评）、ADMS-Roads（ADMS-道路）、ADMS-Industrial（ADMS-工业）、ADMS-Urban（ADMS-城市）几种。其中ADMS-Urban模型最为复杂，可以模拟整个城市或者较大区域内的污染物浓度及完成对整个预测区间内的空气质量评定。

ADMS模型使用莫宁-奥布霍夫长度和边界结构，精确地定义边界层结构特征参数。采用连续分类方法，将大气边界层按照大气稳定度分为稳定、近中性和不稳定3大类；同时采用连续性普适函数或无量纲表达式的形式，采用PDF模式及小风对流模式。

ADMS模型所需的气象参数同AERMOD模型。

（3）CALPUFF模型

CALPUFF模式系统由边界层气象处理模块CALMET、污染物扩散模块CALPUFF和结果后处理模块CALPOST 3大部分组成。CALPUFF模块主要包括污染物的扩散、平流输送、干湿沉降和物理与化学过程。CALMET利用质量守恒原理对模式预测范围内的风场进行诊断分析，分析内容包括客观场分析、地形阻塞效应参数化、地形动力效应、斜坡流、差分最小化和一个用于处理陆面和水面边界条件的微尺度气象模型。

CALPUFF模型可以处理复杂地形效应、海陆效应、水面过程、污染物干湿沉降、建筑物下洗和简单化学转换的非稳态拉格朗日微粒传输、扩散、沉积和高斯烟团扩散模型，模拟在时空变化的气象条件下污染物输送、清除和转化的过程，适用于几十至几百千米范围的大气污染物扩散模拟计算。CALPUFF具有自身的优势和特点：能模拟从几十千米到几百千米中等尺度范围；能模拟一些非稳态的情况（静小风、熏烟、环流、地形和海岸效应）；能评估二次污染颗粒的浓度。

CALPUFF模型采用非稳态三维拉格朗日烟团输送模型，在烟团模型中，大量污染物离散气团构成连续烟羽，采样方法为CALPUFF积分烟团方法和SLUG方法。

CALPUFF模型地面气象资料应尽量获取预测范围内所有地面气象站的逐时地面气象数据，要素至少包括风速、风向、干球温度、地面气压、相对湿度、云量、云底高度。若预测范围内地面观测站少于3个，可采用预测范围外的地面观测站进行补充，或采用中尺度气象模拟数据。高空气象资料应获取最少3个站点的测量或模拟气象数据，要素至少包括一天早晚两次不同等压面上的气压、离地高度、干球温度、风向及风速，其中离地高度3000m以内的有效数据层数应不少于10层。CALPOST为计算结果后处理软件，对 CALPUFF 计算的浓度进行时间分配处理，并计算出干（湿）沉降通量、能见度等。

CALPUFF 模型技术流程如图 6-2 所示。

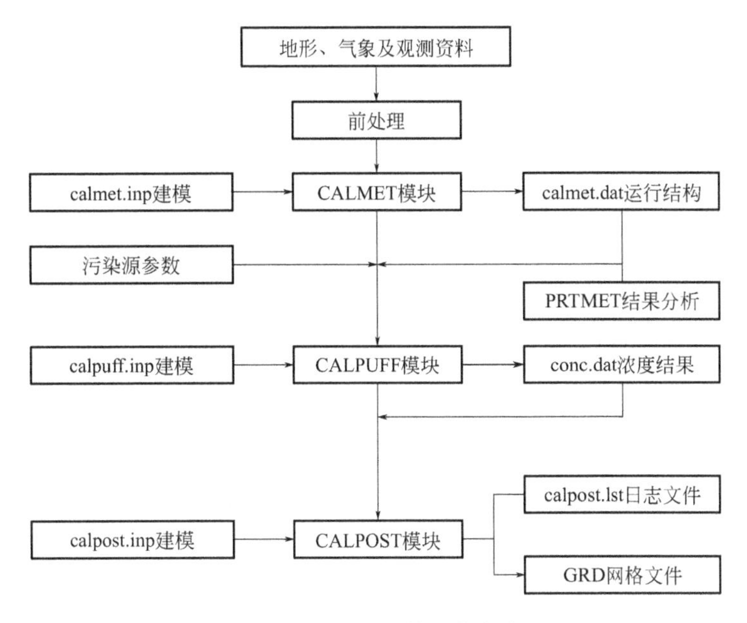

图 6-2　CALPUFF 模型技术流程

（4）CMAQ 模型

CMAQ 模型是多尺度嵌套的三维欧拉模型，模型中几乎考虑了所有对流层复杂的过程与多污染物相互作用过程，如液相、非均相化学过程，干湿沉降过程和气溶胶过程等，以及光化学污染、沙尘，气象因素与大气污染物之间的作用与反馈等。CMAQ 可模拟多种尺度范围下空气质量的状况。

CMAQ 模型系统主要由以下 3 个部分组成。

1）输入部分　CMAQ 需要两种主要类型的输入：气象信息和影响空气质量的排放源信息。温度、风、云和降水率等气候条件是大气中主要的物理驱动力，使用区域尺度数值气象模型（如 WRF）的输出来表示。为了获得有关排放的输入，CMAQ 依靠开源稀疏矩阵运算核心排放模型（SMOKE）来估计污染源的大小和位置。MCIP 模块（气象-化学接口模块）用以处理 WRF、MM5 等气象模型中得来的三维气象数据，处理结果用作 CCTM 模块的气象条件输入数据。

2）主程序部分　主程序部分主要包括化学传输模块（Chemical-Transport Model Processor，CCTM），初始条件模块（Initial Conditions Processor，ICON）以及边界条件模块（Boundary Conditions Processor，BCON）。其中，CMAQ 的核心模块为 CCTM，其功能主要是模拟污染物的传输、化学转化、沉降等过程，同时该模块还具有一定的扩展性，根据实际的模拟需求，加入云物理过程、气溶胶模块等。CCTM 模块将其他模块中得来的气象、排放、初始、边界数据作为输入数据，对大气污染物的迁移转化过程进行模拟并得到三维网格化污染物分布结果。ICON 和 BCON 分别为 CCTM 模块提供模拟所需的初始条件与边界条件。

3）后处理部分　CMAQ 运行结果通过 NCL 程序语言处理成我们需要的结果，并通过 VERDI 等工具进行可视化处理。

CMAQ 模型主要结构如图 6-3 所示。

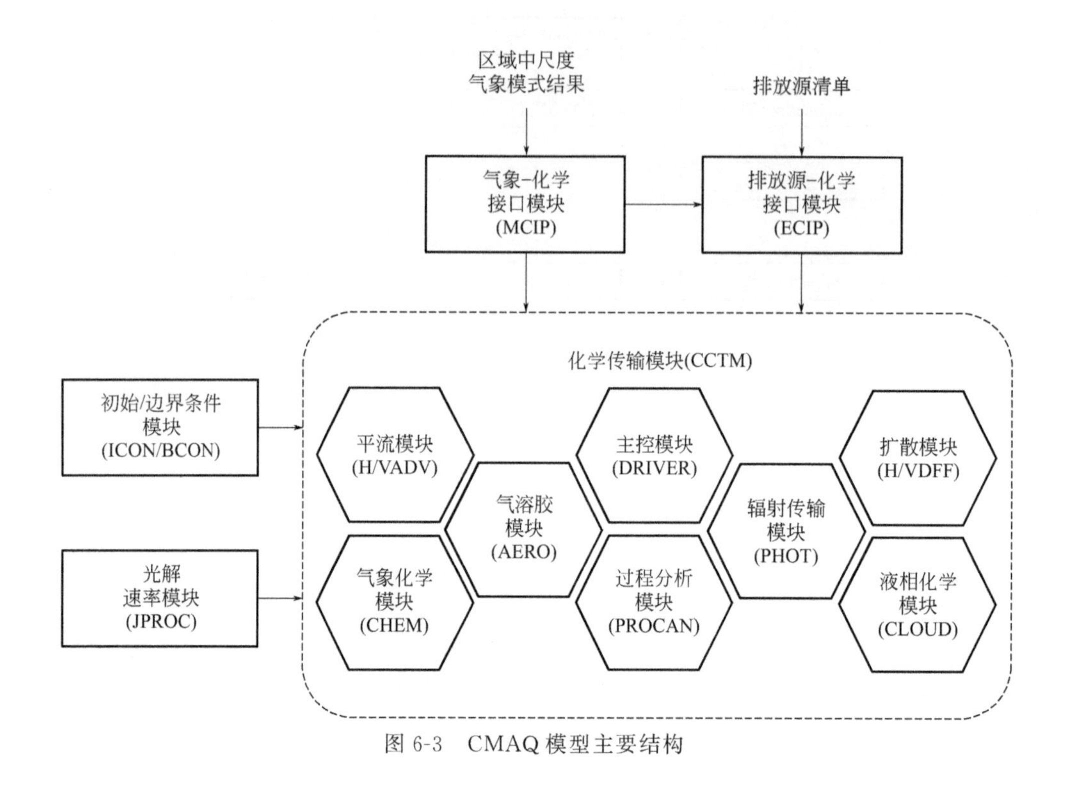

图 6-3　CMAQ 模型主要结构

（5）CAMx 模型

CAMx 模型是国际上通用的第三代三维欧拉型区域空气质量模式，可应用于多尺度的、有关光化学烟雾和细颗粒物大气污染的综合模拟研究。其基本设计理念是“一个大气多种污染物”，即将多种大气污染物统一于一个大气模式框架。它全面考虑了光化学烟雾、颗粒物、酸沉降等污染问题。CAMx 模式可以利用 MM5、WRF 等中尺度气象模式提供的气象场，在三维网格中模拟对流层污染物的排放、传输、化学反应以及去除等过程。CAMx 模式在更新浓度场计算的过程中分阶段计算大气污染物的传输、排放、化学转化、干湿沉降等一系列过程，最终得到各种大气污染物的浓度。其中的物理和化学过程包括水平和垂直输送、扩散、对流、干湿沉降、气相化学、气溶胶动力学和云化学过程。此外，CAMx 模型在模拟过程中提供几项扩展功能，包括颗粒物源识别技术、敏感性分析、过程分析和反应示踪技术等。

CAMx 模型的基本系统框架如图 6-4 所示。

各评价方法特点及应用条件如表 6-16 所列。

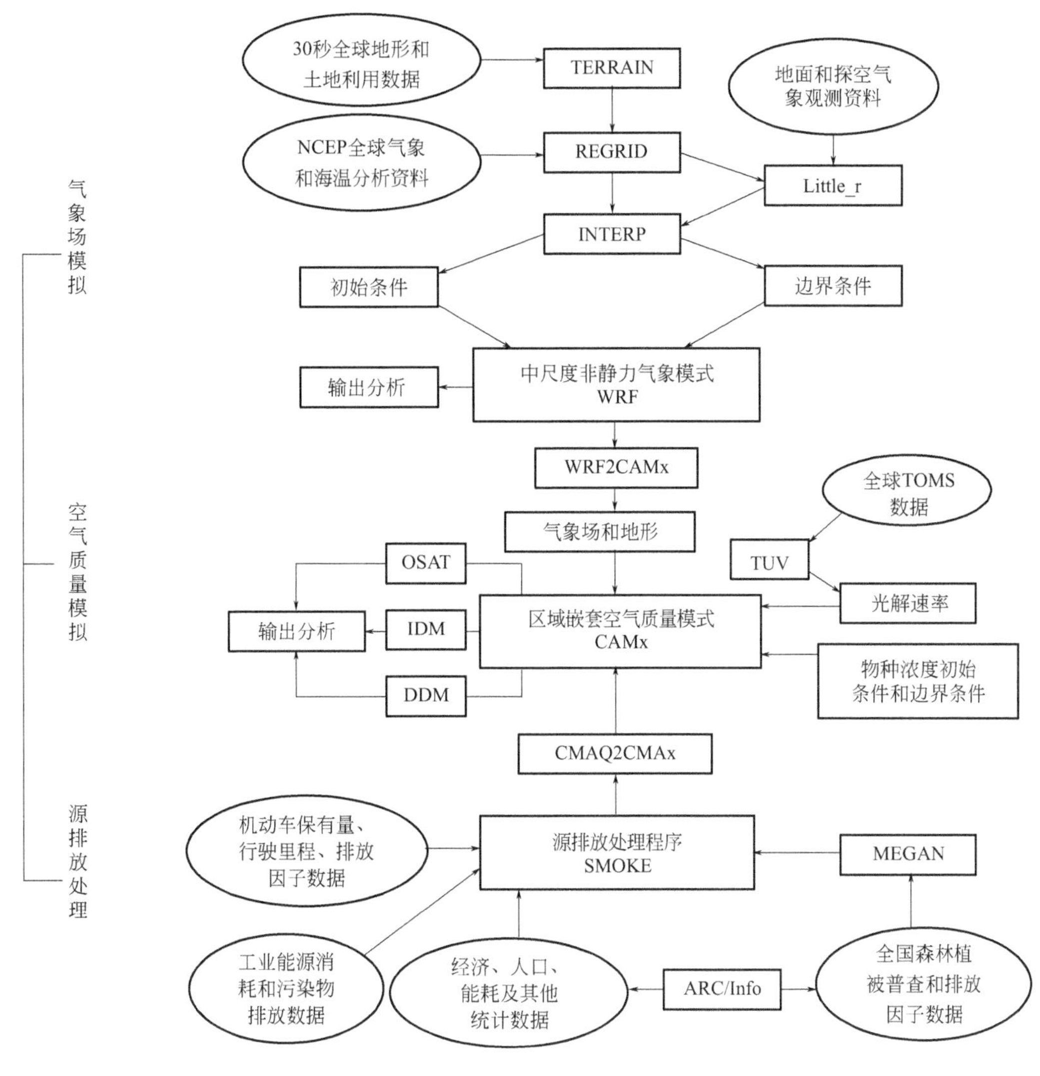

图 6-4　CAMx 模型的基本系统框架

表 6-16　大气环境影响评价方法特点及应用条件

评价方法	方法优缺点	应用条件
类比分析法	优点：操作较为简易，专业需求度较低，分析结果有一定的定量性 缺点：评价结果依赖于与类比对象的相似度和类比对象本身数据的准确度，可靠性有限	应选取与评价对象同类型，在排污特征、区域气象条件与环境空气质量状况等方面具有可比性的规划作为类比对象，且需要对类比对象本身的数据资料的合理性加以核实
AERMOD 模型	优点：考虑了烟羽下洗作用，适用于简单和复杂的农村及城市地形，可以模拟小时到年平均浓度的污染物连续排放产生的浓度分布。操作简单，模拟时间较短 缺点：不适用于二次污染，并且假定条件比较多，计算结果有偏差，同时不适合道路源和大尺度的模拟	评价范围直径或边长在 50km 以内，不考虑二次污染转换。需要确定模型中的各个参数、污染源位置、关心点、气象数据等。复杂地形条件下需要输入地形数据

续表

评价方法	方法优缺点	应用条件
ADMS模型	优点：可以模拟建筑物下洗、湿沉降、重力沉降、干沉降和化学反应，能计算 NO、NO_2 和 O_3 之间的反应，考虑了地形及下垫面对湍流的影响，还可以模拟污染源瞬间排放的浓度分布，估算因突发或事故情况下的大气环境影响 缺点：受污染位置和特性不确定等影响，计算结果会有偏差，并且受体数和面源的形状等均受限制，后处理过程需要GIS或Surfer等工具辅助	评价范围直径或边长在50km以内，可以模拟建筑物下洗、湿沉降、重力沉降、干沉降和化学反应。复杂地形条件下需要输入地形数据
CALPUFF模型	优点：可以计算建筑物下洗、烟羽抬升、部分烟羽穿透、嵌套网格尺度的地形和海陆的相互影响，具有长距离模拟计算功能，如污染物的干湿沉降、清除、化学转化、垂直风切变效应、跨越水面的传输、熏烟效应以及颗粒物浓度对能见度的影响 缺点：模型要求基础资料较多，参数设置烦琐，不易操作，运行时间较长，且需较强的专业能力	评价范围直径或边长大于等于50km，可使用中尺度气象模式模拟规划区域气象资料，输入的气象数据较多，且需同步输入地形数据
CMAQ模型	优点：充分考虑了各种大气物理过程和各污染物间的化学反应及气固两相转化过程；可全面模拟大气化学反应机制；可模拟评估 O_3、$PM_{2.5}$、VOCs等大气二次污染物；同时可模拟城市间的交互影响 缺点：对气象、污染源等基础数据要求较高；数据输入输出量很大；操作复杂，需较强的专业能力；运行时间长	评价范围直径或边长大于等于50km，可使用中尺度气象模式模拟规划区域气象资料，输入的气象数据较多，且需同步输入地形数据
CAMx模型	优点：充分考虑了各种大气物理过程和各污染物间的化学反应及气固两相转化过程；可全面模拟大气化学反应机制；可模拟评估 O_3、$PM_{2.5}$、VOCs等大气二次污染物 缺点：输入输出的数据格式不是标准的网络通用数据格式(netcdf)，需要额外点源输入	使用中尺度气象模式模拟规划区域气象资料，输入的气象数据较多，且需同步输入地形数据

6.3.2 大气环境影响评价方法应用

由于城市新区规划范围比较大，而且受到城市的影响，大气环境影响的范围都比较大，且要考虑区域传输的影响，因此在评价新区规划的大气环境影响时常采用CALPUFF模型、CMAQ模型和CAMx模型。

6.3.2.1 CALPUFF模型的应用

案例　采用CALPUFF模型预测新区大气环境影响

(1) 模型参数设置

1) 气象数据　地面气象数据采用兰州市气象站、中川机场气象站2014年1年的地面逐时风速、风向、干球温度、露点温度、相对湿度、气压以及02、08、14、20点的总云量、低云量资料。

CALPUFF背景气象场采用WRF的模拟结果。WRF计算网格为2层嵌套网格，设置方法：外部第一层网格数20×20，网格间距15km，范围300km×300km；内部第二层网格数24×24，网格间距5km，范围120km×120km。使用第二层网格数据的输出结果。

2）污染源数据　根据规划，对新区工业源、机动车、生活源进行预测，将相关的污染源数据输入模型中。

3）地形数据　CALPUFF的地形数据采用USGS 90m分辨率数据，土地利用数据采用Lambert Azimuthal LULC（1km分辨率）。

4）预测范围内网格点　CALMET边界层风场诊断模式水平网格间距为2km，垂直方向10层（10m，30m，60m，120m，240m，480m，920m，1600m，2500m，3500m），格点数为50×50。

CALPUFF模式，水平网格间距为2km，格点数为50×50，垂直分层同CALMET，输入资料使用CALMET的输出结果。

5）预测范围　评价区数值模拟区域以新区为中心，范围为100km×100km，格距为2km，坐标原点取在区域的中心。

6）其他参数设置　$PM_{2.5}$预测除一次排放外，还包括大气中化学转化生成的硫酸盐、硝酸盐这两种$PM_{2.5}$粒子。二次化学转化方案为MESOPUFF Ⅱ SCHEME，其中臭氧背景浓度取项目环境质量自动监测站的平均值$40\mu g/m^3$，氨背景浓度取模型默认值$10\mu g/m^3$。夜间损失率取模型默认值，其中SO_2损失率为0.2%/h，NO_x损失率为2%/h，HNO_3增益率为2%/h。

（2）区域大气环境影响分析

规划实施后对区域SO_2、NO_2、PM_{10}和$PM_{2.5}$年均浓度贡献情况如书后彩图4～彩图7所示（图中近期为2020年，远期为2030年）。

2020年预测规划方案对新区SO_2的年均浓度贡献低于$4.4\mu g/m^3$，占《环境空气质量标准》（GB 3095—2012）二级标准值7.3%；2030年SO_2的年均浓度贡献低于$4.9\mu g/m^3$，占GB 3095—2012二级标准值8.2%。规划期由于热电、化工行业的发展，SO_2污染增加，高浓度区主要集中在石化园区附近区域。

2020年预测规划方案对新区NO_2的年均浓度贡献低于$21.5\mu g/m^3$，占GB 3095—2012二级标准值53.8%；2030年NO_2的年均浓度贡献低于$35.8\mu g/m^3$，占GB 3095—2012二级标准值89.5%。NO_2影响范围较广，高浓度区主要集中在综合服务组团和区域中心组团，主要原因是交通源和生活源排放NO_x。

2020年预测新区PM_{10}的年均浓度贡献低于$5.3\mu g/m^3$，占GB 3095—2012二级标准值7.6%；2030年PM_{10}的年均浓度贡献低于$5.4\mu g/m^3$，占GB 3095—2012二级标

准值7.7%。PM_{10}高浓度区主要集中在石化园区和综合服务组团区域，主要原因是石化产业和交通源排放颗粒物。

2020年预测新区$PM_{2.5}$的年均浓度贡献低于3.1$\mu g/m^3$，占GB 3095—2012二级标准值8.9%；2030年$PM_{2.5}$的年均浓度贡献低于3.2$\mu g/m^3$，占GB 3095—2012二级标准值9.1%。$PM_{2.5}$高浓度区主要集中在石化园区和综合服务组团区域。

(3) 规划期环境空气质量达标分析

由于新区现有污染源较少，因此规划年大气污染物浓度为现状背景浓度叠加新增污染源浓度贡献值。新区自动监测站设置在食堂楼顶，因受食堂和管委会燃气锅炉的影响，不能反映新区的背景浓度，因此选用2015年8月涝池滩村、苗联村、下古山村监测的日均值的0.36倍作为新区背景浓度。规划期内新区环境空气质量主要受区域内影响，主要污染物浓度呈逐年增加趋势，规划期内SO_2、PM_{10}、$PM_{2.5}$可以满足《环境空气质量标准》(GB 3095—2012)二级标准要求，NO_2在远期存在超标现象，主要由生活源和交通源排放引起，超标发生在综合服务组团。若规划人口调整为80万人，机动车数量也相应按照80万人配置，SO_2、NO_2、PM_{10}、$PM_{2.5}$年均浓度可以满足《环境空气质量标准》(GB 3095—2012)二级标准要求。

(4) 不利气象条件大气污染

根据大气模拟结果，2020年新区SO_2、NO_2和PM_{10}日均浓度均可以满足《环境空气质量标准》(GB 3095—2012)二级标准；2030年SO_2和PM_{10}日均浓度也可以满足《环境空气质量标准》(GB 3095—2012)二级标准，NO_2日均浓度由于生活源和交通源排放存在超标风险。由于$PM_{2.5}$日均浓度占标率较高，在规划期存在超标风险。

最不利气象条件下，风速小于1m/s，形成各种局地汇聚，排放的污染物在局地徘徊，难以扩散清除，当清洁空气由西北部山区进入新区，自东北向西南方向清除本地积累污染物，污染物在偏北风作用下影响中心以及南部地区。SO_2、PM_{10}最大点浓度日均值占二级标准分别为21.8%和98.1%，NO_2和$PM_{2.5}$日均浓度显著升高，超过二级标准，占标率分别为134%和106%。

6.3.2.2 CAMx模型的应用

案例 采用CAMx模型预测武汉某新城及周边大气环境影响

模型输入的气象数据由WRF模式模拟提供。模拟使用的污染源清单是以清华大学建立的全国污染源排放清单为基准，根据现有的环境统计数据调整后建立的，并将使用本次收集到的武汉市各个区最新的污染源排放资料对原有排放清单进行更新。

本次模拟气相化学机理选用了SAPRC99机理，气溶胶化学机理中气溶胶粒径划分采用统计粗细粒子模型。机理中包含114个化学物种（76个气态物种、22个气溶胶物种、13个基团），217个反应。光解速率使用TOMS臭氧柱浓度资料，结合地面反照率变化范围和大气浑浊度的变化范围，由 TUV 模式计算得到。

(1) 区域气象场模拟

采用 WRF 模拟区域典型 1 月、4 月、7 月、10 月及全年的风场，区域的气象场模拟结果如书后彩图 8 所示。

(2) 大气环境模拟结果

采用 CAMx 模型模拟了武汉市 2017 年与基准情景、强化减排情景下 2025 年和 2035 年评价范围内 SO_2、NO_2、PM_{10} 和 $PM_{2.5}$ 年均浓度分布情况，如书后彩图 9～彩图 12 所示。

从 2017 年污染物现状浓度空间分布特征来看，SO_2 浓度空间分布在一定程度上反映了评价范围内工业和生活源的分布特征；NO_2 高浓度区域与主要道路以及人口密集区分布基本吻合；PM_{10} 与 $PM_{2.5}$ 浓度分布则与城市人口、工业分布的密集程度相关性较高，在主要道路周边也出现较高浓度区域。

在基准情景下，由于工业、人口和机动车保有量的持续增长，同时污染控制措施和力度欠缺，2025 年、2035 年 NO_2 浓度仅实现小幅降低，其他污染物浓度也仅实现了一定程度的降低。

在强化减排情景下，由于加大加严污染控制措施范围与力度，各污染物浓度均实现较大幅度降低，但该区大气环境质量受区域影响较为明显。

(3) 跨界污染源传输

为考虑各个方向的颗粒物、污染气体的输送来源贡献，将来源区域分为武汉市（不包括新城）、新城、其他区域。

以 2017 年气象场为输入气象边界条件，利用 CMAx-PSAT 颗粒物示踪技术，逐小时计算 3 个来源区域对 4 个方位 $PM_{2.5}$ 的各种组分的浓度贡献，计算全年结果，按照受体点位分组统计，得到最终结果。

新城的本地排放对 $PM_{2.5}$ 浓度的贡献为 17%～43%，其中，东北方向贡献最大，西南方向贡献最小。武汉市（不包括新城）对新城区域的 $PM_{2.5}$ 浓度贡献为 20%～57%，随位置变化较大，靠近武汉的西南贡献较大，为 57%，对远离武汉市区的东北和东南贡献较小，分别占 20%和 27%。武汉市以外的区域对新城区域的 $PM_{2.5}$ 贡献比较稳定，在 30%左右波动。

总之，新城的 $PM_{2.5}$ 浓度受到武汉市区的输送影响，特别是在新城的西南部武汉市区对 $PM_{2.5}$ 的贡献超过了本地的贡献。但是这种输送影响随着地理位置而变化，在新城的北部区域，本地排放是 $PM_{2.5}$ 的主要来源。

6.4 生态环境影响分析

生态影响评价方法主要包括生态功能评价法、生态环境敏感性评价法、生态适应性评价法、景观生态学评价法、生态系统服务功能评价法、生态完整性评价法。在城市新区规划环境影响评价中应用较多的为生态环境敏感性评价和景观生态学评价。本节结合新区总体规划环境影响评价案例介绍评价方法。

6.4.1 生态环境敏感性评价方法及应用

生态环境敏感性是指生态系统对区域中各种自然和人类活动干扰的敏感程度，它反映的是区域生态系统在遇到干扰时发生生态环境问题的难易程度，也就是在同样的干扰强度或外力作用下，各类生态系统出现区域生态环境问题的可能性的大小。生态环境敏感性评价实质是评价具体的生态过程在自然状况下潜在变化能力的大小，并用其来表征外界干扰可能造成的后果。

陆地生态环境敏感性评价主要包括水土流失敏感性评价、土地沙化敏感性评价及土地石漠化敏感性评价。

6.4.1.1 水土流失敏感性评价

水土流失敏感性评价是为了识别容易形成水土流失的区域，评价水土流失对人类活动的敏感程度。从水土流失的影响因素及分布规律出发，探讨主要自然因素对水土流失敏感性的影响规律。根据土壤侵蚀发生的动力条件，水土流失的类型主要有水力侵蚀和风力侵蚀，以风力侵蚀为主的水土流失敏感性将在土地沙化敏感性中进行评价，本节主要是对水动力为主的水土流失敏感性进行评估。

(1) 识别影响因素

根据水土流失方程，影响土壤侵蚀的因素主要有降雨、土壤、地形、植被和农业措施5个，其中农业措施是与人类活动密切相关的因子，与生态系统的自然敏感性关系不大，本节不作考虑。本节选取降雨侵蚀力（R）、土壤可蚀性（K）、地形起伏度（LS）、地表植被覆盖度（C）作为评价指标，并根据新区的实际情况确定单因子评价数据，水土流失敏感性指数计算公式如下：

$$SS_i = \sqrt[4]{R_i K_i LS_i C_i}$$

式中 SS_i——i 空间单元水土流失敏感性指数；

R_i——降雨侵蚀力；

K_i——土壤可蚀性；

LS_i——地形，应用地形起伏度，即地面一定范围内最大高差作为水土流失敏感性评价的地形指标；

C_i——地表植被覆盖度。

水土流失敏感性的评价指标及分级赋值如表6-17所列。

表 6-17　水土流失敏感性的评价指标及分级赋值

指标	降雨侵蚀力	土壤可蚀性	地形起伏度	地表植被覆盖度	分级赋值
不敏感	<25	石砾、沙	0～20	≥0.8	1
轻度敏感	25～100	粗砂土、细砂土、黏土	20～50	0.6～0.8	3
中度敏感	100～400	面砂土、壤土	50～100	0.4～0.6	5
高度敏感	400～600	砂壤土、粉黏土、壤黏土	100～300	0.2～0.4	7
极敏感	>600	砂粉土、粉土	>300	≤0.2	9

(2) 降雨侵蚀力 R 值

根据王万忠等的《中国的土壤侵蚀因子定量评价研究》中的全国降雨侵蚀力 R 值等值线图，青岛市某新区的降雨侵蚀力 R 值在 300～400 之间。根据表 6-17，新区的降雨侵蚀力为中度敏感，分级赋值为 5。

(3) 土壤可蚀性 K 值

新区土壤以棕壤土为主，其次是潮土，局部分布着盐土和褐土。从质地上看，新区土壤以壤土为主，还有少量的壤黏土。根据表 6-17，新区的土壤可蚀性为中度敏感，分级赋值为 5。

(4) 地形起伏度 LS 值

采用地形的起伏度大小与土壤侵蚀敏感性的关系来评估，在评价中，可以应用地形起伏度，即地面一定距离范围内最大高差，作为区域土壤侵蚀评价的地形指标，然后用地理信息系统绘制区域土壤侵蚀对地形的敏感性分布。根据表 6-17 进行分类和赋值。

(5) 地表植被覆盖度 C 值

地表覆盖因子与潜在植被的分布关系密切，根据植被分布图的分类系统，将覆盖因子对土壤侵蚀的敏感性影响分为 5 级，按表 6-17 进行分类与赋值。采用 ERDAS 和 ArcGIS 软件，依据青岛市某新区 2015 年 7 月份的遥感影像图，计算新区的植被覆盖度。

(6) 水土流失敏感性综合计算结果

在降水侵蚀力、土壤可蚀性、地形起伏度、地表植被覆盖度 4 个指标评价结果的基础上，根据水土流失敏感性指数计算公式，采用 ArcGIS 软件的空间叠加分析功能得出水土流失敏感性分布。

综合评价结果表明，新区水土流失敏感性共有 3 个等级，即中度敏感、轻度敏感和不敏感，无高度敏感和极敏感级别，各等级相应面积和比例如表 6-18 所列。

表 6-18　水土流失敏感性不同等级的面积及比例

敏感分级	中度敏感	轻度敏感	不敏感
面积/km^2	1020.11	961.16	114.73

续表

敏感分级	中度敏感	轻度敏感	不敏感
比例/%	48.67	45.86	5.47

中度敏感地区主要成片分布在新区的中部和北部，在藏马山、小珠山、大珠山、琅琊山和抓马山等山脉和北部农业作业区，面积 1020.11km^2，占新区陆域面积的 48.67%；轻度敏感地区主要分布在新区已开发建设城区，面积 961.16km^2，占新区陆域面积的 45.86%；不敏感地区主要为各类水体，包括河流、湖泊、水库、滩涂等水域地区，面积 114.73km^2，占新区陆域面积的 5.47%。

6.4.1.2 土地沙化敏感性评价

根据原国家环保总局（现生态环境部）《生态功能区划暂行规程》的要求，并结合研究该区的实际情况，选取干燥度指数、起沙风天数、土壤质地、植被覆盖度等评价指标，并根据研究地区的实际情况对分级评价标准作相应的调整。

根据各指标敏感性分级标准及赋值（见表 6-19），利用地理信息系统的空间分析功能，将各单因子敏感性影响分布图进行乘积运算，得到新区的土地沙化敏感性等级分布，公式如下：

$$D_i = \sqrt[4]{I_i W_i K_i C_i}$$

式中 D_i——i 评价区域土地沙化敏感性指数；

I_i——评价区域干燥度指数；

W_i——评价区域起沙风天数；

K_i——评价区域土壤质地；

C_i——评价区域植被覆盖度的敏感性等级值。

表 6-19 土地沙化敏感性评价指标及分级赋值

指标	干燥度指数	≥6m/s 起沙风天数	土壤质地	植被覆盖度	分级赋值
不敏感	≤1	≤5	基岩	≥0.8	1
轻度敏感	1.0～1.5	5～10	黏质	0.6～0.8	3
中度敏感	1.5～4.0	10～20	砾质	0.4～0.6	5
高度敏感	4.0～16.0	20～30	壤质	0.2～0.4	7
极敏感	≥16.0	≥30	砂质	≤0.2	9

（1）干燥度指数

干燥度指数用于表征一个地区的干湿程度，反映了某地、某时水分的收入和支出状况。采用修正的谢良尼诺夫公式计算干燥度指数（I_i），公式如下：

$$I_i = 0.16\frac{全年\geqslant 10℃的积温}{全年\geqslant 10℃期间的降水量}$$

根据气象站2014年逐时的气象数据进行统计，2014年全年≥10℃的积温为4712.15℃，2014年全年≥10℃期间的降雨量为676.7mm。根据修正的谢良尼诺夫公式计算出新区的干燥度指数为1.114，在1.0～1.5之间，为半湿润地区，干燥度指数的敏感性为轻度。根据表6-19，干燥度指数指标分级赋值为3。

（2）≥6m/s起沙风天数

风力强度是影响风对土壤颗粒搬运的重要因素。已有研究资料表明，砂质壤土、壤质砂土和固定风砂土的起动风速分别为6.0m/s、6.6m/s和5.1m/s，本节选用冬春季节大于等于6m/s的起沙风天数来评价土地沙化敏感性。根据气象站点的2014年气象数据，全年≥6m/s起沙风天数为19天。根据表6-19，敏感性程度为中度，分级赋值为5。

（3）土壤质地

新区土壤以棕壤土为主，其次是潮土，局部分布着盐土和褐土。从质地上看，新区土壤以壤土为主，还有少量的壤黏土。根据表6-19，新区的土壤质地敏感性等级为高度敏感，分级赋值为7。

（4）植被覆盖度

采用ERDAS和ArcGIS软件，依据青岛某新区2015年7月份的遥感影像图，计算新区的植被覆盖度，计算结果根据表6-19进行分类和赋值。

$$C_i = (\mathrm{NDVI} - \mathrm{NDVI}_{soil})/(\mathrm{NDVI}_{veg} - \mathrm{NDVI}_{soil})$$

式中　C_i——植被覆盖度；

NDVI——植被覆盖指数；

NDVI_{veg}——完全指标覆盖地表所贡献的信息；

NDVI_{soil}——无植被覆盖地表所贡献的信息。

（5）土地沙化敏感性综合计算结果

在干燥度指数、≥6m/s起沙风天数、土壤质地、植被覆盖度4个指标评价结果的基础上，根据土地沙化敏感性指数计算公式，采用ArcGIS空间叠加分析功能得出土地沙化敏感性分布。

综合评价结果表明，新区土地沙化敏感性共有3个等级，即中度敏感、轻度敏感和不敏感，无高度敏感和极敏感级别，各等级相应面积和比例如表6-20所列。中度敏感地区在新区内成片分布，面积1851.96km^2，占新区陆域面积的88.36%；轻度敏感地区零星分布于新区，面积129.31km^2，占新区陆域面积的6.17%；不敏感地区主要为各类水体，包括河流、湖泊、水库、滩涂等水域地区，面积114.73km^2，占新区陆域面积的5.47%。

表 6-20 土地沙化敏感性不同等级的面积及比例

敏感分级	中度敏感	轻度敏感	不敏感
面积/km^2	1851.96	129.31	114.73
比例/%	88.36	6.17	5.47

6.4.1.3 土地石漠化敏感性评价

土地石漠化敏感性主要取决于是否为喀斯特地形、地形坡度、植被覆盖度等因子。根据各单因子的分级及赋值，利用地理信息系统的空间叠加功能，将各单因子敏感性影响分布图进行乘积计算，得到石漠化敏感性等级分布。

土地石漠化敏感性指数计算公式如下：

$$S_i=\sqrt[3]{D_iP_iC_i}$$

式中 S_i——新区区域石漠化敏感性指数；

D_i——喀斯特地形或碳酸岩出露面积占单元总面积的百分比；

P_i——地形坡度；

C_i——植被覆盖度。

各因子的敏感性评价指标及分级赋值见表 6-21。

表 6-21 土地石漠化敏感性评价指标及分级赋值

指标	喀斯特地形(碳酸盐岩出露面积百分比/%)	地形坡度	植被覆盖度	分级赋值
不敏感	不是(≤10)	≤5°	≥0.8	1
轻度敏感	是(10～30)	5°～8°	0.6～0.8	3
中度敏感	是(30～50)	8°～15°	0.4～0.6	5
高度敏感	是(50～70)	15°～25°	0.2～0.4	7
极敏感	是(≥70)	≥25°	≤0.2	9

(1) 喀斯特地形

青岛某新区地貌为滨海丘陵，山丘基本由火成岩组成，不属于喀斯特地貌类型。根据表 6-21，敏感性等级为不敏感，分级赋值为 1。

(2) 地形坡度

地形坡度主要是利用新区的 DEM 数字高程模型（ASTER GDEM V2 30m 分辨率）在地理信息系统下进行坡度提取和分级赋值。

(3) 植被覆盖度

采用 ERDAS 和 ArcGIS 软件，依据青岛某新区 2015 年 7 月份的遥感影像图，计算出新区的植被覆盖度，计算结果根据表 6-21 进行分级和赋值。

（4）土地石漠化敏感性综合计算结果

在喀斯特地形、地形坡度和植被覆盖度3个指标的评价结果基础上，根据土地石漠化敏感性指数计算公式，采用ArcGIS软件的空间叠加分析功能得出土地石漠化敏感性分布。

综合评价结果表明，新区土地石漠化敏感性共有两个等级，即轻度敏感和不敏感，无中度敏感、高度敏感和极敏感级别，各等级相应面积和比例如表6-22所列。轻度敏感地区散布在新区范围内，面积1000.77km^2，占新区陆域面积的47.75%；不敏感地区也散布在新区范围内，面积1095.23km^2，占新区陆域面积的52.25%。

表6-22　土地石漠化敏感性不同等级的面积及比例

敏感分级	轻度敏感	不敏感
面积/km^2	1000.77	1095.23
比例/%	47.75	52.25

6.4.1.4　生态环境敏感性综合评价

陆地生态环境敏感性评价主要包括水土流失敏感性评价、土地沙化敏感性评价及土地石漠化敏感性评价。单因子分析得到的生态环境敏感性指数，只反映了某一因子的作用程度，没有将生态环境敏感性的区域变异综合地反映出来，因此必须对上述3项因子叠加后再分别赋值，计算生态环境敏感性综合指数。由于不同生态环境问题之间是相互独立的，为了突出生态环境问题的敏感性，在对多个生态环境问题进行综合评价时，通过ArcView计算不同空间生态环境敏感性综合指数，绘制生态环境敏感性空间分布图。

$$SI_j = \max(S_1, S_2, S_3)$$

式中　SI_j——j空间单元生态环境敏感性综合指数；

S_1——水土流失敏感性的等级赋值；

S_2——土地沙化敏感性的等级赋值；

S_3——土地石漠化敏感性的等级赋值。

生态环境敏感性综合评价结果分为5个等级，即不敏感、轻度敏感、中度敏感、高度敏感和极敏感，具体分级赋值标准及评价结果如表6-23所列。

表6-23　生态敏感性综合评价分级标准及评价结果

敏感性等级	极敏感	高度敏感	中度敏感	轻度敏感	不敏感
SI_j	>8.0	6.0～8.0	4.0～6.0	2.0～4.0	1.0～2.0
分级赋值	9	7	5	3	1
面积/km^2	0	0	1856.53	124.74	114.73

续表

敏感性等级	极敏感	高度敏感	中度敏感	轻度敏感	不敏感
比例/%	0	0	88.58	5.95	5.47

不敏感地区主要为各类水体，包括河流、湖泊、水库、滩涂等水域地区，面积 114.73km^2，占新区陆域面积的 5.47%；轻度敏感地区主要分布在藏马山、小珠山、大珠山、抓马山和灵山岛，面积 124.74km^2，占新区陆域面积的 5.95%。新区生态敏感性以中度敏感为主，中度敏感地区广泛分布在新区范围内，面积 1856.53km^2，占新区陆域面积的 88.58%。

6.4.2 景观生态安全格局分析及应用

景观生态安全格局是指景观中存在某种潜在的生态系统空间格局，由景观中的某些关键的局部、其所处方位和空间联系共同构成。景观生态安全格局分析包括 5 个步骤。

(1) 区域景观格局安全性判别分级准则的建立

参考已有准则的基础上，包括美国生态学家 Forman 提出的“集中与分散相结合”及“必要的格局”、德国生态学家 W. Haber 提出的“10%～15%土地利用分异战略 (DLU)”、俞孔坚等提出的“景观生态安全格局”和“城乡与区域规划的景观生态模式”等，采用层次分析法（AHP）及定性和定量指标相结合的方法，经专家打分确定准则层和因素层的权重和分值，确立分级原则。据此，建立区域景观格局安全性判别分级准则（见表 6-24）。

(2) 区域景观格局动态分析指标体系构建

应用景观格局分析方法，选取适宜的景观格局指数（如碎裂度、优势度、多样性、均匀度、连通度、分维数等）构建区域景观格局动态分析指标体系。

(3) 区域景观格局累积影响分析

对规划方案拟定前后区域景观格局指数动态进行计算、对比和分析，识别出规划方案的景观格局生态效应，即规划对区域景观格局的累积环境影响。

(4) 区域景观格局安全性评价和优化

依据区域景观格局安全性判别分级准则对区域景观格局在规划方案实施前后的安全性进行综合评价和优化。

(5) 区域景观安全格局构建

提出区域景观安全格局调控建议和措施并反馈于区域景观格局规划方案，构建区域景观安全格局。

6.4.2.1 新区景观格局安全性判别分级准则的建立

景观格局安全性分级准则是相对的，级别之间存在过渡级别。在进行区域景观格局

表 6-24　区域景观格局安全性判别分级准则

景观格局安全等级及分值(总分 $Z=100$)				Ⅰ-安全状态(最优格局)($90<F\leqslant100$)	Ⅱ-较安全状态(良好格局)($70<F\leqslant90$)	Ⅲ-不安全状态(预警格局)($F\leqslant70$)
综合表征状态(准则层)	权重(B)/分值(F_B)	分项表征状态(因素层)	权重(W)/分值(F_W)	指标(i)/分值(f)	指标(i)/分值(f)	指标(i)/分值(f)
一、种群源的持久性和可达性分析即规划区域源地状态(1~5)	0.45/45	1.源地数量(区域范围内现存的乡土物种栖息地-大型自然植被斑块)	0.14/14	$i\geqslant4$ 个/$12.6<f\leqslant14$①	$i=2\sim3$ 个/$9.8<f\leqslant12.6$①	$i=0\sim1$ 个/$f\leqslant9.8$②
		2.缓冲区(环绕源的周边物种扩散低阻力区)	0.08/8	i 每个源地都具有明显且面积较大的缓冲区/$7.2<f\leqslant8$①	i 每个源地都具有较明显但面积较小的缓冲区/$5.6<f\leqslant7.2$①	i 无缓冲区或不明显/$f\leqslant5.6$②
		3.源间连接(相邻两源间最易联系的低阻力通道-源间廊道)	0.11/11	i 源地之间有两个以上的连接廊道,宽度在1~2千米/$9.9<f\leqslant11$①	i 源地之间具有1个连接廊道,但宽度较窄,小于1千米,一般在几十米到几百米/$7.7<f\leqslant9.9$①	i 无源间连接/$f=0$②
		4.辐射道(由源地向外围景观辐射的低阻力通道)	0.05/5	i 每个源地具有多个辐射道,辐射未受到人类活动阻碍/$4.5<f\leqslant5$①	i 每个源地具有较少的辐射道,辐射受到人类活动一定程度的阻碍/$3.5<f\leqslant4.5$①	i 无或无明显辐射道,辐射受到人类活动较大的阻碍或自身退化/$f\leqslant4.5$②
		5.战略点(对沟通相邻源之间联系有关键意义的"踏脚石")	0.07/7	i 源地之间具有战略点且未受到人类活动威胁,状态良好/$6.3<f\leqslant7$①	i 源地之间具有战略点且受到人类活动的威胁,状态一般/$4.9<f\leqslant6.3$①	i 无战略点/$f=0$②

续表

景观格局安全等级及分值(总分 $Z=100$)				Ⅰ-安全状态 (最优格局)($90<F\leqslant100$)	Ⅱ-较安全状态 (良好格局)($70<F\leqslant90$)	Ⅲ-不安全状态 (预警格局)($F\leqslant70$)
综合表征状态(准则层)	权重(B)/分值(F_B)	分项表征状态(因素层)	权重(W)/分值(F_W)	指标(i)/分值(f)	指标(i)/分值(f)	指标(i)/分值(f)
二、景观组织的开放性分析即规划建成区景观格局(6a)及与建成区周边源地和绿地之间的空间关系(6b)	0.25/25	6.规划建成区景观格局(6a)及与建成区周边源地和绿地之间的空间关系(6b)	6a:0.14/14 6b:0.11/11	6a:i 规划建成区内有较多的小型自然斑块和廊道,且连通性良好③; 6b:i 建成区与其周边源地和绿地之间通过多条绿色廊道和战略点连接良好③; i 规划建成区内单个建设用地景观单元面积不超过 $10hm^2$④ /6a:$12.6<f\leqslant14$ 6b:$9.9<f\leqslant11$	6a:i 规划建成区内有较少的小型自然斑块和廊道,且连通性较好③; 6b:i 建成区与其周边源地和绿地之间通过较少的绿色廊道和战略点连接较好③; i 规划建成区内存在较少建设用地面积超过 $10hm^2$ 的单个景观单元④ /6a:$9.8<f\leqslant12.6$ 6b:$7.7<f\leqslant9.9$	6a:i 规划建成区内有很少的小型自然斑块和廊道,且连通性较差③; 6b:i 建成区与其周边源地和绿地之间绿色廊道很少,无战略点,连接很差,二者几乎分离③; i 规划建成区内存在较多建设用地面积超过 $10hm^2$ 的单个景观单元④ /6a:$f\leqslant9.8$ 6b:$f\leqslant7.7$
三、景观异质性分析即规划区域自然景观单元总面积比例(7a)和分布状况(7b)	0.30/30	7.规划区域自然景观单元(即植被和水域单元)总面积占规划区域总面积的比例(7a)及分布情况(7b)	7a:0.16/16 7b:0.14/14	7a:$i>35\%$⑤; 7b:i 除源地景观单元外,其他自然景观单元均匀分布于规划区域⑥ /7a:$14.4<f\leqslant16$ 7b:$12.6<f\leqslant14$	7a:$25\%<i\leqslant35\%$⑤; 7b:i 除源地景观单元外,其他自然景观单元比较均匀分布于规划区域⑥ /7a:$11.2<f\leqslant14.4$ 7b:$9.8<f\leqslant12.6$	7a:$i\leqslant25\%$⑤; 7b:i 除源地景观单元外,其他自然景观单元在规划区域内分布不均匀,呈紧密分布⑥ /7a:$f\leqslant11.2$ 7b:$f\leqslant9.8$

注:分值说明:Z 为总分值,$Z=100$;B 为准则层权重,F_B 为准则层分值;W 为因素层权重,F_W 为因素层分值;i 为指标,f 为由因素层权重折算的各指标 i 的分值;F 为各安全水平纵向累计总分值;准则层和因素层分值按专家打分确定的权重分配分值,将因素层各因素分值按景观格局安全性分级标准(Ⅰ-安全状态,$90<F\leqslant100$;Ⅱ-较安全状态,$70<F\leqslant90$;Ⅲ-不安全状态,$F\leqslant70$)分别折算到景观格局安全性判别等级划分三级水平中,每个级别总分值再按其纵向累计获得。

①俞孔坚提出的“景观生态安全格局”和“城乡与区域规划的景观生态模式”中的相关内容和依据实践经验的推理。

②依据①并结合实践经验的推理。

③依据 Forman 提出的“集中与分散相结合”及“必要的格局”并结合实践经验的推理。

④⑥依据 W. Haber 提出的“10%~15%土地利用分异战略(DLU)”(“10%急需法则”)并结合实践经验制定。

⑤依据国家环保模范城市城区绿化覆盖率指标标准 35%制定。

综合分析和评估时，依据表 6-24 的分级准则，采取实地调查和图片观察估计相结合的方法，进行分项打分并累计，然后综合分析，并按最靠近原则判别景观格局安全性等级。

6.4.2.2 新区景观格局动态分析指标筛选原则和指标体系构建

基于科学性、系统性及实用性原则，选取 10 项景观格局指标作为表征景观格局整体特征的指标体系（见表 6-25），并据此开展研究区域规划前后的景观格局动态分析和景观格局累积影响识别和评价。

6.4.2.3 新区总体规划的景观格局评价与优化

（1）景观类型划分

根据新区景观实际，将景观类型划分为生态林地（林地和草地）、城市绿地、水域、耕地、工业、道路、居住和非工业城市建设用地（除工业、道路和居住外的其他城市建设用地）8 种。

（2）景观格局指数计算和分析

依据表 6-25 和新区现状及规划的土地利用类型，采用景观格局分析软件 Fragstats3.3 对新区规划基准年（2013 年）和规划远景年（2030 年）的景观格局变化进行计算，其景观类型指数计算结果如表 6-26 所列。

规划前新区的景观类型以林地、草地自然景观及盆地北部耕地景观为主，尚未大规模开发。从新区现状景观格局来看，林地和草地分布广泛，景观连通性较好。按照规划方案，区域将形成“网格状”交通路网，规划后土地利用方式大规模改变，城市将成为景观主体，区域内自然斑块间的连接性基本消失，留存下来的自然景观包括北部、南部丘陵地区及东部小部分丘陵地区的林地斑块，自然景观斑块如林地斑块大幅减少。

由表 6-26，新区规划前后的景观类型格局将发生较大的变化。主要表现为：随着规划方案的实施，非工业城市建设、居住、道路和工业等城市景观面积显著上升，占区域总面积的 31.92%，其中工业建设景观上升最快，上升了 13.10%；耕地生态用地面积占比下降为 15.10%，下降了 31.43%，生态林地、水域、城市绿地等生态用地增加了 7.63%，生态用地总体上下降了 23.8%，不利于景观生态系统的稳定和景观格局安全。规划后城市绿地、工业景观类型的斑块密度上升，其中工业景观上升最快，说明随着人类的经济建设活动加强，区域原来的大斑块被人类活动分割为小斑块，景观的破碎化程度增大，而生态林地、耕地、水域、非工业城市建设用地和居住景观斑块密度下降，说明规划使这些景观类型由原来单位面积上比较多且分散的斑块人为整合为数量较少且比较集中的斑块；规划前后面积加权分维数变化不大，除水域、道路和城市绿地略有增加外，其余景观类型略有下降，总体变化不明显，说明规划前人类活动对景观形状已有较大干扰，规划后景观形状

表 6-25 景观格局特征指标及其生态意义

指标	计算方法	概念内涵	阈值及其生态意义
景观类型百分比(PLAND)	$PLAND=\left[\sum_{j=1}^{n}a_{ij}\right]/A$ a_{ij} 为景观类型 i 中斑块 j 的面积;A 为景观总面积;n 为景观类型 i 的斑块总数	量化各景观类型面积在整体景观中所占比例	景观格局基本空间特征,其大小影响到景观要素内部营养和能量的分配以及景观中物种组成和多样性
斑块数(NP)	$NP=N_i$ N_i 为景观类型 i 的斑块数	量化各景观类型斑块个数	各景观类型斑块个数
斑块密度(PD)	景观水平:$PD=N/A$; 景观类型水平:$PD_i=N_i/A_i$ N_i 为景观类型 i 的总斑块数;A_i 为景观类型 i 的总面积;N 为景观总斑块数;A 为景观总面积	以单位面积上的斑块数目表示各景观类型的斑块密度	反映景观的破碎化程度,其值越大,破碎化程度越大
面积加权分维数(FRAC-AM)	$FRAC\text{-}AM=\sum_{i=1}^{m}\sum_{j=1}^{n}\left\{\left[\frac{2\ln(0.25P_{ij})}{\ln a_{ij}}\right]\left[\frac{a_{ij}}{\sum_{i=1}^{m}\sum_{j=1}^{n}a_{ij}}\right]\right\}$ m 为景观类型总数;n 为景观类型 i 的斑块数;a_{ij} 为景观类型 i 中斑块 j 的面积;P_{ij} 为景观类型 i 中斑块 j 的周长	从自相似性的角度来衡量景观斑块形状复杂性	其取值范围为 1~2,值越大,景观形状越复杂,通过测定斑块形状研究人为干扰及其对斑块内部生态过程的影响
散布与并列指数(IJI)	$IJI=\frac{-\sum_{i=1}^{m}\sum_{k=i+1}^{m}\left[\left(\frac{e_{ik}}{E}\right)\ln\left(\frac{e_{ik}}{E}\right)\right]}{\ln\{0.5[m(m-1)]\}}(100)$ $E=\sum_{i=1}^{m}e_{ik}$ 表示景观中边界长度总和;e_{ik} 为景观类型 i 与景观类型 k 之间共同边界的总长	反映某景观类型 i 周边出现其他类型景观的混置情况	其取值范围为 0~100,当某景观类型周边出现单一景观时,指数值接近于 0,随着周边其他类型景观增多,指数值随之增大

续表

指标	计算方法	概念内涵	阈值及其生态意义
斑块凝聚度指数(COHESION)	$COHESION=\left[1-\frac{\sum_{i=1}^{m}\sum_{j=1}^{n}P_{ij}}{\sum_{i=1}^{m}\sum_{j=1}^{n}P_{ij}\sqrt{a_{ij}}}\right]\left[1-\frac{1}{\sqrt{A}}\right]^{-1}$ P_{ij} 为景观类型 i 中斑块 j 的周长上的像元数;a_{ij} 为景观类型 i 中斑块 j 的像元数;A 为景观中像元的总数量	可衡量相应景观类型的自然连接程度	其取值为 0～100,斑块类型分布变得聚集,其值增大,反之,斑块被分割变得不连接时,其值减小
景观多样性指数(SHDI)	$SHDI=1-\sum_{i=1}^{m}p_i^2$ p_i 为景观类型 i 占景观总面积的比例;m 为景观类型总数	反映景观要素的多少和各要素所占比例的变化	其取值为 0～100,当景观由单一要素构成时,其值为 0;由两个以上景观要素构成的景观,当景观类型所占比例相等时,其值最高,所占比例差异增大时,景观多样性指数下降
景观均匀度指数(SIEI)	$SIEI=H/H_{max}$ $H_{max}=\ln m$ $H=-\ln\left[\sum_{i=1}^{m}p_i^2\right]$ p_i 为景观类型 i 占景观总面积的比例;m 为景观类型总数;H_{max} 为给定丰度条件下景观最大可能均匀度;H 为景观均匀度	反映不同景观类型的分布均匀程度	其取值为 0～1,其值越低,各景观类型所占面积比例差异越大;值越大,景观各组分分布越均匀
景观连通性指数(R)	$R=\frac{L}{L_{max}}=\frac{L}{3(V-2)}$ L 为连接廊道数;L_{max} 为最大可能连接廊道数;V 为节点数	反映景观网络的连通性,即景观网络各节点由景观廊道连接起来的程度	其取值为 0～1,其值为 0,表示没有节点;其值为 1,表示每个节点都彼此相连
景观优势度指数(D)	$D=\ln m+\sum_{i=1}^{m}(p_i)\ln p_i=\ln m-SHDI$ p_i 为景观类型 i 占景观总面积的比例;m 为景观类型总数	表示景观多样性与最大多样性之间的偏差,反映景观组成中某种或某些景观类型支配景观的程度	其值越大,表示各景观类型所占面积比例差别大,其中某一种或某几种景观类型占优势;其值小,表示各景观类型所占面积比例相当;其值为 0,表示各景观类型所占面积比例相等,没有一种景观类型占优势

表 6-26　新区 2013 年（现状）和 2030 年（规划）景观类型指数计算结果

景观类型		景观类型面积/m^2	景观类型百分比/%	斑块数/个	斑块密度/(个/hm^2)	面积加权分维数	散布与并列指数	斑块凝聚度指数
生态林地	规划	40811.93	50.63	1750.00	2.17	1.10	67.43	99.48
	现状	36011.48	44.89	9558.00	11.87	1.32	21.95	99.78
耕地	规划	12167.77	15.10	25.00	0.03	1.08	56.35	99.67
	现状	37471.07	46.53	2281.00	2.83	1.37	30.15	99.89
居住	规划	5323.53	6.61	269.00	0.33	1.05	64.63	98.19
	现状	4903.18	6.11	1162.00	1.44	1.14	45.74	97.81
水域	规划	1220.18	1.51	151.00	0.19	1.23	68.99	97.68
	现状	506.15	0.63	832.00	1.03	1.22	47.18	95.77
道路	规划	3495.70	4.34	16.00	0.02	1.51	68.67	99.87
	现状	852.51	1.06	18.00	0.02	1.32	60.18	99.51
工业	规划	10757.40	13.35	149.00	0.18	1.03	42.40	98.98
	现状	201.01	0.25	41.00	0.05	1.13	61.72	97.20
非工业城市建设	规划	6145.25	7.62	169.00	0.21	1.04	56.81	98.97
	现状	269.49	0.33	391.00	0.49	1.10	45.54	96.14
城市绿地	规划	679.20	0.84	37.00	0.05	1.08	67.47	97.94
	现状	0.00	0.00	0.00	0.00	0.00	0.00	0.00

表 6-27　新区 2013 年和 2030 年景观水平指数计算结果

年份	斑块数/个	斑块密度/(个/hm^2)	面积加权分维数	散布与并列指数	斑块凝聚度指数	景观多样性指数	景观均匀度指数	景观连通性指数	景观优势度指数
现状(2013)	14283	17.74	1.32	29.52	99.21	1.01	1.13	0.63	1.05
规划(2030)	2566	3.18	1.10	69.14	99.66	1.51	1.14	0.32	0.57

无明显变化；规划后，散布与并列指数方面，非工业城市建设、居住、道路、生态林地、城市绿地、水域和耕地景观有明显增加，说明这些景观类型周边景观变化较大，景观呈相互搭配混置分布状态，而工业景观规划后显著下降，说明规划后其周边景观变化趋向于单一；规划前后各景观类型斑块凝聚度指数无显著变化，生态林地、耕地生态景观略有下降，水域、居住、道路景观略有增加，城市绿地景观大幅度增加说明各景观类型在规划前后的凝聚度即自然连接性变化不大且连接较好。

由新区2013年和2030年景观水平指数计算结果（见表6-27）可以看出，规划前后斑块数、斑块密度和面积加权分维数下降，说明区域进行各类用地功能的整合和规范化建设，使得区域主要景观类型生态林地、耕地、居住和非工业建设用地的小斑块消失，连接成符合规划功能要求的较大斑块，斑块变得较为规则，造成斑块形状指数下降，对景观生态过程产生负面影响；散布与并列指数明显上升，说明总体上各景观类型搭配混置状态规划后较规划前更好；斑块凝聚度指数无明显变化，说明规划前后各景观类型的自然连接性较好；规划后景观多样性增加，景观均匀度基本保持不变，景观优势度减小，说明规划后各景观类型所占比例差异在一定程度上减小且分布的均匀性有所增加；规划后景观连通性指数下降，说明区域建设活动对自然廊道干预较大，使得自然景观廊道连通性下降，不利于区域景观生态系统的稳定和景观格局安全。

6.4.2.4 新区景观格局安全性综合评价

由表6-28，对新区规划前后的景观格局安全性作出判别。新区景观格局安全性级别规划前后均为Ⅱ级较安全状态（良好格局），规划后景观格局安全性有所升高，这是由于规划后区域源间连接廊道增加了。新区的经济快速发展对区域景观格局产生了较大压力，规划后源地由4个减少为3个，且源地的缓冲区、辐射道、战略点等都处于不安全状态，尽管景观总体多样性和均匀度有所增加，自然景观斑块占区域景观总面积的比例上升，但景观连通性变差，斑块形状变得规则，不利于生态过程的进行，需要按照景观生态安全格局原理进行优化调整，消除或减小规划景观格局存在的格局安全隐患。

6.4.2.5 景观格局优化调整

由以上对景观格局的动态分析和景观格局安全性评价中景观格局存在的问题，新区景观格局优化调整措施如下。

（1）增加源地生态保护与生态修复力度

将南片区的原草地、农业生态用地和荒山建设成为集中连片森林，以建立生态景观格局，将北片区和南片区的原草地生态用地或荒山进行绿化和生态修复，以防风固沙；源地主要通过东边界的山体绿带连接构成闭合绿带回路。

表 6-28 新区规划前后景观格局安全性判别一览

因素层	规划远景年(2030 年)		规划基准年(2013 年)	
	景观指标状态	得分	景观指标状态	得分
1. 源地数量	源地 3 个,位于西部和南部的大片集中生态绿地和位于东北部的小片集中生态绿地	11.0	源地 4 个,位于西南部的小片集中林地和位于西部、东部及南部的大片集中草地	13.0
2. 缓冲区	源地无缓冲区	5.6	源地无缓冲区	5.6
3. 源间连接	源间连接廊道 3 条	10.8	无源间连接	0
4. 辐射道	源地无明显辐射道	4.5	源地具有较少的辐射道	4.5
5. 战略点	无战略点	0	源地之间有较少战略点	5.0
6. 规划建成区景观格局(6a)及与建成区周边源地和绿地之间的空间关系(6b)	6a:规划建成区有较少的绿色廊道和战略点,连接较好	11.2	6a:规划建成区为多个面积较小的村庄居住点,分散在林地、草地和农田景观中,整体景观中有较多的绿色廊道和战略点且连接良好	14.0
	6b:规划建成区与其周边源地和绿地直接连接较好;存在较少的面积超过 $10hm^2$ 的建成区斑块	9.9	6b:村镇与其周边源地和绿地之间连接较好;但存在多个村镇用地单元面积超过 $10hm^2$	7.7
7. 规划区域自然景观单元总面积占规划区域总面积的比例(7a)及分布情况(7b)	7a:自然景观单元总面积达 50%	15.5	7a:自然景观单元总面积达 45.35%	15.0
	7b:自然景观单元分布较均匀	11.0	7b:自然景观单元分布均匀	13.0
	总得分	79.5	总得分	77.8

(2) 搭建自然廊道和增加建成区内自然斑块数量

将北片区中部西边界处、南片区中下部西边界处断裂的两条廊道建设为宽 30～50m 的林带，使新区东西边界形成贯通南北的绿色大廊道。加强建成区内小型自然斑块建设，对建成区内断裂的绿色廊道以林、灌、草多层次绿带连通，增强景观异质性和连通性。

(3) 强化景观网络构架

依托交通主干道，以林、灌、草多层次绿带强化主干道两侧的绿地建设，总体上形成“以南北端、东部集中林地为源地，以东西边界闭合绿色大回环为支撑，以干道绿带为骨架”的绿色景观网络体系，保障景观安全性。

(4) 调整工业布局

严格入区建设项目准入条件，加强污染防治工作，降低污染对景观生态的风险。新区存在引大入秦东二干渠、饮用水水源、湿地公园及防风固沙生态林等多处生态敏感点，必须采取严格的保护措施。首先，采取预防措施减少工业布局对引大入秦东二干渠的潜在威胁；其次，必须采取严格的建设项目准入条件，控制污染型项目进入，特别是与生态敏感点邻近的工业园区；再次，对物流园区的仓储和运输业务要严格限制可能具有潜在环境风险的危险化学品或有毒有害物质的储藏和运输。同时，要大力推广清洁能源，强化污水处理和中水回用，加强入区企业的清洁生产和污染防治工作，创建生态工业园区，最大限度减少污染对景观生态的风险。

通过以上措施，减小工业对景观敏感点的潜在威胁，增强景观格局的安全性，使景观格局由不安全级别升级为较安全级别。

6.5 累积环境影响评价

累积环境影响是指当人类活动与过去、现在和未来可能预见到的人类活动进行叠加时会对环境产生的综合影响或累积影响。累积影响评价指的是系统分析和评估累积环境变化的过程，即调查和分析累积影响源、累积过程和累积影响，对时间和空间上的累积做出解释，估计和预测过去、现在和计划的人类活动的累积影响及其对社会经济发展的反馈效应，从而为选择与可持续发展目标相一致的人类活动的方向、内容、规模、速度和方式提供参考。

规划累积环境影响评价的内容是评价规划及与其相关的开发活动在规划周期和一定范围内对资源与环境造成的叠加的、复合的、协同的影响。目的在于识别和判定规划实施可能造成的累积环境影响的条件、方式和途径，预测和分析规划实施与其他相关规划在时间和空间上累积的资源、环境、生态影响。根据规划累积过程的时空特征，累积环境影响大体上有以下几种形式。

① 复合影响。某些具有相同或者类似环境影响的规划所带来的影响总和往往超过单个规划的环境影响。

② 限度影响。当环境弹性达到一定的临界状态后，环境质量将大幅度下降。

③ 诱发影响。一项规划往往会连带引起很多的开发和基础设施建设活动。例如，道路交通规划引发一系列的产业集聚、城镇布局与空间结构改变等影响。

④ 拥挤影响。还没有足够的时间和空间来弥补一项开发所带来的影响，另一项开发就开始了。

可见，时间、空间、作用方式和活动的性质是决定累积影响及其类型的主要因素。可以认为，累积环境影响就是性质相同的活动所产生的环境影响在时间或空间上的叠加，或者性质不同的活动在时间和空间上相互作用所产生的环境影响。

6.5.1 累积环境影响评价方法

在系统分析现有累积环境影响评价框架的基础上（都小尚等，2011），提出“规划描述—影响识别—时空尺度确定—因果分析—评价基准—情景构建—累积评价”的技术路线，如图 6-5 所示。

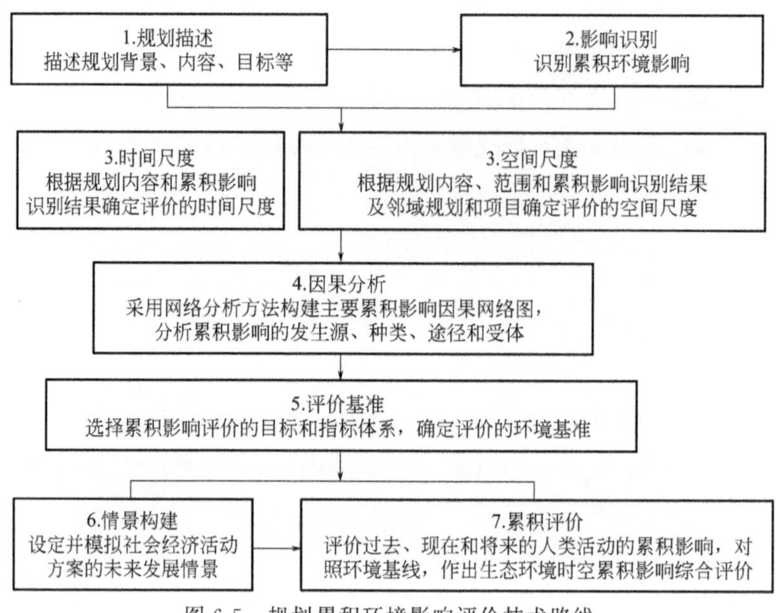

图 6-5 规划累积环境影响评价技术路线

各步骤论述如下：

（1）规划描述

综合分析拟评价规划的背景、内容、性质、发展方向、发展方案以及发展目标等内容。

（2）影响识别

构建以规划方案中的不同发展内容为矩阵行、以环境受体为矩阵列的 CEA（累积环境影响评价）分析矩阵，在征询专家与利益相关者意见的基础上，分析拟评价规划的正负面效应、主次要影响以及长短期影响，并采取定量或定性方法分析累积影响的不确定性。

（3）时空尺度确定

时间尺度可依据规划方案的时段和累积影响的矩阵分析结果，在考虑累积影响的种类和时间延迟效应的基础上确定。空间尺度则需通过对规划区域边界以及对规划方案中污染物累积排放总量的最大迁移扩散距离和影响距离的分析，并同时考虑邻域主要项目（活动）的影响以及累积影响的空间滞后效应来确定。

（4）因果分析

依据 CEA 矩阵来识别规划的主要累积影响源、影响种类、影响途径以及环境受体，并以此构建因果反馈网络图，为评价对象、评价基准以及预测模型的选择等提供指导。

（5）评价基准

依据影响识别和因果分析结果，确定累积影响评价的对象目标、指标体系以及评价的环境基线（如采用环境标准阈值）。

（6）情景构建

在规划方案以及考虑邻域影响的基础上，识别影响规划实施的主要驱动因子，并结合利益相关者意愿，设计出多个发展情景作为累积影响预测和评价的基础。

（7）累积评价

累积评价包括累积影响时空耦合、预测、评价和预警。根据预测区域污染物排放情况、生态影响时间累积和空间累积水平，以选定的评价基准（如环境质量标准等）为标尺，对区域生态环境累积效应预测结果做出时空累积效果综合评价，以此制定包括规划方案调整、污染防治和生态保护在内的减缓措施，并将其纳入区域规划、决策、实施和环境管理的过程中。

6.5.1.1 水环境累积影响评价方法

水中污染物的累积影响是水体中的污染物质在外界环境因素的持续作用下，对水体的水功能健康或者水生生物造成累积性影响的现象，其主要类型有营养盐累积造成的水体富营养化、持久性有机污染物累积造成的水体黑臭和重金属引起的生物富集等。规划实施的水污染物累积影响主要体现在两个方面：一是考虑多排放源对水环境影响的叠加效应，主要反映了累积影响空间上的分布；二是考虑排放源持续排放在时间尺度上的累积，主要反映的是累积影响时间上的分布。

对于空间尺度上多排放源对水环境影响的叠加效应可以通过在预测模型中投放多排放源进行模拟计算，具体计算方法见6.1.1部分相关内容。本节重点介绍时间尺度上的水体富营养化和重金属引起的生物富集效应分析方法。

规划实施引起水体富营养化的主要原因有纳污水体交换能力较差，或者污染物排放量较大，污染物容易累积停滞；重金属引起的生物富集现象一般与排放重金属污染物的产业有直接关系。

（1）水体富营养化评价方法

水体富营养化是由于水体中氮磷营养物质含量增多，使藻类及其他浮游生物在营养盐和外界环境因素的累积影响下迅速繁殖，水体溶解氧含量下降，最终造成藻类、浮游生物、水生植物和鱼类衰亡，甚至绝迹。水体富营养化会导致水体生态系统结构和功能退化。

综合目前研究方法，同时考虑水功能区存在污染物排放负荷大于潜在容量的现实情况和现状水质不达标的状况，以累积模型为基础，建立一个多种因素（包括外界环境因素、生物因素、水质因素等）影响下的、基于水质目标的、具有普遍适用性的水环境累积影响评价方法，以期较全面地分析污染物对水环境的累积影响。

假设 C 为污染物浓度（评价富营养化时，可用于表示藻类浓度），则污染物在控制体（水体或生物有机体）中的浓度变化过程可以表示如下。

$$\frac{\mathrm{d}C}{\mathrm{d}t}=GC_{\mathrm{w}}-DC$$

式中　C——某一时刻的控制体中污染物（可将藻类看作水体中的一种污染物）的质量分数；

C_w——水体中污染物质量分数；

G——促进控制体中污染物浓度增长的影响速率；

D——造成控制体中污染物浓度降低的影响速率；

t——时间。

控制体中污染物浓度的增长和下降是多种不同因素造成的。例如，天然水体中，藻类生长受到温度、光照、pH 值、营养盐（如 P、N）等的影响，而藻类的死亡受到沉降、呼吸作用、藻类竞争等的影响；温度、溶解氧等对水生生物吸收和释放重金属、持久性有机污染物的过程也具有重要的影响。因此，设促进控制体中污染物（藻类）浓度增长的影响因子为 x_i，而造成控制体中污染物（藻类）浓度降低的影响因子设为 y_i，则 G 和 D 可分别表示为：

$$G=G(x_1,x_2,\cdots,x_n)$$

$$D=D(y_1,y_2,\cdots,y_n)$$

则上式可表示为：

$$\frac{\mathrm{d}C}{\mathrm{d}t}=G(x_1,x_2,\cdots,x_n)C_w-D(y_1,y_2,\cdots,y_n)C$$

对满足功能区水质标准的水体：

$$\frac{\mathrm{d}C_n}{\mathrm{d}t}=GC_b-DC_n$$

式中　C_n——控制体内污染物正常存在的浓度；

C_b——水功能区水质标准；

其他符号意义同上。

对超标水体：

$$C_w=C_b-\Delta C_w$$

式中　ΔC_w——超过功能区水质标准的污染物浓度。

控制体内污染物浓度为控制体内正常存在的污染物的浓度与控制体内富集的污染物浓度的总和。

$$C=C_n-\Delta C$$

式中　ΔC——生物体内超出其正常含量的污染物的浓度。

因此，由以上式子可得到控制体内超出其正常含量的化学物质的浓度随时间的变化为：

$$\frac{\mathrm{d}\Delta C}{\mathrm{d}t}=G\Delta C_w-D\Delta C$$

通过积分可得：

$$\Delta C=\frac{G}{D}\Delta C_w(1-\mathrm{e}^{-k\mathrm{e}^t})$$

式中　t——时间；

k——常数。

污染物在控制体内造成的累积风险为超标时间内控制体超出正常范围的浓度与能够承受的最大超标浓度的比值：

$$risk=\frac{\frac{G}{D}\Delta C_{w}(1-e^{-ke^{t}})}{C_{m}}$$

式中　$risk$——风险值；

C_{m}——污染物质对控制体造成损害的临界浓度；

其他符号意义同上。

当风险值 $risk$ 为 1 时，说明控制体中污染物浓度达到了控制体所能承受的临界浓度；当 $risk$ 大于 1 时，表示该浓度下的污染物已经开始对水体造成损害，若该过程持续时间较长，将会造成水生生态系统的崩溃或者生物体的死亡。

（2）水体重金属生物富集效应评价方法

对于重金属生物富集这一受诸多复杂因素影响的过程的评价，目前采用的模型都是以重金属迁移为基础的过程传递模型。在重金属的生物毒理和生物富集研究中常用的模型有稳态模型（steady-state model）、两箱模型（two-compartment model）、生物动力学模型（biodynamic model）（王亚炜等，2008）几种。

1）稳态模型　对重金属传递的研究主要以生物和水体之间的平衡理论为基础，毒理学研究中经常使用生物浓缩系数（bioconcentration factor，BCF）和生物富集系数（bioaccumulation factor，BAF）来表示重金属在生物体内的富集效应。

BCF 是指生物体内某种污染物含量和水中该污染物含量的比率，计算公式如下：

$$BCF=\frac{C_{b}}{C_{w}}(t\to\infty)$$

式中　C_{b}——受检生物体内某种重金属元素含量，μg/g；

C_{w}——受检生物所在水环境中重金属的实测含量，μg/g。

BAF 是指生物整体或者某个关注部位（如胆囊）经由生物体所有的接触途径（包括空气、水、沉淀物、土壤和食物），在此过程中富集重金属的能力，计算公式如下：

$$BAF=\frac{C_{b}}{C_{f}}(t\to\infty)$$

式中　C_{b}——受检生物体内某种重金属元素含量，μg/g；

C_{f}——受检生物的主要食物中重金属的实测含量，μg/g。

BCF 值与 BAF 值的大小表明受检生物对环境中重金属的富集能力，对于量化重金属在环境中的迁移转化规律，监测、评价和预测污染物进入环境后可能造成的危害等方面具有重要意义。

2）两箱模型　重金属生物富集模型也可视为传质模型。根据质量守恒，重金属富集和代谢可表示为：

物质在限定个体内的净富集速率＝个体输入速率－输出速率＋净生成(转化)速率

因为重金属（总量，而非单指某种形态）不能经由生命活动生成和转化，所以，对于重金属生物富集和排出这一特定过程来说，模型可简化为：

富集＝输入－输出

因此水体与生物体之间的作用过程可用两箱模型进行描述。从自由基动力学模型衍生的两箱模型考虑到吸收和排出两个过程，即生物体从环境（水体）中吸收、富集，并排出污染物。根据该模型的假设，污染物在生物体内的生物富集通常可近似看作污染物在水相和生物体之间的两相分配过程，则富集、排出过程可用一级动力学过程进行描述：

$$\frac{dC_t}{dt}=k_u C_w-k_e C_A$$

$$C_t=C_0+C_w\frac{k_u}{k_e}(1-e^{-k_e t})\quad(0<t<t^*)$$

$$C_t=C_w\frac{k_u}{k_e}[1-e^{-k_e(1-t^*)}]-e^{-k_e}t\quad(t>t^*)$$

式中 k_u——生物吸收速率常数，μg/(g·d)；

k_e——生物排出速率常数，μg/(g·d)；

C_A——动物体内重金属含量，μg/g。

C_w——水体中污染物的含量，μg/g；

C_t——生物体内 t 时刻污染物的含量，μg/g；

t^*——因环境改变，污染物在生物体内由积累状态转为排泄状态的时刻，在平衡状态下，$dC_t/dt=0$。

3）生物动力学模型　在水环境中，由于吸附作用，底泥中重金属含量远大于水体中的重金属含量。通常使用分配系数来表示重金属在两相中的分布，计算公式如下。

$$C_{sediment}=k_d C_{water}$$

式中 C_{water}——水中重金属的含量，μg/g；

$C_{sediment}$——沉积物中重金属的含量，g/kg；

k_d——重金属分配系数，L/kg。

k_d 受环境因子影响，包括温度、pH 值、溶解性有机物（DOM）、络合物、溶解氧、总有机碳（TOC）、氧化还原电位等。

重金属进入生物体内的途径主要有两种，分别是食物（包括底泥和食物链传递）和体表渗透作用，食物中的重金属是生物体内重金属生物富集的重要来源。在这种情况下，模型不但需要预测生物体从水中吸收的重金属，还要预测生物体内来自食物中的重金属，所以只考虑水相因素的两箱模型显示出其局限性。

生物动力学（Biodynamics）模型不仅考虑了环境化学的影响特性，还考虑了水生动物代谢和生长的因素，涵盖了水生动物的主要重金属暴露途径（环境和摄食），捕食作用是运用生物动力学模型模拟重金属生物富集效果时一个不可忽略的因素。这个模型包括3个主要过程，分别是生物体从水中吸收重金属、生物体从食物中吸收重金属和生物体自身排出重金属。通过检测不同物种体内的重金属浓度及其对某种非重金属元素的吸收能力或者富集能力，可通过该模型来预测不同重金属或者非重金属元素的生物富集作用。生物动力学模型中，生物体内的重金属富集浓度是集吸附、吸收、代谢、储存等主要过程于一体的平衡浓度，这个模型同样基于质量守恒，主体方程如下：

$$\frac{\mathrm{d}C_t}{\mathrm{d}t}=(I_{\mathrm{w}}+I_{\mathrm{f}})-(k_{\mathrm{e}}+g)C_t$$

$$I_{\mathrm{f}}=AEIRC_{\mathrm{f}}$$

$$I_{\mathrm{w}}=k_{\mathrm{u}}C_{\mathrm{w}}$$

将主体方程在积累阶段（$0\leqslant t_0\leqslant t<t^*$），即$(I_{\mathrm{w}}+I_{\mathrm{f}})>(k_{\mathrm{e}}+g)C_t$ 进行积分：

$$C_t=\frac{(I_{\mathrm{w}}+I_{\mathrm{f}})-[(I_{\mathrm{w}}+I_{\mathrm{f}})-(k_{\mathrm{e}}+g)C_0]\mathrm{e}^{-(k_{\mathrm{e}}+g)(t-t_0)}}{k_{\mathrm{e}}+g}$$

式中　t——暴露时间，d；

C_0——t_0 时刻生物体内重金属含量，μg/g；

C_t——t 时刻生物体内重金属含量，μg/g；

C_{f}——食物中重金属含量，μg/g；

C_{w}——水中重金属含量，μg/g；

I_{w}——水相中重金属的吸收速率，μg/(g·d)；

I_{f}——食物中重金属的吸收速率，μg/(g·d)；

k_{e}——重金属的代谢速率，1/d；

g——因个体生长引起的稀释比例，1/d；

IR——生物体对食物的捕食速率，μg/(g·d)；

AE——生物体对已吸收食物中重金属的吸收速率，μg/(g·d)；

k_{u}——溶解性金属吸收速率常数，L/(g·d)。

由主体方程可以推导出特定稳态环境条件下（$\mathrm{d}C_t/\mathrm{d}t=0$），生物体内重金属或其他痕量物质的平衡含量表达式：

$$C_{\mathrm{ss}}=\frac{(k_{\mathrm{u}}+C_{\mathrm{w}})+AEIRC_{\mathrm{f}}}{k_{\mathrm{e}}+g}$$

式中　C_{ss}——稳定平衡状态下生物体内的重金属含量，μg/g；

C_{f}——食物中重金属含量，μg/g；

k_{u}——溶解性重金属吸收速率常数，L/(g·d)；

C_{w}——水中重金属含量，μg/g；

IR——水生生物的食物摄入量，μg/(g·d)；

AE——水生生物对吞食到消化道内重金属的吸收速率，μg/(g·d)；

k_e——生物体重金属代谢速率，1/d；

g——生长参数，表示因水生生物的生长作用而产生的稀释作用，1/d。

采用上述3种方法，结合采样监测和实验分析，可得出评价区因规划实施重金属排放造成的生物体内的富集效应。然而，重金属毒性作用是一个复杂的化学和生物作用的外在表现，重金属在生物体内或生物体的某个器官内形成富集，不同的生物有不同的反应，重金属在生物体内富集不一定会产生毒性，因此，评价重金属的生物富集作用不能生硬地根据毒性反应来表达，应根据不同生物的不同毒性反应采用相应的标准进行量化评价。3种水体重金属生物富集效应模型的比较如表6-29所列。

表6-29　3种主要水体重金属生物富集效应模型的比较

模型	背景	主要解决问题	优点	不足
稳态模型	以生物和水体之间的平衡理论为基础	平衡状态时，环境中重金属含量对应的生物体内重金属含量	结构简单	以稳定状态为基础，无动力学过程
两箱模型	考虑体表渗透产生的重金属富集	预测以水中重金属为主要来源的生物体内的重金属动态含量和平衡含量	可以在达到平衡状态前计算理论平衡状态下的动力学参数	未考虑食物来源的重金属吸收
生物动力学模型	综合考虑了水体和食物来源的重金属富集	预测以水和食物中重金属为主要来源的生物体内的重金属动态含量和平衡含量	综合考虑了两个主要来源的重金属体内富集	参数测量复杂，对重金属在体内分布尚缺少描述

6.5.1.2　持久性有机污染物（POPs）累积影响评价方法

（1）基本概念

持久性有机污染物（Persistent Organic Pollutants，POPs）是指人类合成的，具有毒性、生物蓄积性和半挥发性，在环境中持久存在，且能在大气中长距离迁移并返回地表，对人体健康和环境造成严重危害的有机化学污染物质。它能持久存在于环境中，并通过生物食物链（网）累积对人体健康造成极大的危害。它具备4种特性：高毒性、持久性、生物蓄积性、亲脂憎水性。POPs包含的化学物质种类广泛，从石油化合物及其衍生物（包括多环芳烃Polycyclic Aromatic Hydrocarbons，PAHs）到持久性卤代烃（Persistent Halogenated Hydrocarbons，PHHs），如氯代农药DDT、艾氏剂（Aldrin）、狄氏剂（Dieldrin），再到阻燃剂，如多溴联苯醚，均为持久性有机污染物。根据持久性有机污染物的来源和用途，可分为：农药，如有机氯农药（OCPs）；工业产品，如多氯联苯（PCBs）、多溴联苯醚（PBDEs）、多氯化萘（PCNs）；由于人为活动所排放的部分PCBs、PAHs、PCDD（多氯代二噁英）。

对于POPs在环境中的迁移和转化等传输过程，可采用多介质逸度模型进行定量的计算和分析。

(2) 评价模型

多介质逸度模型是一种非常有效的评价持久性有机污染物环境行为的工具。该模型通过定量化的数学表达式描述污染物在环境中的分配、传递、转化过程，建立质量平衡表达式，模拟污染物在介质内及介质间的迁移转化和环境归趋。适用于区域范围的、长时间的模拟，目前较多被用来模拟持久性有机污染物（POPs）在湖泊流域和城市中的归趋。

常用的多介质逸度模型有 Level Ⅲ模型。该模型通过定义一系列的 Z 值（逸度容量）、D 值（迁移、转化参数），并对水相、气相、土相和沉积相分别建立质量平衡方程，计算出各自的逸度 f，再通过公式 $C=Zf$ 得出污染物在各相中的浓度 C。逸度容量 Z 在各介质中的表达式如表 6-30 所列。

表 6-30 逸度容量 Z 的计算方法

环境介质	Z 值定义/[mol/(m³·Pa)]	参数含义
水体$_1$	$Z_1=\frac{1}{H}$或$\frac{C^s}{P^s}$	H 为亨利系数，m³·Pa/mol；C^s 为水溶解度，mol/m³；P^s 为液相蒸气压，Pa
大气$_2$	$Z_2=\frac{1}{RT}$	$R=8.314$m³·Pa/(mol·K)；T 为绝对温度，K
土壤$_3$、沉积物$_4$	$Z_{3,4}=x_{oc}k_{oc}\rho_s Z_1$	x_{oc} 为固体有机碳质量分数；ρ_s 为固体密度，kg/L；k_{oc} 为有机碳-水分配系数，L/kg

逸度 f 根据化合物在各相中的质量传输平衡原理确定，每一相的质量平衡方程如下。

水体$_1$：$E_1+G_{A1}C_{B1}+f_2D_{21}+f_3D_{31}+f_4D_{41}=f_1(D_{12}+D_{14}+D_{R1}+D_{A1})=f_1D_{T1}$

大气$_2$：$E_2+G_{A2}C_{B2}+f_1D_{12}=f_3(D_{21}+D_{23}+D_{R2}+D_{A2})=f_2D_{T2}$

土壤$_3$：$E_3+f_2D_{23}=f_3(D_{32}+D_{31}+D_{R3})=f_3D_{T3}$

沉积物$_4$：$E_4+f_1D_{14}=f_4(D_{41}+D_{R4}+D_{A4})=f_4D_{T4}$

式中 i，j——可取 1、2、3、4，分别表示水体、大气、土壤、沉积物；

E_i——i 相化合物排放速率，mol/h；

G_{Ai}——i 相平流流速，m³/h；

C_{Bi}——i 相流入流体的浓度，mol/m³；

D_{Ri}——i 相反应速率 D 值，mol/(Pa·h)；

D_{Ai}　i 相平流速度 D 值，mol/(Pa·h)；

D_{Ti}——i 相介质中所有损失 D 值的总和，mol/(Pa·h)；

D_{ij}——化合物从 i 相进入 j 相的 D 值，mol/(Pa·h)；

f_i——i 相的逸度。

以上 4 个方程共包含 4 个未知数，可以通过代数变换进行求解得出逸度 f。

(3) 评价步骤

① 根据对规划实施的持久性污染物排放水平的预测，确定污染物进入环境的途径，

给出评价区域内污染物在水体、大气、土壤和沉积物等环境介质的排放速率。

② 用多介质逸度模型对污染物的迁移和转化进行数值模拟，通过与气象数据、水文数据的耦合，模拟污染物在环境中的累积浓度。

③ 比较污染物浓度和区域环境承载力的大小，结合评价区域内人口分布和人群活动特点，通过暴露分析，计算可能受影响的人群。

④ 结合环境质量目标和受体保护目标，估算区域性污染物的排放总量，以此为依据提出规划调控方案。

6.5.1.3 长期低浓度排放累积影响评价方法

大气污染物累积影响主要体现在两个方面：一是空间上多排放源对大气环境影响的叠加效应；二是时间上大气污染源持续排放的累积影响。对于空间尺度上多排放源对大气环境影响的叠加效应，其评价方法与 6.3.1 部分大气环境影响评价方法相同，通过大气预测模式设置多排放源进行模拟计算。本节重点介绍时间尺度上的累积效应评价方法。

规划实施过程中的大气污染物累积影响集中表现在人体长期吸入持续排放的低浓度大气污染物，有毒有害污染物长期反复对机体作用，对有机体微小损害的积累或毒物本身在体内的蓄积对居民造成慢性健康危害。在规划环境影响评价中，主要考虑致癌化学污染物（如苯）和非致癌化学污染物（如 SO_2、NO_2 等）造成的人体健康影响。可以根据各类污染物的环境浓度，估算它们对在该环境浓度下生活人群的健康风险。

（1）致癌化学污染物

致癌化学污染物的健康风险由下式给出：

$$R_C = qD/70$$

式中 R_C——平均每年致癌危险增量，a^{-1}；

D——化学致癌物经吸入途径在空气中的浓度，$\mu g/m^3$；

q——经吸入途径致癌强度系数，$m^3/\mu g$；

70——人的平均寿命，a。

表 6-31 给出了部分致癌化学污染物的致癌强度系数参考值。

表 6-31 部分致癌化学污染物致癌强度系数参考值

致癌物质	经吸入途径致癌强度系数(终生)/($m^3/\mu g$)	致癌物质	经吸入途径致癌强度系数(终生)/($m^3/\mu g$)
苯	8.3×10^{-6}	环氧乙烷	1.0×10^{-4}
镉	1.8×10^{-3}	甲醛	1.3×10^{-5}
六价铬	1.2×10^{-2}	氯乙烯	4.1×10^{-6}

(2) 非致癌化学污染物

非致癌化学污染物的健康风险由下式给出：

$$R_{ND}=10^{-6}D/(RfD\times70)$$

式中 R_{ND}——非致癌污染物健康危害的平均风险，a^{-1}；

D——非致癌污染物单位体重日均暴露剂量，mg/(kg·d)；

RfD——非致癌污染物参考剂量，mg/(kg·d)；

70——人的平均寿命，a。

吸入途径 D 可由下式给出：

$$D=C_mM_m/70$$

式中 C_m——非致癌污染物 m 在空气中的平均浓度，mg/m^3；

M_m——非致癌污染物 m 的日均摄入剂量，m^3/d，对于吸入途径，成人每日的空气摄入量为 $21.9m^3/d$；

70——成人的平均体重，kg。

表 6-32 给出了部分非致癌化学污染物的参考剂量。

表 6-32 部分非致癌化学污染物参考剂量

化学物质	参考剂量/[mg/(kg·d)]	化学物质	参考剂量/[mg/(kg·d)]
Cd	2.9×10^{-4}	Hg(无机)	2.0×10^{-3}
Cu(尘)	3.7×10^{-2}	Zn	2.1×10^{-1}
Pb	1.4×10^{-3}	二甲苯	1.0×10^{-2}

6.5.1.4 土壤重金属累积影响评价方法

土壤污染物累积影响评价方法主要应用于实施过程中可能产生难降解的污染物(以含重金属的工业废气、废水和固体废物为主）在外界环境因素作用下进入土壤的规划类型，如工业项目集群类规划、能源类规划和矿产资源类规划等。重金属具有蓄积性和难降解性，会在土壤中累积，并通过食物链的富集、浓缩和放大效应间接危害人体健康。

土壤累积影响评价定量预测的模型如下：

$$Q_t=Q_0K^t+PK^t+PK^{t-1}+PK^{t-2}+\cdots+PK$$

式中 Q_t——污染物在土壤中的年累积量，mg/kg；

Q_0——土壤中某污染物的起始浓度，mg/kg；

P——每年外界污染物进入土壤的量折合成土壤浓度，mg/kg；

K——土壤中某污染物的年残留率，%；

t——年数，a。

根据相关研究，大气沉降对土壤重金属累积影响贡献率在各种外源输入因子中排在首位，工业废气的排放是大气中重金属污染的主要来源，而工业废气中的污染物对土壤累积的影响需要通过大气沉降来实现。通过大气扩散模型可以将大气中污染物进入土壤的量折合成土壤中污染物浓度，计算输入研究区域设定时段内污染物的干湿沉降通量。考虑污染物通过干湿沉降的途径进入土壤，并在土壤中积累，计算特征污染物在土壤中的累积量。通过大气沉降进入土壤的重金属计算公式如下：

$$P=\frac{0.1(D_{dy}+D_{dw})}{Z_s BD}$$

式中 P——污染物年沉降量，即每年外界污染物进入土壤的量折合成的土壤中污染物的浓度，mg/(kg・a)；

D_{dy}——污染物的干沉降通量，mg/(m^2・a)；

D_{dw}——污染物的湿沉降通量，mg/(m^2・a)；

Z_s——土壤混合深度，cm，对于未翻耕土壤一般取2cm，对于翻耕土壤取20cm；

BD——土壤密度，g/cm^3。

根据土壤累积影响评价定量预测模式估算规划区域内土壤中污染物的累积量，以等值线表示，分析规划区内土壤累积影响空间分布情况。同时，根据规划区域内土地利用类型，对照《土壤环境质量　建设用地土壤污染风险管控标准（试行）》（GB 36600—2018）、《土壤环境质量　农用地土壤污染风险管控标准（试行）》（GB 15618—2018）相关标准，将土壤中污染物累积量计算结果与相应的标准限值进行对比分析，评价规划区内土壤累积影响程度。

6.5.2　累积环境影响评价方法应用

案例　某新区石化园区长期低浓度排放的污染物累积影响评价

(1) 有毒大气污染物排放清单及排放规律

石化园区排放的常规大气污染物主要有SO_2、NO_2、NO_x、PM_{10}，特征污染物主要有苯、甲苯、二甲苯、氨气、硫化氢、非甲烷总烃、甲醇、HCl、TVOC等。

查阅国际癌症研究所（IARC）数据库及美国国家环境保护局（USEPA）的综合风险信息系统（IRIS）数据库，石化园区大气污染物中3种物质有致癌性分类数据，其中1种污染物为致癌物（苯）；2种物质为非致癌物（甲苯、二甲苯）。查阅USEPA的IRIS数据库，获得苯、甲苯、二甲苯的吸入毒性参考浓度（RfC）和致癌强度系数如表6-33所列。

表 6-33 吸入毒性参考浓度（RfC）和致癌强度系数

污染物	吸入毒性参考浓度/(mg/m^3)	单位吸入致癌风险/($m^3/\mu g$)
苯	0.03	7.8×10^{-6}
甲苯	5	—
二甲苯	0.1	—

基于目前对有毒大气污染物健康风险影响的科学研究成果及水平，以及对石化产业排放有毒大气污染物的认识水平，新区石化产业园区排放的大气污染物中，对人体健康影响较大的主要是苯、甲苯、二甲苯，其中苯是致癌物，甲苯、二甲苯是非致癌物，“三苯”的排放源主要是无组织排放源。

(2) 污染物暴露特点分析

气体污染物扩散以后，主要通过呼吸、饮食、皮肤等方式进入人体，且对于普通人群主要通过进入呼吸系统影响人体健康。根据有毒大气污染物的物理化学性质，本节主要考虑经呼吸摄入污染物的暴露途径。

针对污染物扩散特点，主要采用大气环境影响评价的成果，使用模拟法对污染物的扩散及浓度分布进行模拟。通过模拟，可以获得有毒大气污染物的年均浓度等值线分布图。通过这些浓度分布图可以直观地看出污染物高浓度分布区、低浓度分布区，并可以获得不同位置人群对有毒大气污染物的长期暴露平均水平。

根据大气环境影响预测结果，石化产业园区排放的苯对周边规划居住区年均浓度贡献值的范围为 $0.013\sim0.11\mu g/m^3$，甲苯对周边居民点年均浓度贡献值的范围为 $0.044\sim0.36\mu g/m^3$，二甲苯对周边居民点年均浓度贡献值的范围为 $0.01\sim0.08\mu g/m^3$。

现状监测时苯、甲苯、二甲苯均未检出。

本次健康风险评价的重点为评价石化园区对周边居民健康的长期影响，因此，利用终生平均暴露浓度通过模型模拟法得出苯、甲苯、二甲苯对周边环境的年均浓度贡献值（长期、平均），可以计算出石化园区排放的苯、甲苯、二甲苯对周边居民造成的健康风险增加值。

(3) 健康风险评价

采用 USEPA 推荐的健康风险评价模型进行健康风险评价，风险表征主要分为非致癌风险和致癌风险。USEPA 在 1989 年提出了一种专门针对特定场所的吸入途径健康风险评价方法（EPA/540/1-89/002），并在 2009 年 1 月进行了修订（EPA-540-R-070-002）。新方法指出，当评价暴露途径为吸入途径的室外污染物健康风险时，应该使用环境空气中污染物的质量浓度日均值作为暴露量（mg/m^3），而不再使用基于人体呼吸速率（IR）和体重（BW）计算得到的吸入摄入量[mg/(kg·d)]。致癌风险值（R）用单位吸入致癌风险（或致癌强度系数）乘以终生平均暴露浓度来表示。

在对呼吸有毒化合物所致的健康风险进行评价时（健康风险评价方法中相关参数见

表 6-34)，终生平均暴露浓度按照下式计算：

$$EC=(CAETEFED)/AT$$

致癌风险值（R）按照下式计算：

$$R=ECIUR$$

非致癌风险商值按下式计算：

$$HQ=EC/(RfC\times 1000)$$

危害指数是人体经多种途径暴露于污染物危害商值之和，表征人体暴露于非致癌污染物受到危害的水平，具体按下式计算：

$$HI=\sum HQ_i$$

表 6-34 健康风险评价方法中相关参数

变量	定义	数值	单位
EC	慢性和亚慢性暴露时的暴露浓度	—	$\mu g/m^3$
CA	环境浓度	—	$\mu g/m^3$
ET	暴露时间	24	h/d
EF	暴露频率	365	d/a
ED	人体终生暴露时间	70	a
AT	暴露周期平均时间	24×365×70	h
RfC	吸入毒性参考浓度	—	mg/m^3
HQ	非致癌风险商值	—	—
IUR	单位吸入致癌风险	—	$m^3/\mu g$
HI	多种污染物危害商值之和即危害指数		—

石化园区大气环境敏感目标健康风险评价及与国内外其他城市的比较结果如表 6-35 所列。

表 6-35 大气环境敏感目标健康风险评价及与国内外其他城市的比较

敏感目标及区域	与石化园区的区位关系	R	HQ			HI
		苯	苯	甲苯	二甲苯	
机场物流园区居住片区	石化园区南侧，距石化园区边界 11.0km	7.4×10^{-6}	3.2×10^{-2}	6.2×10^{-4}	6.8×10^{-3}	0.0392
新能源产业区居住片区	石化园区东南侧，距石化园区边界 12.9km	4.8×10^{-6}	2.1×10^{-2}	4.0×10^{-4}	4.4×10^{-3}	0.0253
高新技术产业区居住片区	石化园区东南侧，距石化园区边界 20.7km	2.0×10^{-6}	8.5×10^{-3}	1.7×10^{-4}	1.8×10^{-3}	0.0105
综合保税产业区居住片区	石化园区东南侧，距石化园区边界 22.2km	1.9×10^{-6}	8.0×10^{-3}	1.6×10^{-4}	1.7×10^{-3}	0.0099

续表

敏感目标及区域	与石化园区的区位关系	R	HQ			HI
		苯	苯	甲苯	二甲苯	
职教园区居住片区	石化园区东南侧，距石化园区边界27.8km	1.4×10^{-6}	6.0×10^{-3}	1.2×10^{-4}	1.3×10^{-3}	0.0074
机场西部居住片区	石化园区南侧，距石化园区边界24.5km	2.3×10^{-6}	9.9×10^{-3}	1.9×10^{-4}	2.1×10^{-3}	0.0122
纬一路北部居住片区	石化园区南侧，距石化园区边界27.6km	1.7×10^{-6}	7.3×10^{-3}	1.4×10^{-4}	1.6×10^{-3}	0.0090
机场南部居住片区	石化园区南侧，距石化园区边界29.0km	1.5×10^{-6}	6.6×10^{-3}	1.3×10^{-4}	1.4×10^{-3}	0.0081
经七路东部居住片区	石化园区南侧，距石化园区边界31.3km	1.5×10^{-6}	6.3×10^{-3}	1.2×10^{-4}	1.4×10^{-3}	0.0078
南绕城路北部居住片区	石化园区南侧，距石化园区边界28.0km	1.4×10^{-6}	5.9×10^{-3}	1.2×10^{-4}	1.3×10^{-3}	0.0073
纬一路南部居住片区	石化园区南侧，距石化园区边界30.3km	1.2×10^{-6}	5.1×10^{-3}	1.0×10^{-4}	1.1×10^{-3}	0.0063
水秦路东部居住片区	石化园区南侧，距石化园区边界35.9km	1.0×10^{-6}	4.3×10^{-3}	8.4×10^{-5}	0.9×10^{-3}	0.0053
树屏产业园区居住片区	石化园区南侧，距石化园区边界41.3km	0.7×10^{-6}	3.0×10^{-3}	5.9×10^{-5}	0.6×10^{-3}	0.0037
水秦路西部居住片区	石化园区南侧，距石化园区边界33.4km	1.2×10^{-6}	5.0×10^{-3}	9.7×10^{-5}	1.1×10^{-3}	0.0061
永登县	石化园区西侧，距石化园区边界22.7km	3.5×10^{-6}	1.5×10^{-2}	2.9×10^{-4}	3.2×10^{-3}	0.0183
广州	—	5.34×10^{-5}	0.228	0.00395	0.0242	0.291
北京	—	4.19×10^{-5}	0.157	0.0239	0.00353	0.196
郑州	—	4.05×10^{-5}	0.289	0.0237	—	0.327
印度（居住区）	—	1.82×10^{-5}	0.390	0.00231	0.0787	0.474
印度（交通区）	—	3.63×10^{-5}	0.776	0.0054	0.178	0.965
印度（工业区）	—	2.81×10^{-5}	0.599	0.00397	0.128	0.739
韩国（背景区）	—	3.22×10^{-6}	0.0138	0.00053	0.00733	0.022
韩国（郊区）	—	4.83×10^{-6}	0.0206	0.00274	0.0649	0.0905
韩国（城区）	—	4.86×10^{-6}	0.0208	0.00516	0.101	0.131

注：苯为致癌物质，但计算非致癌风险时将其纳入。

苯：当致癌风险值增加但小于 1×10^{-6} 时，致癌风险可以忽略不计；当致癌风险值增加到 $1\times10^{-6}\sim1\times10^{-4}$ 时，会增加人群的致癌风险，但是可接受；当致癌风险值大于 1×10^{-4} 时是不可接受的。致癌风险值增加到 1×10^{-4} 的区域内没有居民区。

甲苯和二甲苯：新区石化产业园区排放的甲苯和二甲苯导致周边居民非致癌风险商值增加，最大值分别为 0.00062 和 0.0068，远远小于 1，因此，甲苯和二甲苯对周边居民健康影响不大。

从表 6-35 可知，新区各规划居住区的非致癌风险商值在 0.0037～0.0392 之间，在美国国家环境保护局认定的安全范围内（$HQ<1$），甲苯的浓度虽然最高，但其非致癌风险商值最低。苯的非致癌风险商值最大，而致癌风险值在 $(0.7\sim7.4)\times10^{-6}$ 之间，高于美国国家环境保护局规定的安全阈值（1.0×10^{-6}），表明存在致癌风险。新区各规划居住区苯的致癌风险商值及非致癌风险商值均低于北京、广州和郑州，也低于印度交通区、居住区、工业区，但高于韩国背景区。石化园区必须重视苯对人类健康的危害，因其致癌风险值已经超过了安全阈值。因此，在石化园区规划发展规模下，需要将苯排放控制作为长期的环保工作重点，采取多种措施、多种途径，提高规划发展产业的苯排放控制水平，降低苯排放，加强对无组织排放的监测和控制，削减无组织排放量。

6.6 环境风险分析

环境风险是指由人类活动引起或由人类活动与自然界的运动过程共同作用引起的，易燃易爆物质、有毒物质、放射性物质失控状态下的泄漏，通过环境介质的传播，能对人类社会及其生存、发展的环境造成破坏、损失乃至毁灭性作用等不利后果的事件的发生概率。

环境风险评价是评估事件发生概率以及在不同概率下事件后果的严重性，并决定采取适宜的对策。规划环境影响评价中环境风险评价是指在规划层面对人类的各种社会经济活动所引发或面临的危害，对人体健康、社会经济、生态系统等所造成的可能损失进行评估，根据评估结果对区域内的产业结构、行业布局、土地利用进行调整，从源头上控制环境风险，并进行管理和决策的过程。其评价结果的准确性直接决定该区域环境风险的大小，继而影响区域内产业布局与土地利用调整。规划的环境风险通常具有以下特征。

（1）风险种类的复杂性

规划通常涉及面广，不同产业、行业基础设施等相互交织，使得规划中可能涉及的环境风险源及风险受体种类繁多，某项规划可能既有大气污染风险源，又包含水环境污染风险源，受体既包含局部直接受污染影响的居住区，也包含不同的生态敏感区等。

（2）影响途径的多样性

由于风险源、风险受体种类繁多，规划实施中常常存在各类风险源从不同途径影响风险受体的情形，如风险源通过大气、水污染物的排放直接对大气、水、生态、土壤造成影响。

（3）风险诱因的不确定性

由于规划本身时间、空间、规模的不确定性，从环境风险评价角度来看，也相应存在污染排放源排放时间、排放空间、排放规模分布的不确定性。

6.6.1 环境风险分析方法

规划环境影响评价中常用的环境风险分析方法一般是基于大气、水环境的预测方法。

6.6.1.1 大气环境风险分析方法

大气环境数学模型主要采用《建设项目环境风险评价技术导则》推荐的SLAB模型和AFTOX模型。

（1）SLAB模型

SLAB模型用于模拟平坦地形条件下的重气扩散，模型中不计算源的排放速率，假设所有源的输入条件都由外部决定。该模型主要用于处理下列排放类型。

1）连续排放　源的排放持续很长时间，因而被看作稳态烟羽。

2）限时排放　当此类源被选中时，采用稳态烟羽模式描述最初烟云的扩散。之后，烟云被当作瞬时烟团处理，并利用烟团模式计算后续的扩散。

3）瞬时排放　整个计算过程中都采用瞬时烟团扩散模式。

SLAB可以模拟下列4种污染源类型的排放过程。

1）地面蒸发池　假设蒸发过程为纯气态。

2）高位水平喷射　可能是纯气态或者气态-液态混合体。

3）烟囱或者高位垂直喷射　可能是纯气态或者气态-液态混合体。

4）瞬时排放的体源　可能是纯气态或者气态-液态混合体。

SLAB模型可以计算出污染源的下风向的任意位置和指定高度处的化学污染物浓度。SLAB模型用于处理重气排放，同时也可以用于估算中性浮力排放的烟云扩散。同样的道理，一个典型的SLAB模拟包含近场高密度气相和远场低密度气相两种。SLAB模型可以在一次运行中模拟多组气象条件，但不适用于实时气象数据输入。

（2）AFTOX模型

AFTOX模型（Air Force Toxics Model），模型假定化学品蒸气在扩散期间没有发生二次化学反应，且气团或烟云浓度分布符合高斯分布，适用于中性气体（泄漏条件下与空气密度相近的气体）气体排放以及液池蒸发气体的扩散模拟。AFTOX模型可模拟连续排放或瞬时排放，液体或气体，地面源或高架源，点源或面源的指定位置浓度、下风向最大浓度及其位置等。

6.6.1.2 水环境风险分析方法

有毒有害物质在河流、湖泊中的扩散模型详见6.1.1部分相关内容。

6.6.2 环境风险分析方法应用

6.6.2.1 大气环境风险分析方法应用

案例 某新区大气环境风险评价

(1) 风险源项分析

以取最大危害为设防原则，本次评价在对石化园区内各种重大危险源物质进行识别和筛选的基础上，设定最大可信事故，针对有重大危害及影响的源项进行分析。

1) 火灾伴生有毒气体扩散情景 选取区域内炼化一体化项目为对象，分析 $1\times10^5 m^3$ 原油储罐发生火灾后的CO、SO_2 伴生污染，火灾持续时间1h，评价最不利气象条件下敏感区受到的影响。

2) 有毒物质泄漏扩散情景 通过对区域未来重点发展石化项目及其产品、原材料的分析，参考其他石化园区环评中重点关注的物质，选取硫化氢、氨气、丙烯腈3种物质，各种物质泄漏持续30min。

考虑到区域石化项目和装置存在的不确定性给定量源项分析带来的困难，本节以参考同类环评报告为主、定量计算为辅，综合确定不同风险情景下的源强大小。

本次评价最大可信事故及风险源项汇总如表6-36所列。

表6-36 最大可信事故及风险源项汇总

编号	项目名称	物质名称	源强/(kg/s)
1	1500万吨/年炼油项目	一氧化碳	33.67
		二氧化硫	6.8
		硫化氢	1.68
2	30万吨/年丙烯腈项目	丙烯腈	9.44
		氨	10.55
3	30万吨/年ABS项目	丙烯腈	9.44

(2) 环境风险预测

本次评价重点关注危险物质扩散对人体健康的区域性影响；同时由于硫化氢、二氧化硫、氨气等物质具有刺激性的气味，且嗅觉阈值较低，评价中也关注这些物质泄漏可能造成的居民不满或恐慌。评价中选取半致死浓度（LC_{50}）、立即威胁生命和健康浓度（IDLH）、短时间接触容许浓度（PC-STEL）、最高容许浓度（MAC）、嗅觉阈值 5 个指标；同时对《环境空气质量标准》（GB 3095—2012）中规定的 CO、SO_2，选取 24 小时平均值（AQS-24）和 1 小时平均值（AQS-1）指标，以表征扩散对空气质量造成的短时间影响。

半致死浓度（LC_{50}）：导致一组受试动物中半数动物死亡的最低浓度。

立即威胁生命和健康浓度（IDLH）：由美国国家职业安全研究所（National Institute of Occupational Safety and Health，NIOSH）提出，用于描述急性暴露对人体健康的影响，表征空气中使人无损伤（如眼刺激或肺刺激）逃逸（30min）时的最大毒物浓度。目前关于 IDLH 作为风险评价的参考值仍存在争议，故 USEPA 提出了以 IDLH 值的 1/10 为警戒浓度。本评价中既采用 IDLH 值，也参考 1/10 IDLH 值进行评价。

短时间接触容许浓度（PC-STEL）：《工作场所有害因素职业接触限值　第 1 部分：化学有害因素》（GBZ 2.1—2019）中提出，一个工作日内，在遵循时间加权平均容许浓度的前提下，任何一次接触（不得超过 15min）的浓度。

最高容许浓度（MAC）：对《工作场所有害因素职业接触限值　第 1 部分：化学有害因素》（GBZ 2.1—2019）中未标明 PC-STEL 值的物质，采用该标准中的最高容许浓度（MAC）为标准，即在一个工作日内，任何时间工作地点的有毒化学物质均不应超过的浓度。

《环境空气质量标准》（GB 3095—2012）：采用 2012 年新标准中的规定值。

表 6-37 为危险物质评价标准值汇总。

表 6-37　危险物质评价标准值汇总　　　　单位：mg/m^3

名称	AQS-24	AQS-1	LC_{50}	1/10 IDLH	IDLH	PC-STEL	MAC
一氧化碳	4	10	2069	170	1700	30	—
二氧化硫	80	200	6600	27	270	10	—
硫化氢	—	—	618	43	430	—	10
氨气	—	—	1390	36	360	30	—
丙烯腈	—	—	259	16.5	165	2	—

本项目选取最不利气象条件，对不同稳定度（至少应选取 D 与 F 类）、不同风速[至少应选取当地平均风速、小风（1.5m/s）、静风（0.5m/s）]、不同风向，分别计算 i 危险物质各网格点 h 时间段（一般为 30min）平均浓度的最大值。

采用SLAB模型模拟发生事故时污染物扩散到大气中下风向浓度分布。发生事故风险的预测结果见表6-38。

表6-38 发生事故风险的预测结果 单位：mg/m^3

名称	AQS-24	AQS-1	LC_{50}	1/10 IDLH	IDLH	PC-STEL	MAC
一氧化碳	53600	33036	461	3943	580	13874	—
二氧化硫	2133	1016	—	4692	766	9563	—
硫化氢	—	—	293	1531	371	—	3806
氨气	—	—	514	5128	1321	5615	—
丙烯腈	—	—	1460	7595	1946	17400	—

根据环境风险评价的结论，确定石化园区周边居民点2000m范围内的规划区为重点危险源项目禁建区。

6.6.2.2 水环境风险分析方法应用

案例 青岛某新区水环境风险评价

水环境风险分析以海上溢油作为案例。

（1）溢油量

根据《水上交通事故统计办法》，综合统计数据以及新区董家口港和前湾港进出港口的船舶数量，本次模拟溢油量为500t，考虑24h内泄漏入海。

（2）溢油发生点

溢油发生点设在董家口港，坐标为119.7604°E，35.5583°N；另一处设在前湾港，坐标为120.21743°E，36.0711°N。

（3）模拟实验设定

本模拟实验用ROMS模型自带的示踪物（tracer）模块，示踪物为被动示踪剂，相当于海水染色剂，不改变海水的动力学性质，不影响动力场，只示踪海水的运动，可以代表保守物质的示踪物浓度，模拟实验设定为仅在表层运动，排放点处连续均匀排放24h。

（4）模拟结果

冬季，在溢油24h后，油膜从董家口港港口处逐步扩散并形成长22.6km，离岸4.5～9km的油膜带，并沿岸向东北方向运动；受冬季流场影响，油膜带在溢油第8天后达到最北部，部分油膜带向东延伸至灵山岛附近，此时新区从董家口港口处至古镇口湾离岸4～9km的近岸海域全都受到严重污染；之后油膜带沿岸向西南方向扩散。油膜带最终影响范围为新区南部海域至古镇口湾，长36.2km，离岸4～9km的近岸海域全部受到严重污染，污染面积约265.5km^2。冬季董家口溢油分布变化情况如书后彩

图 13～彩图 16 所示。

夏季，在溢油 24h 后，油膜从董家口港港口处逐步扩散并形成长 15.6km，离岸 3.5～9km 的油膜带，并沿岸向东北方向运动；受夏季流场影响，油膜带迅速向东北方向运动，油膜带途径新区离岸 3～9km 的近岸海域，在第 25 天油膜带达到最北部，部分油膜向东影响至竹岔岛附近海域。此时，黄岛东部离岸 3km 左右的近岸海域受到严重污染。之后，部分油膜带进入胶州湾湾内，对胶州湾部分海域带来严重污染。与冬季不同，夏季溢油影响面积更广，油膜带从董家口港沿岸一直向东北方向输运，直至黄岛近岸海域，新区离岸 3～8km 的全部近岸海域在不同时间受到严重污染。夏季董家口溢油分布变化情况如书后彩图 17～彩图 20 所示。

第7章

“三线一单”环境管控

7.1 生态保护红线

综合考虑维护区域生态系统完整性、稳定性的要求，结合构建区域生态安全格局的需要和已划定的生态保护红线，基于重要生态功能区、保护区和其他有必要实施保护的区域，考虑农业空间和城镇空间，衔接土地利用和城镇开发边界，识别并明确生态空间，划定规划区域的生态保护红线和其他生态空间。

结合某新城规划环评案例介绍本节内容。

7.1.1 生态管控分区

基于生态系统分布特征，依据新城生态敏感性和重要性的要求，结合划定的禁止开发区域等，综合确定新城生态空间管控分区，包括生态保护红线、城镇生产空间、城镇生活空间和其他生态空间4类分区。新城属于都市区城市生态调控亚区，将种质资源保护区和饮用水源保护区等禁止开发区域纳入生态保护红线。草湖湿地自然保护区、武湖、柴泊湖、朱家湖等禁止开发区域纳入重要生态空间。同时将工业用地集中区域划为城镇生产空间，将规划建设用地中非工业用地划为城镇生活空间。其他生态空间则包括未纳入生态保护红线、重要生态空间、重要生态绿地、重点湖库保护区及城镇开发边界外的预留区域。

生态保护红线、重要生态空间、城镇生产空间、城镇生活空间和其他生态空间面积占比分别为2.15%、5.63%、5.46%、12.32%和41.25%。新城空间管控分区类型及面积如表7-1所列。新城生态空间管控分区如图7-1所示。

表7-1 新城空间管控分区类型及面积

用地类型		用地面积
生态保护空间	生态保护红线	11.92km^2(种质资源保护区、饮用水水源保护区)
	重要生态空间	31.25km^2(草湖湿地自然保护区、武湖、柴泊湖、朱家湖)

续表

用地类型		用地面积
生态保护空间	其他生态空间	228.78km²（未纳入生态保护红线、重要生态空间的重要生态绿地、重点湖库保护区及城市开发边界外的预留区域）
城镇生产空间		30.28km²
城镇生活空间		68.31km²

注：该表格农业空间未列入，总面积为554.6km²。

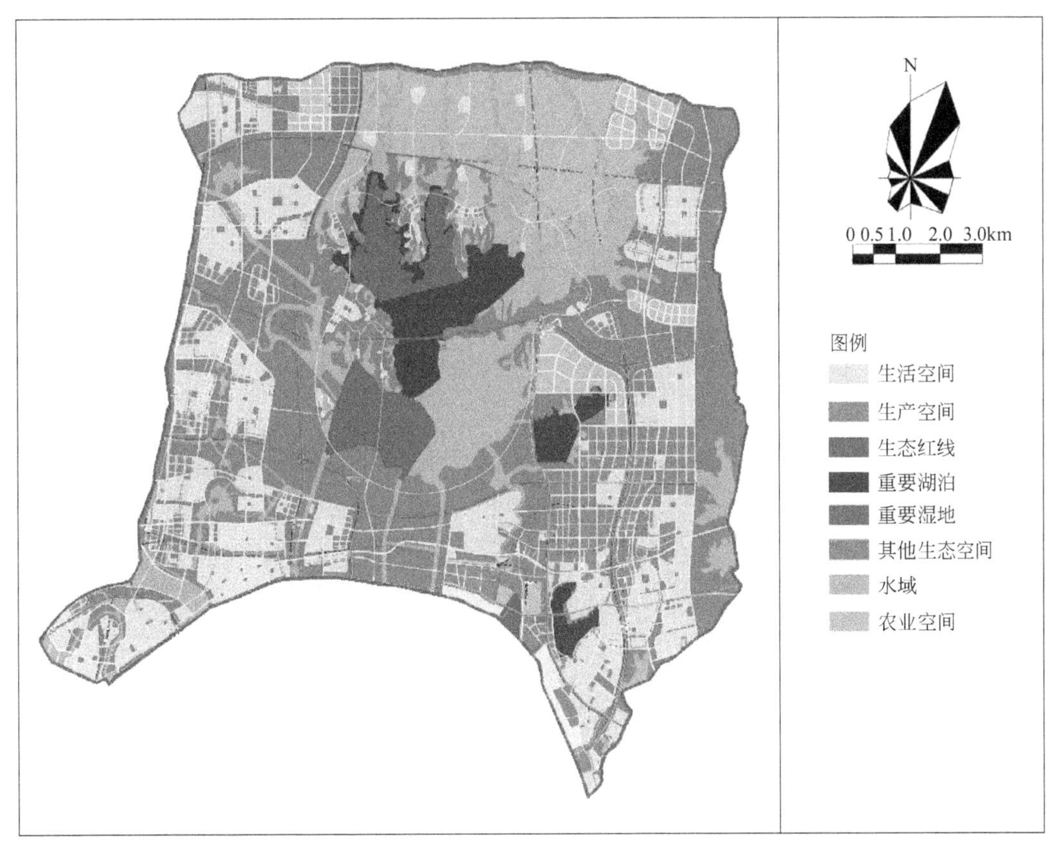

图7-1 新城生态空间管控分区

7.1.2 生态管控要求

7.1.2.1 生态保护红线和重要生态空间的管控要求

新城生态保护红线总面积为11.92km²，占土地总面积的2.15%，包括种质资源保护区、饮用水水源保护区空间单元；重要生态空间总面积约31.25km²，占土地总面积的5.63%（见表7-2）。新城生态保护红线和重要生态空间分布如图7-2所示。

表 7-2　新城生态保护红线和重要生态空间管控单元

生态保护红线	1	饮用水水源保护区 1 处： 新洲阳逻水厂饮用水水源地保护区
	2	种质资源保护区 1 处： 武湖黄颡鱼国家级水产种质资源保护区
重要生态空间	3	自然保护区 1 处： 草湖湿地自然保护区
	4	重要湖泊 3 处： 武湖、柴泊湖、朱家湖

注：阳逻水厂取水口迁移工作正在实施，实施后水源保护区的范围应对应调整。

图 7-2　新城生态保护红线和重要生态空间分布

（1）生态保护红线

生态保护红线内禁止城镇化和工业化活动，严禁不符合主体功能定位的各类开发活动。对生态保护红线内的自然保护区、种质资源保护区、饮用水水源保护区等各类保护地的管理，法律法规另有规定的，从其规定。

生态保护红线内禁止开展以下人类活动：

① 矿产资源开发活动；

② 大规模农业开发活动，包括大面积开荒，规模化养殖、捕捞活动；

③ 纺织印染、制革、造纸印刷、石化、化工、医药、非金属、黑色金属、有色金

属等制造业活动；

④ 房地产开发活动；

⑤ 客（货）运车站、港口、机场建设活动，火力发电、核力发电活动，以及危险品仓储活动等；

⑥ 生产《环境保护综合名录（2017 年版）》所列“高污染、高环境风险”产品的活动；

⑦《环境污染强制责任保险管理办法》所指的环境高风险生产经营活动；

⑧ 法律法规禁止的其他活动。

（2）重要生态空间

草湖湿地自然保护区按照《武汉市湿地自然保护区条例》的相关要求执行，除原有居民外，禁止任何人进入保护区的核心区，禁止在保护区的缓冲区内开展旅游和生产经营活动。确实因科学研究需要必须进入核心区从事科学研究观测、调查活动的，应当事先向保护区管理机构提交申请和活动计划，并报设立该保护区的人民政府林业主管部门批准。在缓冲区内进行科学研究观测、调查、教学实习和标本采集活动的，应当事先向保护区管理机构提交申请和活动计划，经保护区管理机构批准。

草湖湿地自然保护区禁止开展以下活动：

① 以挖塘、填埋等方式破坏湿地的；

② 未经批准采砂、取土、烧荒、砍伐的；

③ 破坏鱼类等水生生物洄游通道和野生动物的重要繁殖区及栖息地的；

④ 使用损害野生植物物种再生能力或者野生动物栖息环境的方式进行植物采集的；

⑤ 猎捕、采集受保护的野生动植物，捡拾或者收售鸟蛋的；

⑥ 采用灭绝性方式捕捞水生生物的；

⑦ 向保护区内引入外来物种的；

⑧ 倾倒固体废弃物，排放有毒有害气体的；

⑨ 排放未达到标准的废水或者投放危害水体、水生生物的化学物品等破坏湿地水体环境的；

⑩ 破坏或者擅自移动保护设施的。

武湖、柴泊湖、朱家湖等重点湖泊按照《武汉市湖泊保护条例》的相关要求执行：

① 在湖泊水域范围内，禁止建设除防洪、改善修复水环境、生态保护、道路交通等公共设施之外的建筑物、构筑物；

② 禁止在湖泊规划控制范围内从事采石、爆破等侵害湖泊的行为；

③ 禁止向湖泊排放未经处理或未达标的废水和污水；

④ 禁止向湖泊倾倒垃圾、渣土及有毒、有害物质；

⑤ 禁止在湖泊范围内新建、改建、扩建排污口，现有排污口限期关闭；

⑥ 禁止填占湖泊造园造景等。

在不违背法律法规的前提下，生态保护红线内允许开展以下人类活动：

① 生态保护修复和环境治理活动；

② 原有居民正常生产生活设施建设、修缮和改造；

③ 符合法律法规规定的林业活动；

④ 国防、军事等特殊用途设施建设、修缮和改造；

⑤ 生态环境保护监测、公益性的自然资源监测或勘探，以及地质勘查活动；

⑥ 依法批准的考古调查发掘和文物保护活动；

⑦ 必要的河道、堤防、岸线整治等活动，以及防洪设施和供水设施建设、修缮和改造活动。

对生态保护红线内的已有人类活动和建设项目，遵循尊重历史、实事求是、依法处理、逐步解决的原则，从严查处违法建设项目。对属于禁止类活动或建设项目的，地方各级人民政府应当建立退出机制，制定退出计划，引导项目进行改造或者产业转型升级，逐步调整为与生态环境不相抵触的适宜用途；对属于允许类活动或建设项目的，须严格按照批准的项目选址、规模和方案进行建设运营和维护；对其他人类活动或建设项目，由当地生态环境主管部门组织评估，根据其对生态保护红线的影响，确定退出、调整或保留。

7.1.2.2 其他生态空间的管控要求

按照《关于划定并严守生态保护红线的若干意见》，综合生态保护重要区域识别、生态环境系统评价、生态敏感性评价等结果，划定新城除生态保护红线之外的其他生态空间。其他生态空间包括重要生态绿地、水域及城市开发边界外的预留区域等管控单元，新城生态保护红线和其他生态空间分布如书后彩图 21 所示。

生态保护红线之外的其他生态空间原则上按照限制开发区域管理。功能属性单一、管控要求明确的其他生态空间，按照生态功能属性的既有要求实施管理；功能属性交叉，且均有既有管理要求的其他生态空间，按照管控要求的严格程度，从严管理；尚未有管理要求的其他生态空间，按照区域主导生态功能，主要限制有损生态服务功能和进一步加剧生态退化的行为。这部分区域以生态保护为主，可适度发展经济，注意开发利用的方式和规模，选择对生态系统影响较小的发展方向。限制工业特别是污染性工业的发展，禁止新的污染型工业入区，限制城镇发展规模，减轻对生态环境系统的不利影响。区内资源以保护为主，可以适度开发利用，严格执行“先规划、后开发”的建设方针，严格控制开发用地。对重要生态绿地，加强区域内物种保护，除因城市总体规划调整的需要，或者因国务院批准的重大建设工程的需要，任何单位和个人不得擅自改变使用性质。

7.1.2.3 农业功能区的管控要求

（1）永久基本农田红线区

永久基本农田红线区是乡村发展的重要组成部分，是保障粮食安全的核心区域，须严格保护，除法律规定的情形外，不得擅自占用和改变，应按照《基本农田保护条例》严格管理。

农业生产应重点推进专业化、规模化发展。永久基本农田应优先用于发展粮食、蔬菜生产。应完善农业配套设施，改善农业发展基础条件，确保规划期间永久基本农田数量不得减少、质量有提高、用途不改变，建设高产稳产永久基本农田。

加强建设用地选址论证，原则上区域性基础设施建设不得占用永久基本农田，但由于避让改线造成经济社会成本大幅增加的情况下，报省级国土部门审批允许占用，按照“占优补优、先补后占”的原则，通过补划以保障上级下达的永久基本农田保有量目标。

禁止任何单位和个人在基本农田保护区内建窑、建房、建坟、挖砂、采石、采矿、取土、堆放固体废物或者进行其他破坏基本农田的活动。禁止任何单位和个人占用基本农田发展林果业和挖塘养鱼。禁止任何单位和个人闲置、荒芜基本农田。

该地区土地的用途主要是农业生产，随之可能产生的主要污染则为面源污染，因此，在该区域内进行农业生产应改变种植业生产方式，全面推广生态农业生产模式，提升食品安全程度。积极发展无公害、绿色、有机农产品。实现农业生态系统内的物质循环利用，有效减少化肥、农药等的使用量和使用强度，降低土壤重金属污染程度和水体富营养化程度；改善种植业生态环境。

（2）一般农业区

除永久基本农田红线区以外的农业空间为一般农业区。区内是乡村发展和农业生产的主要区域，兼有独立产业发展的点状开发。土地主导用途为农村生活和农业生产，区内土地利用主要类型为农村居民点、耕地、园地、畜禽水产养殖地和直接为农业生产服务的农村道路、农田水利、农田防护林及其他农业设施用地。

区内宜进行为农业生产服务的设施农用地、农村道路、坑塘水面、农田水利、农田防护林等建设活动。鼓励集中兴建公用设施，共同兴建粮食仓储烘干、晾晒场、农机库棚等设施，提高农业设施使用效率，促进土地节约集约利用。应加强土地整理，对田、水、路、林、村综合整治，提高耕地质量，增加有效耕地面积，改善农业生产条件和生态环境。

区内应重点优化村庄布局，引导区域内部农村居民点集中、集聚发展，自然村逐渐向中心村集聚发展，保留与农业生产紧密关联的农村居民点，形成疏密适度、分布有致的空间格局。应推行农村居民点总量和强度双控，严格控制人均用地指标，严格控制农村居民点建设规模。除无房户、危房户、分户建房需求外不得新增规模，其他建房需原拆原建、利用闲置宅基地。在接纳生态空间人口迁入的前提下，可适当增加农村居民点建设规模，但要严格控制人均用地指标。应优先满足农村公共服务设施建设用地需求。

应加强对地质灾害的农村居民点的控制与引导管理。

产业发展应重点推进特色农业、设施农业等高附加值农业发展，鼓励集观光、采摘、休闲于一体的现代农业，保障发展用地需求。可适度进行旅游开发建设，严格控制开发强度和影响范围。

区内禁止产业集中连片建设。必须占用农业空间且无法在城镇空间内安排用地的情况下，可适度进行点状开发的独立产业建设，以农林产品加工、规模化畜禽养殖、水产养殖等带动农村剩余劳动力就业、农民增收的产业为主。区内禁止新建、扩建、改建三类工业项目及涉及有毒有害物质排放的工业项目。现有该类企业必须逐步关闭搬迁，并进行相应的土壤修复。禁止新建、扩建二类工业项目，现有二类工业项目改建，只能在原址基础上，并须符合污染物总量替代要求，且不得增加污染物排放总量。

区内可进行必要的区域性基础设施建设、生态环境保护建设及特殊用途建设，遵循点上开发、面上保护的原则，但应严格控制开发强度和影响范围。

开展林-草-田复合生态系统的建立，加强对防护林的保护，排查修缮水库，对灌渠清淤修正，提高农业水资源的利用效率。

推进农村生态示范建设标准化、规范化、制度化。因地制宜建设农村生活污水处理设施，分散居住地区采用低能耗小型分散式污水处理方式，相对集中地区采用集中处理方式。实施农村清洁工程，开展农村环境综合整治，鼓励生活垃圾分类收集和就地减量无害化处理。开展观光休闲农业，拓展生态农业功能，提升农业现代化水平，促进社会主义新农村建设。开展生态畜牧业，发展农牧结合的规模化养殖，建设规模化养殖场，推广生物治理技术。

7.1.2.4 城镇生产空间的生态管控要求

生产空间主要分布在三里基础科研区、武湖国际合作和金融服务区、朱家湖智造创新区和阳逻国际航运区，生产空间管控单元如书后彩图 22 所示。物流园区主要位于朱家湖智造创新区及阳逻国际航运区滨江地带；创新园区位于三里基础科研区、武湖国际合作和金融服务区，主要发展教育科研、总部服务、高端商务、国际交流等功能；工业园区位于朱家湖智造创新区，一类工业为主导，兼容二类工业、仓储、商贸物流、研发类用地的混合。

工业园区要节约集约用地，强化现有建设用地、闲置地和废弃地挖潜利用。严禁占用耕地和永久性绿地。工业全部入园；原则上不再增设新的工业园区；严控园区边界。落实园区规划及规划环评要求；引导工业园区整合发展，优化园区发展空间；对布局不合理、集聚效应差、项目引进少、经济贡献低、难以形成投入产出良性循环的“低、小、散”工业园区，结合实际，采取放缓建设、改变用途、综合整治等办法进行处置。位于园区内或园区边界的居民点要特别注意对人居环境安全的保障，园区要进行充分论证与合理布局，避免其发展威胁人居环境安全。

7.1.2.5 城镇生活空间的生态管控要求

城镇生活空间主要是指除工业用地以外的城镇空间（见书后彩图 23）。城镇建设应充分挖潜利用现有建设用地、闲置地和废弃地，坚持节约集约用地，尽量少占或不占耕地，保护和改善城市（镇）生态环境，城镇区域要严格执行国家环境保护有关规定，控制水、气、声、渣等污染物排放。建设必须严格控制在城镇建设区范围之内，允许在建设用地总规模不变的前提下，在城市（镇）扩展边界以内适当调整用地空间布局形态。

7.1.3 三生空间协调对策

为维护人居环境健康、保障自然生态安全、促进绿色持续发展，新城应依据环境功能分区，以环境和资源承载力为约束，按照产城一体化的模式进行空间布局。不断强化城市功能的复合，使产业区、生活区和生态区布局相适应，形成新城生产、生活和生态空间融合协调的发展格局。

（1）净化生产空间

构建生态工业体系。采用先进适用的节能低碳环保技术改造提升汽车制造、生物医药等行业，加快淘汰不符合各产业功能区和片区发展定位的产业，加快节能环保装备、新材料等战略性新兴产业发展，推进清洁生产和循环经济，开展工业集中发展区循环化改造，形成“企业清洁化、产业集群化、园区生态化”的生态工业系统。全面开展重点园区、主导产业发展规划环境影响评价，严格产业环境准入条件，加强工业集中发展区环境基础设施建设、污染综合防治和环境风险防控。加快现代服务业发展，改造和提升传统服务业，发展和壮大现代服务业，重点发展金融、科技、信息、电子商务服务业以及现代商贸物流业、生态旅游业等。

（2）优化生活空间

以城市中轴线为发展主轴，规划建设一批传统文化与现代文明相得益彰的特色镇街，形成城乡一体化加速发展格局，增强新城现代都市特色和品位，形成舒适宜居的生活空间。同时完善城市环境基础设施体系和绿地系统，加强城乡人群聚居区环境污染综合防治和生态建设，努力改善城乡人居环境质量，建设宜居的生活空间。

（3）绿化生态空间

保育以“山、水、林、田、湖、草”为本底的自然生态空间。严格实施生态保护红线管控措施，维护自然生态系统的连续性和完整性，保障自然生态系统的健康和可持续发展，提升自然生态系统服务功能。限制生态用地改变用途，促进生物多样性保护和以自然修复为主的生态建设。维护以城市绿地、湿地、公园为核心的人居环境空间。逐步扩大城市绿地面积，建设大型绿地公园，适度开辟人工湿地。在城市各单元组团或城镇间预留足够的生态安全距离，以减缓生产、生活活动对自然生态系统的扰动影响。

7.2 资源利用上线

水资源、土地资源和能源利用上线应衔接国家及地方水利、国土和能源部门的相关管理制度、开发利用管理要求及相关规划，结合生态功能保障和环境质量改善要求，提出水资源、土地资源、能源的总量、强度和效率指标。

结合某新区规划环境影响评价案例介绍本节内容。

7.2.1 水资源利用上线

（1）水资源管控目标

根据《国务院关于实行最严格水资源管理制度的意见》（国发〔2012〕3号），衔接甘肃省和兰州市既有水资源管理制度，结合新区水资源禀赋、供需状况，确定基于区域生态系统安全保障的水资源利用上线。

根据《兰州市实行最严格水资源管理制度考核办法》（兰政办发〔2014〕297号）、《兰州市县级用水总量控制指标》《兰州市县级用水效率控制指标及其考核体系》《兰州市地表水功能区红线方案》等规定和要求，结合新区人口、面积、地区生产总值、工业增加值、农田面积等因素确定新区水资源管控目标，如表7-3所列。

表7-3 新区水资源管控目标

项目		2020年	2030年
水资源总量	引大入秦工程/10^4m^3	31220	31220
	西岔电灌/10^4m^3	4440	4849
	中川机场供水工程（地下水）/10^4m^3	55	55
利用效率	万元GDP取水量/（m^3/万元）	31.3	17.4
	万元工业增加值用水量/（m^3/万元）	35	23
	农业灌溉水有效利用系数	0.697	0.717
	工业用水重复利用率/%	95	97
	中水回用率/%	60	70

（2）水资源管控对策

切实落实最严格水资源管理制度，控制水资源消耗总量，强化水资源承载能力刚性约束，控制水资源消耗强度，建立项目水资源准入门槛和指标体系，建立预警体系。

建立健全规划和建设项目水资源论证制度，重点推进重大产业布局和各工业园区规划水资源论证，严格建设项目水资源论证和取水许可管理，从严核定许可水量。

全面推进各行业节水。强化工业节水，重点开展高耗水工业企业节水技术改造，大力推广工业水循环利用，推进节水型企业、节水型工业园区建设。加强产业结构调整，发展低耗水、高附加值的高新技术产业，严格设定产业用水效率指标和市场准入条件。强化城镇节水，加快推进城镇供水管网改造，推动供水管网独立分区计量管理，加快推广普及生活节水器具，推进学校、医院、宾馆、餐饮、洗浴等重点行业节水技术改造，全面开展节水型公共机构、居民小区建设。

7.2.2 土地资源利用上线

（1）土地资源管控目标

基于保障人群及生态安全要求，通过扣除不适宜以及较不适宜开发建设的区域来确立最大限度的开发建设用地上线，新区实际的建设用地上线应低于本方案。根据建设用地适宜性评价结果，新区适宜开发建设区域面积约 223.35km^2，较适宜开发建设区域面积约 978.58km^2，由此确定新区建设用地上线为 1201.93km^2。结合新区总体规划，本着严控开发规模原则，确定 2020 年城市建设用地总规模控制在 129km^2 以内，2030 年城市建设用地总规模控制在 219km^2 以内。新区土地资源管控目标如表 7-4 所列。

表 7-4　新区土地资源管控目标

项目		2020 年	2030 年
用地适宜性评价结果	禁止开发建设区/km^2	61.57	61.57
	限制开发建设区/km^2	480.51	480.51
	适宜和较适宜开发建设区/km^2	1201.93	1201.93
利用总量及效率	城市建设用地总规模（不含机场控制范围）/km^2	129	219
	受保护地区占区域面积比例/%	20	22
	单位工业用地产值/(亿元/km^2)	55	65

重点考虑生态环境安全，结合新区经济社会发展需求和建设用地适宜性方面的因素，将新区水源保护区、输油管线及其他不适宜开发建设的区域确定为土地资源重点管控区（61.57km^2）。对于水源保护区严禁一切与保护无关的开发活动，禁止有损于生态系统的一切开发活动；对输油管线及其他不适宜开发建设的区域实施严格保护，除区域

性重大基础设施外严格限制城市开发建设行为，任何不符合资源环境保护要求的建筑必须限期搬迁。

（2）土地资源管控对策

1）坚持底线思维，实现持续安全发展　确立和坚持土地资源保护和生态安全底线，以“保护资源、尊重环境、守住底线”为根本前提，加强湿地、林地、自然保护区等生态空间管控，构筑生态安全格局，完善与生态保护红线相适应的土地管理机制，推进生态城区建设。

2）坚持城乡统筹，促进和谐发展　把城乡统筹发展作为推动城镇化发展的重要支撑，处理好土地重点开发与区域均衡发展之间的关系，统筹城乡土地资源配置、产业布局、生态环境等各个方面，通过公益性基础设施和环境保护设施建设，配置公共教育、医疗卫生、养老服务设施等公共服务设施空间，推进城乡基本公共服务均等化，建立城乡经济社会发展一体化新格局。

3）不断提高节约集约用地水平　强化土地全生命周期管理，提升土地节约集约利用水平，持续提高工业用地地均产出。明确建设用地减量化区域，优先选取改善民生和解决历史遗留问题的减量化项目。坚持集建区外减量化和集建区内增量挂钩，激活资源流动要素。工业用地减量以零星的、低效的、高污染和高能耗的工业区域为主。

7.2.3 能源利用上线

新区规划2020年单位国内生产总值能耗比2015年下降8%，达到1.48t/万元；2030年单位国内生产总值能耗比2020年下降7%，降至1.38t/万元。新区规划2020年煤炭消费量占能源消费量总量的比例不超过60%，太阳能等清洁能源不低于23%；到2030年，煤炭消费量占能源消费量总量的比例不超过50%，太阳能等清洁能源不低于30%。新区能源管控目标如表7-5所列。

表7-5　新区能源管控目标

项目		2020年	2030年
利用效率	万元产值能耗(以标煤计)/(t/万元)	1.48	1.38
煤炭消费量	煤炭消费量占能源消费量总量的比例/%	60	50

能源管控对策包括进一步推进落后产能退出，加快产业和能源结构调整；继续加大火力发电、金属表面处理及热处理加工、汽车零部件及配件制造类等高载能行业控制力度；加大工业企业落后工序和设备淘汰力度。加快传统产业技术创新，发展低能耗高附加值产业。加大先进技术、工艺和装备的研发，加快运用高新技术和先进适用技术改造提升传统产业，促进信息化和工业化深度融合，支持节能产品装备和节能服务产品做大做强。

7.3 环境质量底线

在《大气污染防治行动计划》《水污染防治行动计划》《土壤污染防治行动计划》的基础上，结合环境质量标准和环境质量改善目标，确定分区域分阶段环境质量目标及相应的环境管控、污染物排放控制等要求。

以武汉某新城为例介绍本节内容。

(1) 水环境

规划区涉及的地表水体包括长江武汉段、滠水、倒水、府河等河流以及武湖、柴泊湖、朱家湖等湖泊。根据《“生态保护红线、环境质量底线、资源利用上线和环境准入负面清单”编制技术指南（试行）》，水环境管控分区划分如下。

1）水环境优先保护区　长江武汉段、滠水、倒水均为Ⅲ类水体；武湖、柴泊湖、朱家湖为Ⅲ类水体；水环境优先保护区水质目标应达到《地表水环境质量标准》（GB 3838—2002）中的Ⅲ类标准。

2）水环境重点管控区　胜家海等为Ⅳ类水体、重点湖泊。水环境重点管控区水质目标应达到《地表水环境质量标准》（GB 3838—2002）中的Ⅳ类标准。

3）水环境一般管控区　府河武汉段太平沙断面～朱家河口断面为Ⅴ类水体；项家汊、鄢家湖、汪湖汊、草湖、汤湖、安汊湖等湖泊未划定功能区。一般管控区水质目标应达到《地表水环境质量标准》（GB 3838—2002）中的Ⅴ类标准。

(2) 大气环境

规划区内草湖湿地自然保护区大气环境执行《环境空气质量标准》（GB 3095—2012）中一类环境空气质量功能区；其余均执行二类环境空气质量标准。长江新城规划定位为：以超前理念、世界眼光，将新城打造成为代表城市发展最高成就的展示区、全球未来城市的样板区；积极培育智能创新、绿色金融、国际交流、文创旅游四大核心功能，支撑武汉国家中心城市建设。同时新城位于武汉市主城区上风向，因此根据《“生态保护红线、环境质量底线、资源利用上线和环境准入负面清单”编制技术指南（试行）》，建议草湖湿地自然保护区作为大气环境优先保护区，“谌家矶商务总部区、武湖国际合作和金融服务区、三里基础科研区、大谭科技转化区、鲁台科教融合区、仓埠文化旅游区、朱家湖智造创新区、柴泊湖临港新城区、阳逻国际航运区”九个功能片区作为大气环境重点管控区进行大气环境管控，其他区域作为一般管控区域。

(3) 地下水环境

区域地下水环境执行《地下水质量标准》（GB/T 14848—2017）Ⅲ类标准的要求。

(4) 声环境

以商业金融、集市贸易为主要功能，或者居住、商业、工业混杂区域执行《声环境质量标准》（GB 3096—2008）中 2 类区标准；以工业生产、仓储物流为主区域执行

《声环境质量标准》（GB 3096—2008）中3类区标准；高速公路、一级公路、二级公路、城市快速路、城市主干路、城市次干路、城市轨道交通（地面段）两侧40m范围内执行《声环境质量标准》（GB 3096—2008）中4a类区标准；铁路两侧40m范围内执行《声环境质量标准》（GB 3096—2008）中4b类区标准；草湖市级湿地自然保护区及交通干线两侧一定距离范围外无大型工业区的集中居住区或乡村区域执行《声环境质量标准》（GB 3096—2008）中1类区标准。

（5）土壤环境

规划区内的建设用地应满足《土壤环境质量　建设用地土壤污染风险控制标准（试行）》（GB 36600—2018）中相应筛选值的要求，新增建设用地土壤环境安全保障率要达到100%；农用地应满足《土壤环境质量　农用地土壤污染风险管控标准》（GB 15618—2018）要求，耕地土壤环境质量达标率2020年达到85%，2035年达到90%。

武汉某新城的环境质量执行标准和规划年环境目标如表7-6所列。

表7-6　武汉某新城环境质量执行标准和规划年环境目标

要素	类别	对象或指标	执行标准或环境目标
大气环境	执行标准	全域范围	《环境空气质量标准》（GB 3095—2012）二级标准
	环境目标	城市空气质量达到二级以上标准的天数	2025年320天，2035年350天
地表水环境	执行标准	长江武汉段、滠水、倒水、武湖、柴泊湖、朱家湖为Ⅲ类水体	《地表水环境质量标准》（GB 3838—2002）中的Ⅲ类标准
		胜家海等为Ⅳ类水体、重点湖泊	《地表水环境质量标准》（GB 3838—2002）中的Ⅳ类标准
		府河武汉段太平沙断面下游为Ⅴ类水体。项家汊、鄢家湖、汪湖汊、草湖、汤湖、安汊湖等湖泊未划定功能区	《地表水环境质量标准》（GB 3838—2002）中的Ⅴ类标准
	环境目标	水环境质量功能区达标率	100%
地下水环境	执行标准	全域地下水	《地下水质量标准》（GB/T 14848—2017）Ⅲ类标准
	环境目标	地下水环境质量	不恶化
声环境	执行标准	草湖市级湿地自然保护区及交通干线两侧一定距离范围外无大型工业区的集中居住区或乡村区域	《声环境质量标准》（GB 3096—2008）1类
		以商业金融、集市贸易为主要功能，或者居住、商业、工业混杂的区域	《声环境质量标准》（GB 3096—2008）2类
		以工业生产、仓储物流为主的区域	《声环境质量标准》（GB 3096—2008）3类
		高速路、城市快速路、城市轨道交通、一级公路、二级公路、城市主干路、城市次干路两侧区域	《声环境质量标准》（GB 3096—2008）4a类
		铁路干线两侧区域	《声环境质量标准》（GB 3096）4b类
	环境目标	声环境质量功能区达标率	100%

续表

要素	类别	对象或指标	执行标准或环境目标
土壤环境	执行标准	新城耕地	《土壤环境质量　农用地土壤污染风险管控标准》(GB 15618—2018)
	环境目标	耕地土壤环境质量达标率	2020年85%,2035年90%
		新增建设用地土壤环境安全保障率	100%

7.4 环境准入负面清单

统筹考虑生态保护红线、环境质量底线、资源利用上线的管控要求，基于环境管控单元，从空间布局、污染物排放、环境风险、资源开发利用等方面提出禁止和限制的环境准入要求。

7.4.1 项目准入标准

根据国家和甘肃省的有关产业政策、规划政策、土地政策、技术政策、环保政策等政策法规，对拟进驻新区的项目选择进行了入园条件约束。装备水平与生产工艺要达到国际先进水平，入园项目实行清洁生产，达到行业最高等级的清洁生产标准。

（1）产业准入公共标准

1）新区新建项目要达到建设科学发展示范区的高标准要求。入驻项目要以人为本，符合现代产业发展方向，要求科技含量高、附加价值高、创税能力强、就业机会多，能增加城乡居民收入，实现促进生产、改善生活、保护生态环境的全面协调可持续发展。

2）入驻项目要符合建设资源节约型工业化新区的要求。要坚持减量化、再利用、再循环的原则，按照产业链的上、下游环节，形成闭合的循环经济产业链。主要资源消耗达到国内同行业先进水平，耗能用水指标达到或接近国际先进水平，实现可持续发展。

3）入驻项目要符合建设环境友好型社会要求。入驻企业要改进产品设计，革新工艺技术和流程，减少污染物排放。要实施废气、废水、废渣、余热的再利用工程，要逐步建立和完善废旧物品回收和再利用制度。

4）入驻项目要符合国家、甘肃省主管部门所支持的产业发展指导目录，严格按照已制定的产业发展规划配置产业资源要素。

5）入驻项目要符合新区空间布局规划要求。项目土地占用要以新区全局利益和长远利益最大化为目标，严格按照空间布局规划要求合理安排入驻项目用地。坚持集约利用土地原则，妥善处理好不同项目之间、局部与整体之间的关系。对进入新区的项目严格控制环境防护距离。

6）要求主体项目必须是附加价值高、带动能力强的重要产业环节，配套项目是构成循环经济产业链条的关键环节。不符合产业链环节标准要求的项目原则上不得入驻。新区应优先引入生产高附加值、高技术水平类产品为主的项目，生产中低端化工产品的项目限制引入新区。

7）入驻项目必须符合技术、装备和工艺先进性要求。新区管委会要会同专家组，对入驻项目的技术、装备和工艺实施全程监控，不达标项目要限期纠正。在满足环保标准的条件下，如果项目的科技含量高，属于高技术项目，可适当放宽投资规模、投资强度等具体准入标准。但对于国内外均无先例的工业生产技术，对环境的影响尚不确定，在进入新区前应充分论证，慎重引入。

8）市区环保搬迁企业的清洁生产指标应达到国内同行业先进或领先水平。污染物排放指标不能超过2011年现状污染物排放量（以达标排放计），严格环境准入门槛，避免“产业转移”演变为“污染转移”。

9）入驻新区的工程项目必须请具有相应技术能力的环评单位针对建设项目进行环境影响评价，环保部门的评审意见作为进入新区的决定性意见。

（2）主导产业准入标准

根据国家、甘肃省和兰州市的有关产业政策、规划政策、土地政策、技术政策、环保政策等政策法规，对拟进驻新区的石油化工、装备制造、生物医药、新材料等主导产业的项目选择进行了入园条件约束（见表7-7）。

表7-7 新区主导产业准入标准

产业名称	投资规模/亿元	投资强度/(万元/亩)	技术水平	环境保护水平
石油化工	乙烯项目≥250； 树脂产业链项目≥15； 聚酯产业链项目≥20；	≥650	石油化工装备水平达到或接近国际先进水平	达到化工行业最高等级的清洁生产标准
装备制造	≥5	≥200	达到当前国际先进水平。采用绿色制造技术，实施高效、节能、安全环保和可循环的新型制造工艺，主要生产流水线要实现数字化、智能化控制	达到国内同行业先进水平
生物医药	≥2	≥220	达到或接近国际先进水平	达到国内同行业先进水平
新材料	≥1.5	≥200	达到或接近国际先进水平	达到国内同行业先进水平
现代物流	≥1	≥80	建设标准不低于AAA级物流企业标准	发展绿色物流和废物回收利用，降低排放

续表

产业名称	投资规模/亿元	投资强度/(万元/亩)	技术水平	环境保护水平
电子信息	≥1.5	≥180	达到或接近国际先进水平	达到国内同行业先进水平
现代农业	≥0.5	≥100	—	达到国内同行业先进水平

(3) 其他相关配套产业准入标准

1) 新区电力、交通、环保等关联产业以及信息等现代服务业项目，只要符合相关产业准入公共标准和新区建设的总体要求，能够促进产业链的形成，不设具体行业准入标准。

2) 鼓励采用相关配套产业与主导产业项目合作或者多个项目联合共建等方式解决用地问题。

3) 鼓励企业与主导产业项目合资、合作建设符合循环经济要求的相关配套项目。

4) 鼓励企业参与新区的交通、给排水、供气、供电、环保、通信等基础设施、公共设施和公共服务项目建设。

新区项目环境准入基本要求及负面清单如表7-8所列。

表7-8 新区项目环境准入基本要求及负面清单

类别	具体内容
环境准入基本要求	(1)引进的项目必须符合国家的产业政策，积极引进鼓励类项目，优先引进可形成生态工业链的项目； (2)引进的项目生产工艺、装备技术、清洁生产水平等应达到国内领先或国际先进水平，优先引进资源能源消耗小、污染物排放少、产品附加值高的工艺技术、产品或项目； (3)引进的项目必须具备完善、有效的“三废”治理措施，能够实现废水、废气等污染物的稳定达标排放，保障区域环境功能区达标； (4)强化污染物排放强度指标约束，引进的项目污染物排放总量必须在园区允许排放总量范围内。市区环保搬迁企业污染物排放指标不能超过2011年现状污染物排放量(以达标排放计)； (5)引进的项目环境风险必须可控，优先引进环境风险小的项目
负面清单	(1)煤化工(炼化一体化项目、配套能化一体化或属于煤炭资源清洁化利用的项目除外)； (2)《产业转移指导目录》(2012年本)、《产业结构调整指导目录》(2013年修改)、《外商投资产业指导目录》(2015年修订)、《工商投资领域制止重复建设目录》《严重污染环境(大气)的淘汰工艺与设备名录》以及甘肃省有关产业政策中明确列入淘汰或限制的项目； (3)不符合国家、甘肃省有关法律法规规定，严重浪费资源、污染环境、不具备安全生产条件，需要淘汰的落后工艺技术、装备及产品； (4)原料药生产； (5)不符合新区及各产业园区产业定位和污染排放较大的行业

7.4.2 行业准入负面清单建议

根据新区行业准入标准、国家和地方产业政策、新区产业发展定位、各产业园区产业定位，给出具体的限制、禁止进园的行业清单和规划产业项目限制、禁止项目清单。

限制和禁止进园的产业清单如表 7-9 所列，规划产业项目限制、禁止项目清单如表 7-10 所列。

表 7-9 各产业园区限制、禁止产业清单

园区名称	产业定位	限制产业	禁止产业
石油炼制产业园	重点发展石油炼化产业	不在各产业园区行业定位内的行业	不在园区产业定位内，存在高污染、高耗能、高耗水、高环境风险以及重金属污染的行业，如电解、电镀、印染、造纸、制革、钢铁、有色冶炼、铁合金、煤炭、电石、火电、焦化、皂素、水泥、采矿、铅蓄电池等
精细化工产业园	重点发展精细化工产业		
新材料产业园	重点发展新材料产业		
新能源产业园	重点发展新能源、电力装备等产业		
装备制造产业园	重点发展轨道交通装备、农业机械装备等装备制造业		
先进装备制造产业园	重点发展石化装备、新能源装备、航天装备、数控机床及专用设备等产业		
电子信息产业园	重点发展新型电子材料与元器件、云计算、信息服务等电子信息及其他高新技术产业		
高新技术产业园	发展电子信息、生物医药、高端装备制造、都市型工业等产业		
综合保税产业园	重点发展高端装备制造、生物医药、电子信息、新材料等产业		
农产品加工产业园	重点发展食品加工、民族医药、民族用品制造、新型建材等产业		
生物医药产业园	重点发展生物医药产业		

表 7-10 新区规划产业限制、禁止项目清单

规划产业	限制项目	禁止项目
石油炼化、精细化工、新材料	(1)新建 1000 万吨/年以下常减压、150 万吨/年以下催化裂化、100 万吨/年以下连续重整(含芳烃抽提)、150 万吨/年以下加氢裂化生产装置； (2)新建 80 万吨/年以下石脑油裂解制乙烯、13 万吨/年以下丙烯腈、100 万吨/年以下精对苯二甲酸、20 万吨/年以下乙二醇、20 万吨/年以下苯乙烯(干气制乙苯工艺除外)、10 万吨/年以下己内酰胺、乙烯法制醋酸、30 万吨/年以下羰基合成法制醋酸、天然气制甲醇、100 万吨/年以下煤制甲醇生产装置(综合利用除外)，丙酮氰醇法丙烯酸、粮食法丙酮/丁醇、氯醇法环氧丙烷和皂化法环氧氯丙烷生产装置，300 吨/年以下皂素(含水解物，综合利用除外)生产装置； (3)新建 7 万吨/年以下聚丙烯(连续法及间歇法)、20 万吨/年以下聚乙烯、乙炔法聚氯乙烯、起始规模小于 30 万吨/年的乙烯氧氯化法聚氯乙烯、10 万吨/年以下聚苯乙烯、20 万吨/年以下丙烯腈/丁二烯/苯乙烯共聚物(ABS，本体连续	(1)200 万吨/年及以下常减压装置，废旧橡胶和塑料土法炼油工艺，焦油间歇法沥青生产工艺； (2)10 万吨/年以下的硫铁矿制酸和硫黄制酸、平炉氧化法高锰酸钾、隔膜法烧碱生产装置，平炉法和大锅蒸发法硫化碱生产工艺，芒硝法硅酸钠(泡花碱)生产工艺； (3)单台产能 5000 吨/年以下和不符合准入条件的黄磷生产装置，有钙焙烧铬化合物生产装置，单线产能 3000 吨/年以下普通级硫酸钡、氢氧化钡、氯化钡、硝酸钡生产装置，产能 1 万吨/年以下氯酸钠生产装置，单台炉容量小于 12500kV 的电石炉及开放式电石炉，高汞催化剂(氯化汞含量 6.5%以上)和使用高汞催化剂的乙炔法聚氯乙烯生产装置，氨钠法及氰熔体氰化钠生产工艺； (4)单线产能 1 万吨/年以下三聚磷酸钠、0.5 万吨/年以下六偏磷酸钠、0.5 万吨/年以下三氯化磷、3 万吨/年以下饲料磷酸氢钙、5000 吨/年以下工艺技术落后和污染严重的氢氟酸、5000 吨/年以下湿法氟化铝及敞开式结晶氟盐生产装置；

续表

规划产业	限制项目	禁止项目
石油炼化、精细化工、新材料	法除外)、3万吨/年以下普通合成胶乳-羧基丁苯胶(含丁苯胶乳)生产装置,新建、改扩建溶剂型氯丁橡胶类、丁苯热塑性橡胶类、聚氨酯类和聚丙烯酸酯类等通用型胶黏剂生产装置; (4)新建纯碱、烧碱、30万吨/年以下硫黄制酸、20万吨/年以下硫铁矿制酸、常压法及综合法硝酸、电石(以大型先进工艺设备进行等量替换的除外)、单线产能5万吨/年以下氢氧化钾生产装置; (5)新建三聚磷酸钠、六偏磷酸钠、三氯化磷、五硫化二磷、饲料磷酸氢钙、氯酸钠、少钙焙烧工艺重铬酸钠、电解二氧化锰、普通级碳酸钙、无水硫酸钠(盐业联产及副产除外)、碳酸钡、硫酸钡、氢氧化钡、氯化钡、硝酸钡、碳酸锶、白炭黑(气相法除外)、氯化胆碱生产装置; (6)新建黄磷,起始规模小于3万吨/年、单线产能小于1万吨/年氰化钠(折100%),单线产能5千吨/年以下碳酸锂、氢氧化锂,单线产能2万吨/年以下无水氟化铝或中低分子比冰晶石生产装置; (7)新建以石油(高硫石油焦除外)、天然气为原料的氮肥,采用固定层间歇气化技术合成氨,磷铵生产装置,铜洗法氨合成原料气净化工艺; (8)新建高毒、高残留以及对环境影响大的农药原药[包括氧化乐果、水胺硫磷、甲基异柳磷、甲拌磷、特丁磷、杀扑磷、溴甲烷、灭多威、涕灭威、克百威、敌鼠钠、敌鼠酮、杀鼠灵、杀鼠醚、溴敌隆、溴鼠灵、肉毒素、杀虫双、灭线磷、硫丹、磷化铝、三氯杀螨醇,有机氯类、有机锡类杀虫剂,福美类杀菌剂,复硝酚钠(钾)等]生产装置; (9)新建草甘膦、毒死蜱(水相法工艺除外)、三唑磷、百草枯、百菌清、阿维菌素、吡虫啉、乙草胺(亚甲基法工艺除外)生产装置; (10)新建硫酸法钛白粉、铅铬黄、1万吨/年以下氧化铁系颜料、溶剂型涂料(不包括鼓励类的涂料品种和生产工艺)、含异氰脲酸三缩水甘油酯(TGIC)的粉末涂料生产装置; (11)新建染料、染料中间体、有机颜料、印染助剂生产装置; (12)新建氟化氢(HF)(电子级及湿法磷酸配套除外),新建初始规模小于20万吨/年、单套规模小于10万吨/年的甲基氯硅烷单体生产装置,10万吨/年以下(有机硅配套除外)和10万吨/年及以上、没有副产四氯化碳配套处置设施的甲烷氯化物生产装置,全氟辛基磺酰化合物(PFOS)和全氟辛酸(PFOA)、六氟化硫(SF_6)(高纯级除外)生产装置;	(5)单线产能0.3万吨/年以下氰化钠(100%氰化钠)、1万吨/年以下氢氧化钾、1.5万吨/年以下普通级白炭黑、2万吨/年以下普通级碳酸钙、10万吨/年以下普通级无水硫酸钠(盐业联产及副产除外)、0.3万吨/年以下碳酸锂和氢氧化锂、2万吨/年以下普通级碳酸钡、1.5万吨/年以下普通级碳酸锶生产装置; (6)半水煤气氨水液相脱硫、天然气常压间歇转化工艺制合成氨、一氧化碳常压变化及全中温变换(高温变换)工艺、没有配套硫黄回收装置的湿法脱硫工艺,没有配套建设吹风气余热回收、造气炉渣综合利用装置的固定层间歇式煤气化装置; (7)钠法百草枯生产工艺,敌百虫碱法敌敌畏生产工艺,小包装(1kg及以下)农药产品手工包(灌)装工艺及设备,雷蒙机法生产农药粉剂,以六氯苯为原料生产五氯酚(钠)装置; (8)用火直接加热的涂料用树脂、四氯化碳溶剂法制取氯化橡胶生产工艺,100吨/年以下皂素(含水解物)生产装置,盐酸酸解法皂素生产工艺及污染物排放不能达标的皂素生产装置,铁粉还原法工艺[4,4-二氨基二苯乙烯-二磺酸(DSD酸)、2-氨基-4-甲基-5-氯苯磺酸(CLT酸)、1-氨基-8-萘酚-3,6-二磺酸(H酸)三种产品暂缓执行]; (9)50万条/年及以下的斜交轮胎和以天然棉帘子布为骨架的轮胎、1.5万吨/年及以下的干法造粒炭黑(特种炭黑和半补强炭黑除外)、3亿只/年以下的天然胶乳安全套,橡胶硫化促进剂*N*-氧联二(1,2-亚乙基)-2-苯并噻唑次磺酰胺(NOBS)和橡胶防老剂D生产装置; (10)氯氟烃(CFCs)、含氢氯氟烃(HCFCs)、用于清洗的1,1,1-三氯乙烷(甲基氯仿)、主产四氯化碳(CTC)、以四氯化碳(CTC)为加工助剂的所有产品、以PFOA为加工助剂的含氟聚合物、含滴滴涕的涂料、采用滴滴涕为原料非封闭生产三氯杀螨醇生产装置(根据国家履行国际公约总体计划要求进行淘汰); (11)改性淀粉、改性纤维、多彩内墙(树脂以硝化纤维素为主,溶剂以二甲苯为主的O/W型涂料)、氯乙烯-偏氯乙烯共聚乳液外墙、焦油型聚氨酯防水、水性聚氯乙烯焦油防水、聚乙烯醇及其缩醛类内外墙(106、107涂料等)、聚醋酸乙烯乳液类(含乙烯/醋酸乙烯酯共聚物乳液)外墙涂料; (12)有害物质含量超标准的内墙、溶剂型木器、玩具、汽车、外墙涂料,含双对氯苯基三氯乙烷、三丁基锡、全氟辛酸及其盐类、全氟辛烷磺酸、红丹等有害物质的涂料; (13)在还原条件下会裂解产生24种有害芳香胺的偶氮染料(非纺织品用的领域暂缓)、9种致癌性染料(用于与人体不直接接触的领域暂缓);

续表

规划产业	限制项目	禁止项目
石油炼化、精细化工、新材料	(13)新建斜交轮胎和力车胎(手推车胎)、锦纶帘线、3万吨/年以下钢丝帘线、常规法再生胶(动态连续脱硫工艺除外)、橡胶塑解剂五氯硫酚、橡胶促进剂二硫化四甲基秋兰姆(TMTD)生产装置	(14)含苯类、苯酚、苯甲醛和二(三)氯甲烷的脱漆剂,立德粉,聚氯乙烯建筑防水接缝材料(焦油型),107胶,瘦肉精,多氯联苯(变压器油); (15)高毒农药产品:六六六、二溴乙烷、丁酰肼、敌枯双、除草醚、杀虫脒、毒鼠强、氟乙酰胺、氟乙酸钠、二溴氯丙烷、治螟磷(苏化203)、磷胺、甘氟、毒鼠硅、甲胺磷、对硫磷、甲基对硫磷、久效磷、硫环磷(乙基硫环磷)、福美胂、福美甲胂及所有砷制剂、汞制剂、铅制剂、10%草甘膦水剂,甲基硫环磷、磷化钙、磷化锌、苯线磷、地虫硫磷、磷化镁、硫线磷、蝇毒磷、治螟磷、特丁硫磷(2011年); (16)农药产品:氯丹、七氯、溴甲烷、滴滴涕、六氯苯、灭蚁灵、林丹、毒杀芬、艾氏剂、狄氏剂、异狄氏剂; (17)软边结构自行车胎,以棉帘线为骨架材料的普通输送带和以尼龙帘线为骨架材料的普通V带,轮胎、自行车胎、摩托车胎手工刻花硫化模具
先进装备制造	2臂及以下凿岩台车;装岩机(立爪装岩机除外);3m³及以下小矿车;直径2.5m及以下绞车;直径3.5m及以下矿井提升机;40m³及以下筛分机;直径700mm及以下旋流器;800kW及以下采煤机;斗容3.5m³及以下矿用挖掘机;矿用搅拌、浓缩、过滤设备(加压式除外);低速汽车(三轮汽车、低速货车);单缸柴油机;配套单缸柴油机的皮带传动小四轮拖拉机,配套单缸柴油机的手扶拖拉机,滑动齿轮换挡、排放达不到要求的37.3kW以下轮式拖拉机;30万千瓦及以下常规燃煤火力发电设备(综合利用、热电联产机组除外);6kV及以上(陆上用)干法交联电力电缆;非数控金属切削机床;6300kN及以下普通机械压力机;非数控剪板机、折弯机、弯管机;普通高速钢钻头、铣刀、锯片、丝锥、板牙;棕刚玉、绿碳化硅、黑碳化硅等烧结块及磨料;直径450mm以下的各种结合剂砂轮(钢轨打磨砂轮除外);直径400mm及以下人造金刚石切割锯片;P0级、直径60mm以下普通微小型轴承;220kV及以下电力变压器(非晶合金、卷铁芯等节能配电变压器除外);220kV及以下高、中、低压开关柜(使用环保型中压气体的绝缘开关柜以及用于爆炸性环境的防爆型开关柜除外);酸性碳钢焊条;民用普通电度表;8.8级以下普通低档标准紧固件;驱动电动机功率560kW及以下、额定排气压力1.25MPa及以下,一般用固定的往复活塞空气压缩机;普通运输集装干箱;142.24cm及以下单级中开泵;通用类10兆帕及以下中低压碳钢阀门;5t/h及以下短炉龄冲天炉;有色合金六氯乙烷精炼、镁合金SF6保护;冲天炉熔化采用冶金	热处理铅浴炉;热处理氯化钡盐浴炉(高温氯化钡盐浴炉暂缓淘汰);TQ60、TQ80塔式起重机;QT16、QT20、QT25井架简易塔式起重机;KJ1600/1220单筒提升绞机;3000kV以下普通棕刚玉冶炼炉;4000kV以下固定式棕刚玉冶炼炉;3000kV以下碳化硅冶炼炉;强制驱动式简易电梯;以氯氟烃(CFCs)作为膨胀剂的烟丝膨胀设备生产线;砂型铸造黏土烘干砂型及型芯;焦炭炉熔化有色金属;砂型铸造油砂制芯;重质砖炉衬台车炉;中频发电机感应加热电源;燃煤火焰反射加热炉;铸/锻件酸洗工艺;用重质耐火砖作为炉衬的热处理加热炉;位式交流接触器温度控制柜;插入电极式盐浴炉;动圈式和抽头式硅整流弧焊机;磁放大器式弧焊机;无法安装安全保护装置的冲床;黏土砂干型/芯铸造工艺;无磁轭(≥0.25t)铝壳中频感应电炉;无芯工频感应电炉;T100、T100A推土机;ZP-Ⅱ、ZP-Ⅲ干式喷浆机;WP-3挖掘机;0.35m³以下的气动抓岩机;矿用钢丝绳冲击式钻机;БY-40石油钻机;直径1.98m水煤气发生炉;CER膜盒系列;热电偶(分度号LL-2、LB-3、EU-2、EA-2、CK);热电阻(分度号BA、BA2、G);DDZ-Ⅰ型电动单元组合仪表;GGP-01A型皮带秤;BLR-31型称重传感器;WFT-081辐射感温器;WDH-1E、WDH-2E光电温度计,PY5型数字温度计;BC系列单波纹管差压计,LCH-511、YCH-211、LCH-311、YCH-311、LCH-211、YCH-511型环称式差压计;EWC-01A型长图电子电位差计;XQWA型条形自动平衡指示仪;ZL3型X-Y记录仪;DBU-521,DBU-521C型液位变送器;YB系列(机座号63~355mm,额定电压660V及以下)、YBF系列(机座号63~160mm,额定电压380V、660V或380/660V)、YBK系列(机座号100~355mm,额定电压380/660V、660/1140V)隔爆型三相异步电动

规划产业	限制项目	禁止项目
先进装备制造	焦；无再生的水玻璃砂造型制芯工艺；盐浴氮碳、硫氮碳共渗基盐；电子管高频感应加热设备；亚硝酸盐缓蚀、防腐剂；铸/锻造用燃油加热炉；锻造用燃煤加热炉；手动燃气锻造炉；蒸汽锤；弧焊变压器；含铅和含镉钎料；全断面掘进机整机组装；万吨级以上自由锻造液压机；普通铸锻件；动圈式和抽头式手工焊条弧焊机；Y系列(IP44)三相异步电动机(机座号80～355mm)及其派生系列，Y2系列(IP54)三相异步电动机(机座号63～355mm)；背负式手动压缩式喷雾器；背负式机动喷雾喷粉机；手动插秧机；青铜制品的茶叶加工机械；双盘摩擦压力机；含铅粉末冶金件；出口船舶分段建造	机；DZ10系列塑壳断路器、DW10系列框架断路器；CJ8系列交流接触器；QC10、QC12、QC8系列起动器；R0，JR9，JR14，JR15，JR16-A、B、C、D系列热继电器；以焦炭为燃料的有色金属熔炼炉；GGW系列中频无芯感应熔炼炉；B型、BA型单级单吸悬臂式离心泵系列；F型单级单吸耐腐蚀泵系列；JD型长轴深井泵；KDON-3200/3200型蓄冷器全低压流程空分设备、KDON-1500/1500型蓄冷器(管式)全低压流程空分设备、KDON-1500/1500型管板式全低压流程空分设备、KDON-6000/6600型蓄冷器流程空分设备；3W-0.9/7(环状阀)空气压缩机；C620、CA630普通车床；C616、C618、C630、C640、C650普通车床；X920键槽铣床；B665、B665A、B665-1牛头刨床；D6165、D6185电火花成型机床；D5540电脉冲机床；J53-400、J53-630、J53-1000双盘摩擦压力机；Q11-1.6×1600剪板机；Q51汽车起重机；TD62型固定带式输送机；3吨直流架线式井下矿用电机车；A571单梁起重机；快速断路器：DS3-10、DS3-30、DS3-50(1000、3000、5000A)、DS10-10、DS10-20、DS10-30(1000、2000、3000A)；SX系列箱式电阻炉；单相电度表：DD1、DD5、DD5-2、DD5-6、DD9、DD10、DD12、DD14、DD15、DD17、DD20、DD28；配电变压器：SL7-30/10～SL7-1600/10、S7-30/10～S7-1600/10；刀开关：HD6、HD3-100、HD3-200、HD3-400、HD3-600、HD3-1000、HD3-1500；GC型低压锅炉给水泵：DG270-140、DG500-140、DG375-185；热动力式疏水阀：S15H-16、S19-16、S19-16C、S49H-16、S49-16C、S19H-40、S49H-40、S19H-64、S49H-64；固定炉排燃煤锅炉(双层固定炉排锅炉除外)；1-10/8、1-10/7型动力用往复式空气压缩机；8-18系列、9-27系列高压离心通风机；X52、X62W 320×150升降台铣床；J31-250机械压力机；TD60、TD62、TD72型固定带式输送机；以未安装燃油量限制器的单缸柴油机为动力装置的农用运输车；E135二冲程中速柴油机(包括2、4、6缸三种机型)，TY1100型单缸立式水冷直喷式柴油机，165单缸卧式蒸发水冷、预燃室柴油机，4146柴油机；含汞开关和继电器；燃油助力车；低于国二排放的车用发动机；机动车制动用含石棉材料的摩擦片
生物医药	(1)新建、扩建古龙酸和维生素C原粉(包括药用、食品用和饲料用、化妆品用)生产装置，新建药品、食品、饲料、化妆品等用途的维生素 B_1、维生素 B_2、维生素 B_{12}(综合利用除外)、维生素E原料生产装置； (2)新建青霉素工业盐、6-氨基青霉烷酸(6-APA)、化学法生产7-氨基头孢烷酸(7-ACA)、7-氨基-3-去乙酰氧基头孢烷酸(7-ADCA)、青霉素V、氨苄青霉素、羟氨苄青霉素、头孢菌素C发酵、土霉素、四环素、氯霉素、安乃近、对乙酰氨基酚、	(1)手工胶囊填充工艺； (2)软木塞烫蜡包装药品工艺； (3)不符合GMP要求的安瓿拉丝灌封机； (4)塔式重蒸馏水器； (5)无净化设施的热风干燥箱； (6)劳动保护、三废治理不能达到国家标准的原料药生产装置； (7)铁粉还原法对乙酰氨基酚(扑热息痛)、咖啡因装置；

续表

规划产业	限制项目	禁止项目
生物医药	林可霉素、庆大霉素、双氢链霉素、丁胺卡那霉素、麦迪霉素、柱晶白霉素、环丙氟哌酸、氟哌酸、氟嗪酸、利福平、咖啡因、柯柯豆碱生产装置； (3)新建紫杉醇(配套红豆杉种植除外)、植物提取法黄连素(配套黄连种植除外)生产装置； (4)新建、改扩建药用丁基橡胶塞、二步法生产输液用塑料瓶生产装置； (5)新开办无新药证书的药品生产企业； (6)新建及改扩建原料含有尚未规模化养殖或种植的濒危动植物药材的产品生产装置； (7)新建、改扩建充汞式玻璃体温计、血压计生产装置、银汞齐齿科材料，新建2亿支/年以下一次性注射器、输血器、输液器生产装置	(8)使用氯氟烃(CFCs)作为气雾剂、推进剂、抛射剂或分散剂的医药用品生产工艺； (9)铅锡软膏管、单层聚烯烃软膏管(肛肠、腔道给药除外)； (10)安瓿灌装注射用无菌粉末； (11)药用天然胶塞； (12)非易折安瓿； (13)输液用聚氯乙烯(PVC)软袋(不包括腹膜透析液、冲洗液用)
新一代电子信息	(1)激光视盘机生产线(VCD系列整机产品) (2)模拟CRT黑白及彩色电视机项目	—

7.5 跟踪评价建议

根据《规划环境影响跟踪评价技术指南（试行）》，跟踪评价的主要目的是以改善区域环境质量和保障区域生态安全为目标，结合区域生态环境质量变化情况、国家和地方最新的生态环境管理要求和公众对规划实施产生的生态环境影响的意见，对已经和正在产生的环境影响进行监测、调查和评价，分析规划实施的实际环境影响，评估规划采取的预防或者减轻不良生态环境影响的对策和措施的有效性，研判规划实施是否对生态环境产生了重大影响，对规划已实施部分造成的生态环境问题提出解决方案，对规划后续实施内容提出优化调整建议或减轻不良生态环境影响的对策和措施。跟踪评价主要任务如下：

（1）规划实施及开发强度对比

通过调查规划实施情况，对比规划说明规划已实施的主要内容，资源能源利用效率及变化情况，主要污染物的排放情况，规划实施期间主要突发环境事件及其发生的原因、采取的应急措施及效果，各项生态环境保护措施及管理要求的落实情况。

（2）区域生态环境及资源演变趋势分析

利用规划实施中的定期监测结果和区域、流域的例行监测成果，利用跟踪监测成果，评价规划实施不同时期区域大气、水（包括地表水、地下水及海洋）、土壤、声等环境要素的质量变化趋势和关键驱动因子，分析区域资源环境承载力变化情况及其与规划实施的关联性。

(3) 公众意见调查

征求相关部门及专家意见，全面了解区域主要环境问题和制约因素。收集规划实施至开展跟踪评价期间，公众对规划产生的环境影响的投诉意见，并分析原因。

(4) 生态环境影响对比评估及对策措施有效性分析

以规划实施进度、区域或流域生态环境质量变化趋势以及资源环境承载力变化分析为基础，对比评估规划实际产生的生态环境影响范围、程度和规划环评预测结果，评价规划实施后的实际环境影响是否超出原来的预期，并对影响趋势进行预测评价，为进一步提高规划的环境效益提供依据。

检查规划配套环保措施、入驻企业环保措施“三同时”的落实情况，了解各环保措施的处理效果、运行负荷等运行情况，调查废物处置和综合利用情况，以及生态保护措施的落实情况。

如规划、规划环评及审查意见提出的各项生态环境保护对策和措施已落实，且规划实施后区域、流域生态环境质量满足国家和地方最新的生态环境管理要求，则可认为采取的预防或者减轻不良生态环境影响的对策和措施有效，可提出继续实施原规划方案的建议。

如规划实施后区域、流域生态环境质量突破底线要求，则可认为规划已实施部分的环保对策和措施没有发挥效果或效果不佳，跟踪评价应认真分析规划环境影响评价文件预测结果与实际产生的影响存在差异的原因，从空间布局优化、污染物排放控制、环境风险防范、区域污染治理、流域生态保护、环境管理水平提升等方面提出有针对性的规划优化调整目标、减轻不良环境影响的对策措施或规划修订建议。

(5) 生态环境管理优化建议

结合规划后续实施的空间范围和布局、发展规模、产业结构、建设时序和配套基础设施依托条件等规划内容，预测规划后续实施对支撑性资源能源的需求量和主要污染物的产生量、排放量，分析规划实施的生态环境影响范围、程度和生态环境风险。

根据规划已实施情况、区域生态环境及资源演变趋势、生态环境影响对比评估、生态环境影响减缓对策和措施有效性分析等内容，结合国家和地方最新生态环境管理要求，提出规划优化调整或修订的建议。

第8章

规划方案综合论证及优化调整

8.1 规划方案的环境合理性论证

8.1.1 规划定位和目标评价

城市新区功能定位是指新区在一定区域乃至更大范围内的政治、经济与社会发展中所处的地位和所承担的主要职能。新区的功能定位和发展战略决定了新区的产业发展方向和空间布局结构，在规划定位的过程中需要分析新区功能定位和发展战略与国家战略规划及政策、区位优势、区域发展战略和主体功能的符合性。

城市新区功能定位与发展方向是新区总体规划的基础，也是环境影响评价的首要目标。如19个国家级新区，从功能定位的角度可划分为“经济特区”型、“经济开发区”型和“新城”型3种类型，“经济特区”型和“新城”型的产业结构（第一、第二、第三产业的比例）、主导产业和产业类型（如石油化工、装备制造）将对生态环境产生不同类型、不同程度、不同范围的影响。由于规划定位的战略性，在规划环境影响评价中宜采用定性分析的方法分析新区功能定位和发展战略与国家战略、区位优势、区域发展战略和主体功能的符合性，重点梳理国家经济社会发展规划、主体功能区划、区域发展规划、国家和地方层面的产业规划、生态环境保护规划、城市总体规划或空间规划等相关重大规划赋予新区的任务、定位与要求。

从生态环境保护的角度，分析城市新区生态环境功能定位和目标与国家及区域相关环境保护规划、政策和战略的符合性，分析城市新区发展是否减轻或加重区域的环境影响，是否带来新的环境问题。如在城市新区规划环境影响评价中，分析新区环境保护规划和环境保护目标与国家、省、市“十三五”环境保护规划、“水十条”“大气十条”“土十条”、自然保护区规划等环境敏感保护目标规划的符合性。

8.1.2 规划规模的环境合理性论证

城市新区规模是指以人口、建设用地、地区生产总值表示新区的大小。从生态环境的角度分析新区规模的合理性是规划环评的一项重要任务。城市新区发展应坚持以生态文明为导向，以环境质量和生态红线为抓手的底线思维方式，科学设定新区增长边界，保障区域生态环境质量不降低。规划环境影响评价基于新区人口、经济和产业发展规模，结合资源环境承载力评价和生态环境影响预测，分析新区发展规模是否合理，提出优化调整意见和建议。

基于新区人口、经济和产业发展的规模、结构及速度情景，预测土地资源、水资源和能源需求的弹性、强度及比重，判断新区土地、水资源、能源的支持保障度；预测新区大气和水体污染物排放总量，评估环境容量对排放总量在总体和重点区块层面的支持保障度，综合评估资源环境承载力对新区经济与产业发展规模、结构的支持情况，论证城市发展规模的环境合理性，科学确定新区发展规模，明确指出存在问题与制约因素。

8.1.3 规划空间布局的环境合理性论证

城市新区总体布局是总体规划的核心内容，是对城市发展建设的引导和调控。用地发展方向是否合理，空间布局是否可行，决定了总体规划的成败。城市新区的空间布局和功能分区的环境合理性评价是规划环境影响评价的重要任务。

在评价城市新区空间布局和功能分区的环境合理性时，可以分为两个层次：一是从区域尺度分析新区空间布局的合理性；二是从新区内部用地结构分析空间布局的合理性。从区域尺度上，应先界定城市各功能区的性质和要求，根据城市特点和国家相关规定，判断新区拓展方向是否合适。新区开发建设可能会对当地和周边环境造成不可逆的负面效应，在开发建设中应避免产生重大的环境破坏和生态损失，结合区域实际情况和资源、环境、生态的承载力，强调生态系统的完整性、生态走廊的衔接性和生态系统的协调性，严格控制用地布局。从新区内部用地结构，结合总体规划的土地适宜性评价和空间管控要求，分析新区建设用地的适宜性；基于新区用地结构，分析各功能组团间是否存在交互影响，尤其是居住用地等敏感目标与产业用地之间布局是否合理，是否设有足够的环境防护距离。

8.1.4 市政公用设施的环境合理性论证

市政公用设施的环境合理性论证主要分析以下内容：城市新区规划的污水处理厂，生活垃圾、工业废物、危险废物收集处理设施的建设时序和建设规模是否能满足新区开发建设的需求，污水处理厂、生活垃圾处置场等拟选场址在总体规划中是否预留足够的环境防护距离，同时考虑“邻避效应”的影响范围，避免出现规划导致无法抗拒的环境问题。

8.1.5 环境目标的可达性和合理性论证

根据环境影响识别后建立的规划要素与资源、环境要素之间的动态响应关系，综合各种资源与环境要素的影响预测与分析、评价结果，论证规划环评中确定的环境保护对策、措施及技术的合理性；分析环境质量改善及规划的环境目标的可达性和合理性。

8.2 规划方案的可持续发展论证

城市新区的可持续发展论证重点从区域资源、环境及城市基础设施对规划实施的支撑能力能否满足可持续发展要求、改善人居环境质量、优化城市景观生态格局、促进两型社会（资源节约型、环境友好型社会）建设和生态文明建设等方面，综合论述城市新区规划方案的合理性。

从规划实施对区域经济效益、社会效益和环境效益的贡献，以及协调当前利益与长远利益之间关系的角度出发，论证规划方案的可持续性。从保障区域、流域可持续发展的角度出发，论证规划实施能否使其消耗（或占用）的资源的市场供求状况有所改善，能否解决区域、流域经济发展的资源“瓶颈”；论证规划实施能否使其所依赖的生态系统保持稳定，能否使生态服务功能逐步提高；论证规划实施能否使其所依赖的环境状况整体改善。综合考虑资源的最优化利用、环境系统中存在的各类环境问题、社会系统中存在的各类环境问题、经济集约性及社会系统中智力支持因子等因素，利用能够反映出新区发展指标的数据如万元GDP用水量、万元产值COD/氨氮/总磷/SO_2/NO_x 排放量、地均GDP产出、森林覆盖率等，综合论证城市新区可持续发展能力。

综合分析规划方案的先进性和科学性，论证规划方案与国家全面协调可持续发展战略的符合性，可能带来的直接和间接的社会效益、经济效益、生态环境效益，对区域经济结构的调整与优化的贡献程度，以及对区域社会发展和社会公平的促进等。

8.3 规划方案的优化调整建议

根据规划方案的环境合理性和可持续发展论证结果，当城市新区功能定位、发展战略、发展规模和产业结构、空间布局、基础设施建设、交通体系规划、环境保护规划、重大项目布局等规划内容不能满足环境目标要求时，要提出合理的调整建议，特别是出现以下情形时：

① 规划的目标和发展定位与国家级、省级主体功能区规划要求不符。

② 规划的布局和规划包含的具体建设项目选址、选线与主体功能区规划、生态功能区划、环境敏感区的保护要求发生严重冲突。

③ 规划本身或规划包含的具体建设项目属于国家明令禁止的产业类型或不符合国家产业政策、环境保护政策（包括环境保护相关规划、节能减排和总量控制要求等）。

④ 规划方案中配套建设的生态保护和污染防治措施实施后，区域的资源、环境承载力仍无法支撑规划的实施，或仍可能造成重大的生态破坏和环境污染。

⑤ 规划方案中有依据现有知识水平和技术条件，无法或难以对其产生的不良环境影响的程度或者范围作出科学、准确判断的内容。

规划的优化调整建议应全面、具体、可操作。如对规划规模（或布局、结构、建设时序等）提出了调整建议，应明确给出调整后的规划规模（或布局、结构、建设时序等），并保证调整后的规划方案实施后资源与环境承载力可以支撑。

此外，还应补充规划相关内容建议，如环保基础设施建设规划、生态环境保护规划等，并对下一层次的规划及本规划所包含的重大建设项目提出环境保护的基本要求。将优化调整后的规划方案，作为评价推荐的规划方案。规划编制机关需要对是否采纳规划调整建议给出明确的意见。

8.4 环境影响减缓对策和措施

规划的环境影响减缓对策和措施是对规划方案中配套建设的环境污染防治、生态保护和提高资源能源利用效率措施进行评估后，针对环境影响评价推荐的规划方案实施后所产生的不良环境影响，提出的政策、管理或者技术等方面的建议。环境影响减缓对策和措施应具有可操作性，能够解决或缓解规划所在区域已存在的主要环境问题，并使环境目标在相应的规划期限内可以实现。

环境影响减缓对策和措施包括影响预防、影响最小化及对造成的影响进行全面修复补救 3 个方面的内容。

① 环境影响预防对策和措施可从建立健全环境管理体系、建议发布的管理规章和制度、划定禁止和限制开发区域、设定环境准入条件、建立环境风险防范与应急预案等方面提出。

② 环境影响最小化对策和措施可从环境保护基础设施和污染控制设施建设方案、清洁生产和循环经济实施方案等方面提出。

③ 环境影响修复补救措施主要包括生态修复与建设、生态补偿、环境治理、清洁能源与资源替代等措施。

8.5 公众参与

8.5.1 规划环境影响评价公众参与的角色和作用

公众参与是我国《环境影响评价法》等相关法律、法规和制度的具体要求。《环境影响评价法》第十一条、《规划环境影响评价条例》第三条、《环境影响评价公众参与办法》第三十三条均规定，规划编制机关对可能造成不良环境影响并直接涉及公众环境权益的规划，应当在规划草案报送审批前，采取调查问卷、座谈会、论证会、听证会等形式，公开征求有关单位、专家和公众对环境影响报告书的意见。规划编制机关应当在报送审查的环境影响报告书中附具对公众意见采纳与不采纳情况及其理由的说明。对于规划实施后的跟踪评价，《规划环境影响评价条例》第二十六条规定，规划编制机关对规划环境影响进行跟踪评价，应当采取调查问卷、现场走访、座谈会等形式征求有关单位、专家和公众的意见。另外，党的十八大、十八届三中和四中全会以及中共中央国务院印发的《关于加快推进生态文明建设的意见》均对环境保护的公众参与提出了较为严格的要求，如保证公众的知情权、参与权、表达权、监督权等。

规划环境影响评价中的公众参与是指公众通过一定的方式途径，在规划制定和实施过程中对环境的影响予以关注，把人们的环境利益要求融入决策，充分考虑规划实施中各利益相关方的诉求。公众参与有助于提高和保证公众充分享有知情权、参与权和监督权，提高决策的有效性，维护公众环境利益。公众参与能为各级政府部门决策的制定提供科学依据，可使环境影响评价在规划方案编制阶段充分平衡各利益相关方的利益，特别是敏感人群的环境权益保障需求，促使决策者选择环境效益最大化的规划方案。

此外，公众参与还应用在规划环境影响评价方法中，比如确定环境资源价值的重要方法——权变评价法（Contingent Valuation，CV）、替代市场法等，用来评价不良环境影响（如环境污染、生态破坏和资源损失）的价值估算法，应用这些方法就需要通过公众参与，了解公众支付意愿或选择愿望，对公共资源、不可分物品和享受性资源进行价值估算。

8.5.2 现行规划环境影响评价公众参与存在的不足

尽管我国有关法律法规对公众参与的形式、内容、方式等进行了规定，但在具体实施过程中，大多数规划环境影响评价中的公众仅仅是消极、被动地参与，现行规划环境影响评价的公众参与存在程序不完善、流于形式等问题。

（1）公众参与主体规定过于笼统

由于规划属战略层面，影响范围广、涉及公众多，而直接影响到的公众不是非常明确，对公众参与主体的识别造成一定困难。我国环评相关法律法规没有明确规定公众参与的主体范围，在很大程度上增加了开展公众参与的难度。

（2）公众参与的范围模糊

根据《环境影响评价法》和《规划环境影响评价条例》，在我国进行公众参与的规划环评只有专项规划，综合性规划和专项规划中的指导性规划的环评被排除在公众参与的范围之外。对于“可能造成不良环境影响并直接涉及公众环境权益的规划”的界定标准和决定权归属，《环境影响评价法》和《规划环境影响评价条例》没有给出相应说明，这有可能会导致规划编制机关自行决定是否进行公众参与。

（3）公众参与的时机和方式亟待改进

对于公众参与的时机，一般集中在规划草案报送审批前，规划编制前期和规划环境影响评价文件审查后的公众参与环节是缺失的，公众对规划方案的形成没有太多的建议时间，对于公众参与的早期介入原则，没有明确介入时机。此外，公众对规划审批后的环境要求缺乏知情权和监督权，没有明确规定编制机关是否有义务将评价的最终决定通知参与的公众，也没有提供公众对决策进行反馈的渠道。对于公众参与的方式，由于没有明确需要采取何种形式，以及由谁来确定，公众参与方式大多借鉴建设项目环境影响评价公众参与的做法，方式较为单一，基本限于网络公示、问卷调查和专家咨询，没有充分体现公共参与规划环境影响评价的特点。公众参与的意见和效果对规划环境影响评价工作和规划决策的作用相对有限，没有充分发挥出来。

（4）公众信息知情权没有得到切实保障

目前规划环境影响评价工作对信息公开内容的规定不明确，目前公开的内容主要是规划概况、规划的主要环境影响、规划的优化调整建议和预防或减轻不良环境影响的对策与措施、评价结论，且仅限于报告书草稿，送审稿及终审稿没有规定必须公开，信息公开范围较狭窄，对公开的义务和途径并没有在立法上明确赋予公众获取信息的权利。公众参与信息的不对称性具体表现为信息公开不充分、公众参与形式单一和公众利益缺乏保障等问题。由于缺乏反馈机制，公众对提出的意见是否得到采纳并不知情，一定程度上削弱了其参与的积极性。

8.5.3 规划环境影响评价公众参与机制优化

建议从以下几个方面优化规划环境影响评价公众参与机制：

（1）明确界定公众的定义和范围

科学识别规划涉及的主要利益相关方和次要利益相关方，收集并分析各相关方的环保诉求。鼓励有直接环境利益关系的民众、环保组织以及热心于公益性环保事业的社会团体积极参与到规划环境影响评价中来，尊重公众参与规划环境影响评价的权利，使公众享有充分的陈述意见和辩论的机会。选择公众参与具体主体时，应综合考虑地域、职业、专业知识背景、受影响程度，确保公众参与主体的代表性、专业性和有效性。

（2）扩大公众参与的规划环评范围

综合性规划和指导性规划等政策性和宏观性较强的规划，也应纳入公众参与范围中。可以将与该规划相关的环评信息纳入规划编制的公众参与过程，既确保了公众参与规划环评过程的有效性，又可避免因参与而产生额外费用。此外，公众参与的过程中也要注意保护商业秘密和个人隐私。同时，应当制定具体标准，对可能产生环境影响的规划进行界定，避免产生纠纷。

（3）提倡公众参与的全过程和早期介入原则

公众参与应覆盖规划环境影响评价的关键阶段，在规划编制前期应告知公众规划草案信息，规划环境影响评价文件报送审批前告知公众规划概况、规划的主要环境影响、规划的优化调整建议和预防或减轻不良环境影响的对策与措施、评价结论，规划环境影响评价文件审查后告知公众和有关部门意见的采纳情况、采纳规划或其他替代方案的原因等相关内容，确保公众参与早期介入和覆盖规划环境影响评价的全过程中，保证公众在各个阶段的正当环保意见得到申诉。采用形式多样的参与方式，既要充分利用现代化电子办公方式，又要考虑边远地区的实际情况，避免公众参与流于形式、缺乏内涵，同时也要根据公共参与人员的文化素质和目标群体年龄，采取适当的参与方式。

（4）丰富信息公开的内容

提倡公开形式多样、繁简难易均有的信息内容（除法律规定不得公开的环境信息），应采用便于公众知悉的方式，保证信息公开渠道的顺畅，并及时对公开信息进行更新和充实，做到全面真实、及时准确、重点突出，确保公众参与的时效性和有效性。

（5）推进重大环境影响评价会商机制

对于选址位于环境问题较为突出的区域、流域，或涉及重污染主导产业、重要生态敏感目标和跨界影响的规划，为从规划决策的源头预防和减缓跨界生态环境影响，应参照《关于开展规划环境影响评价会商的指导意见（试行）》（环发〔2015〕179号），在规划环境影响评价编制阶段开展规划环境影响评价会商工作。会商对象一般为会商范围内各级人民政府或者相关政府部门，由规划编制机关根据规划特点和可能产生的跨界环境影响情况具体确定。会商意见应聚焦跨界环境影响、优化调整建议和减缓对策措施，提出进一步完善和加强联防联控的措施建议。

（6）健全公众参与沟通反馈机制

公众参与是一个连续和双向交换意见的过程，审查单位有义务向公众公开最终决定，无论采纳与否；必要时审查单位可召开论证会，邀请相关部门、专家和公众，讨论是否采纳规划环境影响评价的成果和审查意见。同时鼓励“逆向参与”，即规划环评机构主动走出来，直接接触受规划影响民众，了解和考虑他们的意见，积极构建上情下达、下情上传的有效双轨沟通机制，促进规划环评民主化进程。

第9章

结论与展望

9.1 主要研究结论

9.1.1 研究内容

本书在系统回顾国内外规划环境影响评价相关研究进展的基础上，针对城市新区规划环境影响评价框架及主要内容、城市新区规划分析、环境影响识别与评价指标体系构建、城市新区资源环境承载力分析、规划实施的环境影响分析、“三线一单”环境管控、规划方案综合论证和优化调整建议、公众参与、规划环境影响减缓对策与措施等重点内容进行深入分析，并结合案例，对主要评价内容均进行了示范性案例研究，为城市新区总体规划环境影响评价提供良好的借鉴和推广应用。

9.1.2 主要研究成果

9.1.2.1 城市新区规划环境影响评价主要方法和评价重点

本书梳理已颁布的相关技术导则所推荐的评价方法、国内外研究中所探讨的方法以及在国家新区规划环境影响评价中实际应用的评价方法，总结了规划环境影响评价中常用的方法，基于科学性、综合性、层次性、实用性原则，筛选城市新区环境影响评价主要方法。

参照《规划环境影响评价技术导则 总纲》(HJ 130—2014)、《规划环境影响评价技术导则 总纲（征求意见稿）》，结合城市新区规划环境影响评价实际经验，明确了城市新区总体规划分析、环境现状调查与评价、环境影响识别与评价指标体系构建、资源环境承载力分析、规划实施的环境影响分析、“三线一单”环境管控、规划方案综合论证和优化调整建议、公众参与、规划环境影响减缓对策与措施作为城市新区规划环境影响评价的框架，基于此总结了每个框架的重点评价内容。

9.1.2.2 城市新区规划分析方法

城市新区规划分析包括规划方案分析、规模规划的协调性分析和不确定性分析等。本书重点介绍了情景分析法、系统动力学法和地理信息系统＋叠图分析法 3 种规划分析方法的特点和实际应用。情景分析法可反映不同规划方案、不同情景下的开发强度和相应的环境影响，减小规划不确定性影响，主要应用于设置不同的发展情景，如高、中、低三种发展规模，预测不同情景下污染物排放情况等，为后续的环境影响预测分析奠定基础。系统动力学法能够定性或定量描述规划的环境影响，协调各影响因素间的联系和反馈机制，不仅可以用于规划分析，还可以用于资源承载力分析，但系统动力学模型构建较为复杂。地理信息系统＋叠图分析法能够直观、形象、简明地反映规划实施的空间分布，应用较广泛，不仅可用于规划分析，还可以用于环境影响识别与评价指标确定、环境要素影响预测与评价、累积影响评价等，同时还用于规划环境影响评价的图件制作中。

9.1.2.3 规划环境影响识别与评价指标体系构建

环境影响识别是环境影响评价的重要环节，是将人类活动和环境的响应结合起来做综合分析的第一步，其目的是明确主要的影响因素、主要受影响的生态系统和环境因子，从而筛选出评价工作的重点内容。本书重点介绍了矩阵法、网络法和压力-状态-响应分析法的特点及应用，初步判断影响的性质、范围和程度，进而建立评价指标体系。

规划评价指标体系的建立按“主题层-目标层-指标层”的三层体系，参照《国家生态文明建设示范市县建设指标》、生态环境保护规划、《大气污染防治行动计划》《水污染防治行动计划》《土壤污染防治行动计划》、污染防治攻坚战等相关指标，按照可行性与实用性相结合、普遍性与区域性相结合、整体完备性和相对独立性相结合、代表性和针对性相结合、定性与定量相结合、稳定性与动态性相结合、可操作性、可接受性原则等，根据拟评城市新区规划的特点，建立适宜的评价指标体系。

9.1.2.4 资源环境承载力分析方法

（1）水资源承载力分析方法

水资源承载力分析的目标是在比较可供水资源与规划后需水量的基础上，通过水资源合理配置、节约用水、非常规水资源开发以及相关基础设施建设等措施，将经济活动强度及其影响控制在水资源承载能力范围内，从而确保社会经济系统与水资源系统的可持续协调发展。通过对区域水资源总量、现状用水结构与效率以及节水潜力的分析，基于城市新区发展规模，预测区域未来水资源的供给能力与需求量。综合考虑常规水资源供给和非常规水资源开发，以产业结构和用水效率为核心，分析在不同发展情景和供水条件下可利用水资源量与水资源需求量的关系，评价水资源供需平衡的可靠性、合理性，在此基础上确定城市新区水资源利用上线和用水效率，以及非常规水资源开发利用的目标，并提出关于调整水资源配置、节约用水等方面的建议。

目前研究水资源承载力的方法很多，主要有总量指标分析法、供需平衡法、层次分析法、系统动力学法和灰色系统分析法等，总量指标分析法、供需平衡法较为简单，所需的参数相对较少，在城市新区规划环境影响评价中应用较多。总量指标分析法就是从水资源总量控制和用水效率控制等管理层面，根据区域可供水资源指标分析与规划各单位需水的匹配程度，同时结合水环境质量现状，分析规划需水与供水的水量和水质的可行性。

(2) 土地资源承载力分析方法

土地承载力是指在一定时期、一定空间区域土地资源所能承载的人类各种活动的规模和强度的限度，用建设用地占比来表征。土地资源承载力分析目标是优化用地结构布局和集约用地，提高单位建设用地的产出效益。土地资源承载力分析已成为新一轮国土空间规划的前置分析内容。对土地采取立体化、高密度、紧凑式的利用模式，在新区开发建设过程中，尽可能提高土地的集约度，使城市化过程中尽量降低土地占用率；优化用地的空间布局，在科学规划基础上实现区域产业分工的土地利用模式，能使产业在合适的区域集聚发展，提高土地产出率，同时也提高基础设施利用效率。建设用地总量控制指标和效率控制指标是“三线一单”环境管控的重要指标，是城市新区规划环评的重要成果，可以避免新区开发建设中土地资源的无序、过度、分散开发。

(3) 能源需求分析方法

能源需求分析是在一定的人口规模和经济增长率假设下进行的。从投入产出角度看，能源需求的高低取决于终端需求与满足终端需求的中间过程。能源需求量预测能提高区域发展和管理的科学性，从而实现区域的可持续发展。此外，对城市新区能源利用结构进行优化，提出煤炭、清洁能源利用比例，控制煤炭消费总量，将能源总量指标、利用效率指标及能源利用结构纳入“三线一单”环境管控中。

(4) 水环境承载力分析方法

在水环境质量及变化趋势分析方面，收集区域多年的水环境监测数据、污染源排放数据和污水处理设施的建设运营数据，分析区域水环境质量变化趋势，建立污染物排放与环境受体的响应关系，识别区域主要的水环境问题，分析水环境的不利条件可能对城市新区规划造成的制约。

水环境承载力分析方法主要有两类，即定量分析方法和半定量分析方法。定量分析方法主要是采用数学模型计算区域水环境所能承载的污染物最大排放量；半定量分析方法主要是根据区域水污染物总量控制指标和区域相关的环境保护规划及政策，定性评价区域水环境承载力是否超载。当区域水环境质量已经超标时，应结合区域水环境规划，提出水环境改善目标和改善方案。

(5) 大气环境承载力分析方法

在气象特征分析方面，收集区域多年气候观测统计资料以及近 20 年常规气象观测资料，分析城市新区所在区域气候特征、污染气象特点，以便从主导风向、大气扩散条件等角度评价城市新区空间布局的环境适宜性。区域缺乏可用气象资料时，可采用WRF模型模拟区域气象风场。可采用USGS数据库中的地形高度、土地利用、植被数据组成等标准基础数据，原始气象数据采用美国国家环境预报中心的NCEP/NCAR的FNL数据库中的数据。

在区域大气环境质量分析方面，收集区域大气环境常规监测数据和污染源排放数据，分析区域大气环境质量的变化趋势，对应区域大气污染物排放情况，建立污染排放和环境受体的响应关系，识别区域主要的环境问题。

在大气环境容量计算方面，一般是采用A-P值法、模拟法、线性规划法等方法计算大气环境容量，以大气环境质量达标为目标值（常根据大气环境区划，采用环境质量标准为目标值），根据基于规划设定的污染源分布和污染排放强度，输入气象参数，进行预测，确定区域大气环境容量。

9.1.2.5 规划实施的环境影响分析

本书分析了地表水环境、地下水环境、大气环境、生态环境、累积环境影响、环境风险6个方面环境影响分析方法，预测和评估拟定规划的不同排污方案对区域环境的影响，给出影响范围、持续时间、规划实施前后环境变化强度等预测结果，以及不同排污方案的优化比选，提出最优方案，为规划方案的环境可行性分析提供强有力的技术支撑。

9.1.2.6 “三线一单”环境管控

“三线一单”是以改善环境质量为核心、以空间管控为手段，统筹生态保护红线、环境质量底线、资源利用上线及环境准入负面清单等要求的系统性分区域环境管控体系。“三线一单”环境管控清单是城市新区规划环境影响评价的重要成果，把区域空间管理、总量控制纳入审批制度中，建立规划环评和项目环评联动机制，促进经济发展与资源环境承载力相适应。

9.1.2.7 规划方案综合论证及优化调整建议

（1）规划方案的综合论证

规划方案的综合论证包括环境合理性论证和可持续发展论证两部分内容。前者侧重于从规划实施对资源、环境整体影响的角度，论证各规划要素的合理性；后者则侧重于从规划实施对区域经济效益、社会效益与环境效益贡献，以及协调当前利益与长远利益之间关系的角度，论证规划方案的合理性。

规划方案的环境合理性论证主要包括规划定位和目标评价、规划规模的环境合理性、规划空间布局的环境合理性、市政公用设施的环境合理性、环境目标的可达性和合理性5个方面，判定不同规划时段、不同发展情景下规划实施有无重大资源、生态、环境制约因素，说明制约的程度、范围、方式等，综合评判规划方案的环境合理性。规划方案可持续发展论证重点从区域资源、环境及城市基础设施对规划实施的支撑能力能否满足可持续发展要求、改善人居环境质量、优化景观生态格局、促进两型社会建设和生态文明建设等方面，综合论述规划方案的合理性。

（2）规划方案的优化调整建议

根据规划方案的环境合理性和可持续发展论证结果，对城市新区功能定位、发展战略、发展规模和产业结构、空间布局、基础设施建设、交通体系规划、环境保护规划、重大项目布局等规划内容提出明确且合理的优化调整建议，重点对规划规模、结构、布局等提出合理的调整建议，将优化调整后的规划方案，作为评价推荐的规划方案。规划编制机关需要对是否采纳规划调整建议给出明确的意见。

9.1.2.8 公众参与

公众参与应与城市新区规划环境影响评价同步开展并全程互动。在环境影响评价前期收集公众对于规划实施和环境保护的预期看法和意见建议，有助于正确识别关键环境问题和确定重点研究区域，以保证规划环境影响评价的总体思路和评价重点具有针对性；在环境影响评价后期要向社会公众反馈规划环境影响评价的主要成果和结论，在广泛征求各方意见的基础上，对主要成果和结论进行必要的修改，以保证环境影响报告书的公平性和可操作性。

公众参与的主体主要是受新区建设影响、关注新区建设的群体和公众，以及环保、规划、环境影响评价方面的专家、管理者。目前城市新区规划环境影响评价中普遍采用网上公示、公众意见问卷调查表、座谈会、专家咨询会等形式。对于政府职能部门，主要是采取座谈会的形式，了解管理区域宏观发展思路和重点发展区域；对于普通民众，主要采取问卷调查表的形式，重点了解公众关心的衣食住行和环境质量诉求；对于行业专家，以召开专家咨询会的形式，了解规划、环境影响评价等相关行业专家的意见和建议，集思广益。分析整理公众参与结果，明确说明对公众意见是否采纳及如何采纳。同时还应主动及时与规划编制机构进行基础数据资料共享、沟通交流等。

9.2 规划环境影响评价展望

9.2.1 完善规划环境影响评价技术方法体系

虽然我国在规划环境影响评价理论方法研究和实践方面取得了一定的成果，但规划环境影响评价的模式与方法在宏观导向、微观调控方面，尚难以满足需求，规划环境影响评价技术方法体系尚未成熟，技术方法尚有不足。应深入开展规划环境影响评价关键技术方法的研究，如生态环境承载力分析、总量控制与排污许可有效衔接、复合型大气污染分析、气候变化影响、人体健康影响评价、项目环评与规划环评的有效联动、“三线一单”管控等，针对不同尺度、不同领域的规划特点，加强规划环境影响评价技术方法的适用性和有效性研究，建立一套适用的评价工作程序、标准和技术方法，形成完善的规划环境影响评价技术方法体系，提高规划环境影响评价的科学性和有效性，有效推进规划环境影响评价工作在全国范围的开展。

9.2.2 加强规划环境影响评价与项目环评的联动机制

规划环评工作的目的是从决策源头预防环境污染，对规划中的重大项目布局、结构、规模等具有重要的指导意义，规划环境影响评价应当侧重对重大项目的分析、预测和评估，明确重大项目的发展内容、规模，提出优化调整建议，明确预防和减缓不利环境影响的对策措施，从产业准入条件、污染物排放标准、清洁生产要求、污染物总量控制、资源环境效率等多个方面明确其环境准入的条件，明确禁止开发的空间清单、区域污染物排放总量管控清单、禁止和限制准入的行业和工艺清单，实施“清单式”管理模式，有效地实现规划环评与项目环评的全过程联动。

9.2.3 系统开展规划环境影响评价实践有效性评估

规划环境影响评价的有效性直接关系到规划实施的效果。规划环境影响评价的有效性体现在管理机制的有效性、执行过程的有效性、目标的有效性，从管理制度层面建立规划环境影响评价参与综合决策的机制，从执行过程层面开发规划环境影响评价融入规划编制过程的技术规范，在规划实施及决策层面建立监督机制和跟踪评价制度。目前我国对规划环境影响评价有效性评估尚处于学术研究阶段。下一步应从法律法规、规章制度、管理机制、实施程度、框架内容、评价方法和规划实施保障措施等方面研究制定规划环境影响评价有效性评估考核体系，定期开展规划环境影响评价有效性评估，作为规划环境影响跟踪评价、规划变更或调整、建设项目审批的重要依据。

9.2.4 加强公众参与力度

规划环境影响评价的公众参与主要是参照建设项目的公众参与模式执行，没有抓住规划环境影响评价利益关系多元性的特点，缺乏连续和双向性参与机制，公众参与的有效性较低。从公众参与全过程、早期介入，上情下达、下情上传的有效双轨沟通机制等方面，有效增强公众参与力度，发挥公众在规划环评工作中的作用，有效激发公众参与的积极性，提高公众参与的有效性。此外还需加强规划环境影响评价编制单位与规划编制单位、规划审批机关的互动。

参考文献

[1] 包存宽. 公众参与规划环评、源头化解社会矛盾 [J]. 现代城市研究，2013.（2）：36-39.

[2] 包存宽，林健枝，陈永勤，等. 可持续性导向的规划环境影响评价技术标准体系研究：基于“规划环境影响评价技术导则”实施有效性的分析 [J]. 现代城市研究，2013（2）：23-31.

[3] 伯鑫，丁峰，徐鹤，等. 大气扩散 CALPUFF 模型技术综述 [J]. 环境监测管理与技术，2009，21（3）：9-13.

[4] 柴建勋. 贵安新区水资源承载力评价 [D]. 贵州：贵州民族大学，2019.

[5] 常旭，王黎，李芬，等. MIKE11 模型在浑河流域水质预测中的应用 [J]. 水电能源科学，2013，31（6）：58-62.

[6] 陈吉宁，刘毅，梁宏君，等. 大连市城市发展规划（2003—2020）环境影响评价 [M]. 北京：中国环境科学出版社，2008.

[7] 陈剑，王鹏，郭亮，等. 持久性有机污染物环境逸度模型研究及应用 [J]. 哈尔滨工业大学学报，2007，39（6）：897-900.

[8] 陈捷，吴仁海. 规划环评与项目环评联动机制的健全对策研究 [C] //2015 年中国环境科学学会学术年会论文集，2015：1015-1020.

[9] 陈凤先，耿海清，刘小丽，等. 区域战略环评跟踪评价实施机制研究 [J]. 环境影响评价，2015（3）：49-52.

[10] 池金萍，周利萍，马树海. 规划环评中对规划方案提出优化调整建议的要点和案例分析 [J]. 资源节约与环保，2013（7）：27-28.

[11] 崔晓宇. 基于逸度模型研究深圳典型 POPs 环境行为与风险 [D]. 深圳：深圳大学，2017.

[12] 董飞，刘晓波，彭文启，等. 地表水水环境容量计算方法回顾与展望 [J]. 水科学进展，2014，25（3）：451-463.

[13] 杜静. 城市发展规划环境影响评价综合技术方法与案例研究：以大连市为例 [D]. 大连：大连理工大学，2013.

[14] 都小尚，郭怀成. 区域规划环境影响评价方法及应用研究 [M]. 北京：科学出版社，2012.

[15] 都小尚，刘永，郭怀成，等. 区域规划累积环境影响评价方法框架研究 [J]. 北京大学学报（自然科学版），2011，47（3）：552-560.

[16] 范顺利，郭苏，武朋飞. 基于 AHP-模糊综合评价法的规划环境影响评价有效性研究 [J]. 环境科学与管理，2017，42（7）：176-179.

[17] 高吉喜，韩永伟，吕世海. 区域开发战略环境影响评价总体思路与技术要点 [J]. 电力科技与环保，2007，23（5）：1-4.

[18] 高吉喜，吕世海，姜昀. 战略环境影响评价方法探讨与应用实践 [J]. 环境影响评价，2016，38（2）：48-52.

[19] 高爽，董雅文，张磊，等. 基于资源环境承载力的国家级新区空间开发管控研究 [J]. 生态学报，2019，39（24）：1-10.

[20] 高慧琴，杨明明，黑亮，等. MODFLOW 和 FEFLOW 在国内地下水数值模拟中的应用 [J]. 地下水，2012，34（4）：13-15.

[21] 耿海清. 美国规划环评给我们哪些启示 [N]. 中国环境报，2016-01-07（002）.

[22] 国家发展和改革委员会. 国家级新区发展报告（2015）[R]. 北京：中国计划出版社，2015.

[23] 顾玉娇. 基于 DPSR 的战略环境评价指标体系构建及实证：以上海浦东新区为例 [D]. 上海：复旦大学，2010.

[24] 郭晓东，田辉，张梅桂，等. 我国地下水数值模拟软件应用进展 [J]. 地下水，2010，32（4）：5-7.

[25] 郭红连，黄爵瑜，马蔚纯，等. 战略环境评价（SEA）的指标体系研究 [J]. 复旦学报（自然科学版），2003，42（3）：468-475.

[26] 郭志明，韩震，王浩宇，等. 气源性重金属污染物在土壤中的累积效果以及影响预测分析 [J]. 环境与可持续发展，2015，40（5）：64-66.

[27] 何彤慧，夏贵菊，王茜茜. 区域开发的生态累积效应研究进展 [J]. 生态经济，2014，30（5）：82-85，102.

[28] 胡二邦. 环境风险评价实用技术、方法和案例 [M]. 北京：中国环境科学出版社，2009.
[29] 胡刚，王里奥，张军，等. ADMS模型在复杂地形地区的应用 [J]. 重庆大学学报（自然科学版），2007，30（12）：42-45.
[30] 黄爱兵，包存宽. 环境影响跟踪评价实践与理论研究进展 [J]. 四川环境，2010，29（1）：91-96.
[31] 黄学智. 基于FVCOM的黄渤海潮汐潮流的水质模拟 [D]. 大连：大连海洋大学，2016.
[32] 贾生元. 我国规划环评问题分析及完善建议 [J]. 环境影响评价，2015，37（5）：18-23.
[33] 蒋宏国，林朝阳. 规划环评中的替代方案 [J]. 环境科学动态，2004（1）：11-13.
[34] 姜益善，苏秋克. 解析法在地下水环境影响评价中的应用研究 [J]. 中国资源综合利用，2018，36（9）：138-139.
[35] 金玉玺，吴光宇，张福洋. 基于GIS的DRASTIC模型在秦皇岛平原区地下水脆弱性评价中的应用 [J]. 水资源开发与管理，2019（3）：26-31.
[36] 寇刘秀，包存宽，蒋大和. 生态足迹在城市规划环境评价中的应用：以苏州市域城镇体系规划为例 [J]. 长江流域资源与环境，2008，17（1）：119-123.
[37] 李天威，李巍，李元实，等. 基于战略环境评价的鄂尔多斯“三线一单”编制试点实践 [J]. 环境影响评价，2018，40（3）：9-13.
[38] 李天威，陆文涛，徐鹤. 石油化工园区土壤累积影响评价研究 [J]. 环境污染防治，2016，38（8）：100-109.
[39] 李巍，杨志峰，刘东霞. 面向可持续发展的战略环境影响评价 [J]. 中国环境科学，1998（18）：66-69.
[40] 李天威，周卫峰，谢慧，等. 规划环境影响管理若干问题探析 [J]. 环境保护，2007，384（11B）：22-25.
[41] 李晓蓉. 国外战略环境影响评价分析及在我国的应用研究 [D]. 新乡：河南师范大学，2015.
[42] 李王锋，吕春英，汪自书，等. 地级市战略环境评价中“三线一单”理论研究与应用 [J]. 环境影响评价，2018，40（3）：14-18.
[43] 李志林，包存宽. 中德战略环评公众参与对比分析：基于制度的比较 [J]. 环境影响评价，2016，38（4）：29-32.
[44] 李广贺，赵勇胜，何江涛，等. 地下水污染风险源识别与防控区划技术 [M]. 北京：中国环境出版社，2015.
[45] 李明光，游江峰，郑武. 战略环境评价在中国的发展及方法学探讨 [J]. 中国人口. 资源与环境，2003，13（2）：23-27.
[46] 李炳金，陈天. 强化规划环境影响评价全程互动原则实施的建议 [J]. 环境与发展，2018，30（6）：29-30.
[47] 李卓，陈荣昌，毛显强. 基于ADMS-Urban的大气污染浓度贡献率分析 [J]. 环境工程，2010（S1）：183-186.
[48] 李阳. SCE算法与MT3DMS的耦合在地下水环境容量研究中的应用 [D]. 北京：中国地质大学，2011.
[49] 李大鸣，卜世龙，顾利军，等. 基于MIKE21模型的洋河水库水质模拟 [J]. 安全与环境，2018，18（3）：1094-1100.
[50] 刘永胜. 典型城市片区规划环境影响评价中优化调整建议要点：以广州市某片区规划为例 [J]. 绿色科技，2019（6）：135-137.
[51] 刘艳芳，郭晓慧，方然，等. 基于景观生态安全格局的土地利用总体规划环境影响评价 [J]. 重庆师范大学学报（自然科学版），2015，32（6）：120-126，153.
[52] 刘迪. ADMS大气扩散模型研究综述 [J]. 环境与发展，2014，26（6）：17-18.
[53] 刘婷，肖长来，王雅男，等. 基于解析法预测地下水溶质运移的研究 [J]. 节水灌溉，2015（2）：47-49.
[54] 刘敏毅. 生态足迹法在区域规划环评中的应用研究进展 [J]. 北方环境，2011，23（11）：126.
[55] 刘建国，许光照，马学礼，等. 不同模拟软件在地下水环评中的应用对比研究 [J]. 环境科学与技术，2018，41（S1）：359-362.
[56] 吕佳，李艳松. 规划环境影响评价中AERMOD模型的应用分析 [J]. 中国资源综合利用，2018，36（4）：136-138.
[57] 聂新艳，王文杰，秦建新，等. 规划环境影响评价中区域生态风险评价框架研究 [J]. 环境工程技术学报，2012，2（2）：154-161.

[58] 聂新艳.规划环评中区域生态风险评价技术研究 [D].长沙：湖南师范大学，2012.
[59] 马睿，夏立江，王倩.能源承载力预测分析方法的研究与应用研究 [J].环境科学与管理，2013，38 (10)：22-27.
[60] 马蔚纯，赵海君，李莉，等.区域规划环境评价的空间尺度效应：对上海高桥镇和浦东新区的案例研究 [J].地理科学进展，2015，34 (6)：739-748.
[61] 蒯鹏，李巍，成钢，等.系统动力学模型在城市发展规划环评中的应用：以山西省临汾市为例 [J].中国环境科学，2014，34 (5)：1347-1354.
[62] 池金萍，周利萍，马树梅.规划环评中对规划方案提出优化调整建议的要点和案例分析 [J].资源节约与环保，2013 (7)：27-28.
[63] 徐鹤，朱坦，贾纯荣.战略环境影响评价 (SEA) 在中国的开展：区域环境评价 (REA) [J].城市环境与城市生态，2000，13 (3)：4-10.
[64] 徐鹤，白宏涛，王会芝，等.规划环境影响评价技术方法研究 [M].北京：科学出版社，2012.
[65] 徐鹤，丁洁，冯晓飞.基于 ADMS-Urban 的城市区域大气环境容量测算与规划 [J].南开大学学报，2010，43 (4)：67-71.
[66] 罗育池，李朝晖，陈瑜，等.规划环境影响评价：理论、方法、机制与广东实践 [M].北京：科学出版社，2012.
[67] 石晓枫，郑冠凌，兰芳.城市总体规划环境影响评价技术方法及应用研究 [M].北京：中国环境出版社，2015.
[68] 王亚男，赵永革.空间规划战略环境评价的理论、实践及影响 [J].规划研究，2006 (3)：20-25.
[69] 王蕾，刘思遥，王滨松.AERMOD 和 CALPUFF 大气污染扩散模型的对比研究 [J].环境科学与管理，2017，42 (5)：42-45.
[70] 彭涛，刘亮，张瑞军.城市规划环评的空间影响识别和分析研究：以西咸新区秦汉新城分区规划环评为例 [J].资源节约与环保，2015 (9)：83-83，85.
[71] 彭建，赵会娟，刘焱序，等.区域生态安全格局构建研究进展与展望 [J].地理研究，2017，36 (3)：407-419.
[72] 饶磊，魏兴萍，刘迅.基于 Visual Modflow 的重庆某工业园区地下水污染物运移模拟 [J].重庆师范大学学报（自然科学版），2018，35 (5)：72-78.
[73] 生态环境部.规划环境影响评价技术导则　总纲：HJ 130—2019 [S].北京：中国环境出版集团，2019.
[74] 生态环境部.环境影响评价技术导则　大气环境：HJ 2.2—2018 [S].北京：中国环境出版集团，2018.
[75] 生态环境部.环境影响评价技术导则　地表水环境：HJ 2.3—2018 [S].北京：中国环境出版集团，2018.
[76] 环境保护部.环境影响评价技术导则　地下水环境：HJ 610—2016 [S].中国环境科学出版社，2016.
[77] 生态环境部.环境影响评价技术导则　土壤环境（试行）：HJ 964—2018 [S].北京：中国环境出版集团，2018.
[78] 生态环境部.建设项目环境风险评价技术导则：HJ 169—2018 [S].北京：中国环境出版集团，2018.
[79] 国家环境保护总局.城镇污水处理厂污染物排放标准：GB 18918—2002 [S].北京：中国环境科学出版社，2002.
[80] 国家环境保护总局：地表水环境质量标准：GB 3838—2002 [S].北京：中国环境科学出版社，2002.
[81] 国土资源部，水利部.地下水质量标准：GB/T 14848—2017 [S].北京：中国标准出版社，2017.
[82] 环境保护部.环境空气质量标准：GB 3095—2012 [S].北京：中国环境科学出版社，2012.
[83] 环境保护部.声环境质量标准：GB 3096—2008 [S].北京：中国环境科学出版社，2008.
[84] 生态环境部.土壤环境质量　农用地土壤污染风险管控标准（试行）：GB 15618—2018 [S].北京：中国环境科学出版社，2018.
[85] 生态环境部.土壤环境质量　建设用地土壤污染风险管控标准（试行）：GB 36600—2018 [S].北京：中国环境科学出版社，2018.
[86] 国家环境保护局.制定地方大气污染物排放标准的技术方法：GB/P 13201—91 [S].北京：中国环境科学出版社，1991.

[87] 住房和城乡建设部.城市给水工程规划规范：GB 50282—2016 [S].北京：中国计划出版社，2016.
[88] 国家卫生健康委员会.工作场所有害因素职业接触限值：GBZ 2.1—2019 [S].北京：人民卫生出版社，2019.
[89] 生态环境部.规划环境影响跟踪评价技术指南（试行）.2019，3.
[90] 环境保护部."生态保护红线、环境质量底线、资源利用上线和环境准入负面清单"编制技术指南（试行）.2017，12.
[91] 环境保护部.关于规划环境影响评价加强空间管制、总量管控和环境准入的指导意见（试行）.2016，2.
[92] 环境保护部环境影响评价司，环境保护部环境工程评估中心.重点领域规划环境影响评价理论与实践：第二辑 [M].北京：中国环境科学出版社，2012.
[93] 司训练，张锐，宋泽文.累积环境影响评价方法研究综述 [J].西安石油大学学报（社会科学版），2014，23 (4)：11-16.
[94] 司马文卉.城市总体规划环境影响识别方法与应用研究 [D].北京：清华大学，2012.
[95] 史娜娜，全占军，韩煜，等.基于生态敏感性评价的乌海市土地资源承载力分析 [J].水土保持研究，2017，24 (1)：239-243.
[96] 孙从军，韩振波.地下水数值模拟的研究与应用进展 [J].环境工程，2013，31 (5)：9-13.
[97] 田军，葛春风，甄瑞卿，等.CMAQ模型在大气环境影响评价中的应用 [J].环境影响评价，2016，38 (6)：1-3.
[98] 唐燕秋，陈佳，丁佳佳，等.重庆市五大功能区差异化环境保护政策研究 [J].四川环境，2014，33 (5)：135-139.
[99] 滕彦国，左锐，苏小四，等.区域地下水环境风险评价技术 [M].北京：中国环境出版社，2015.
[100] 田凯达，刘晓薇，王慧，等.MIKE11模型在合肥市十五里河水质改善研究中的应用 [J].水文，2019，39 (4)：18-23.
[101] 薛文博，王金南，杨金田，等.国内外空气质量模型研究进展 [J].环境与可持续发展，2013，38 (3)：14-20.
[102] 薛强，梁冰，刘建军，等.环境介质中有机污染物运移的数值模型 [J].应用与环境生物学报，2003，9 (6)：647-650.
[103] 郑晓雪，徐建玲，王汉席，等.中国战略环评与项目环评联动机制研究 [J].环境科学与管理，2017，42 (1)：182-185.
[104] 王成新，秦昌波，吕红迪，等.规划环评中的生态空间识别与生态影响评价探索——以长春新区发展规划为例 [J].中国环境管理，2017，9 (6)：88-94.
[105] 王华东，姚应山.区域环境影响评价有关问题的探讨 [J].中国环境科学，1991，11 (5)：392-395.
[106] 王兴杰，王占朝，陈凤先，等.环评改革要落实"三线一单"硬约束 [N].中国环境报，2016-11-15 (003).
[107] 王兴华，门明新，王树涛，等.基于生态足迹的土地资源可持续发展容量与潜在转换关系 [J].生态学报，2010，30 (14)：3772-3783.
[108] 王亚炜，魏源送，刘俊新.水生生物重金属富集模型研究进展 [J].环境科学学报，2008，28 (1)：12-20.
[109] 王行风.煤矿区生态环境累积效应研究：以潞安矿区为例 [D].北京：中国矿业大学，2010.
[110] 王占山，李晓倩，王宗爽，等.空气质量模型CMAQ的国内外研究现状 [J].环境科学与技术，2013，36 (6)：386-391.
[111] 王会芝.中国战略环境评价的有效性研究 [D].天津：南开大学，2013.
[112] 王建红，余启明，李平平.基于GIS技术与DRASTIC模型的民勤盆地地下水脆弱性评价 [J].兰州大学学报（自然科学版），2015，51 (6)：882-887.
[113] 吴海泽，余红，胡友彪，等.区域生态安全的组合权重评价模型 [J].安全与环境学报，2015，15 (2)：370-375.
[114] 吴静.累积影响评价在战略环评实践中的应用 [J].城市环境与城市生态，2007，20 (4)：44-46.
[115] 吴小寅，陈莉.累积环境影响评价中若干问题的探讨 [J].四川环境，2007，26 (2)：84-87.

[116] 吴桐. 基于CALPUFF模型的长春市大气污染特征研究 [D]. 长春：吉林大学，2019.

[117] 魏联滨，许家珲，张顺先，等. 天津市电网规划环境影响评价指标体系研究 [J]. 环境影响评价，2018，40 (3)：48-52.

[118] 叶良飞，包存宽. 城市规划环境影响评价指标体系综述 [J]. 四川环境，2012，37 (1)：133-140.

[119] 叶良飞，包存宽. 基于可持续性的城市总体规划环境影响评价指标体系 [J]. 环境科学与管理，2013，38 (1)：1-7.

[120] 杨志森，赵东风，熊桂慧，等. AERMOD模型在石化园区大气规划环评中的应用 [J]. 环境科学与技术，2016，39 (S1)：433-437.

[121] 张骁杰，包存宽. 基于分析协商的战略环境评价指标体系构建方法初探：以国民经济与社会发展规划为例 [J]. 复旦学报 (自然科学版)，2015，54 (4)：398-406.

[122] 张梦时，郭御龙. 中国国家级新区的历史类型及其演变逻辑：以功能定位为核心的解读 [J]. 长白学刊，2019 (3)：95-101.

[123] 张燊，仇雁翎，朱志良，等. 有机污染物的持久性评价方法研究进展 [J]. 化学通报，2012，75 (5)：420-424.

[124] 张万顺，徐艳红. 基于水质目标的水环境累积风险评估模型 [J]. 环境科技，2013 (5)：51-54.

[125] 张志峰. 当前规划环境影响评价遇到的问题和几点建议 [J]. 环境与发展，2018，30 (6)：17-19.

[126] 张杰. 当前规划环境影响评价遇到的问题和几点建议 [J]. 环境与发展，2018，30 (1)：21，23.

[127] 张秀红，王琦，贺达观，等. 生态承载力分析在城市总体规划环境影响评价中的应用：以江苏省宿迁市城市总体规划为例 [J]. 江西农业学报，2012，24 (2)：150-152.

[128] 张少轩，张冰，张芊芊，等. 化学品环境归趋模型及应用 [J]. 环境化学，2019，38 (8)：1684-1707.

[129] 张以飞，王玉琳，汪靓. EFDC模型概述与应用分析 [J]. 环境影响评价，2015，37 (3)：70-72，92.

[130] 章锦河，张捷. 国内生态足迹模型研究进展与启示 [J]. 地域研究与开发，2007，26 (2)：90-96.

[131] 赵庄明，杨静，綦世斌. 基于FVCOM的鹤地水库环流特性模拟研究 [J]. 中山大学学报 (自然科学版)，2015，54 (6)：144-155.

[132] 郑瑶，胡学斌，何强，等. 基于EFDC模型的重庆库区水环境容量研究 [J]. 三峡生态环境监测，2019，4 (2)：8-16.

[133] 朱君妍，李翠梅，贺靖雄，等. GMS模型的水文水质模拟应用研究 [J]. 水文，2019，39 (1)：66-73.

[134] Ayad Y M. Remote sensing and GIS in modeling visual landscape change: A case study of the northwestern arid coast of Egypt [J]. Landscape and Urban Planning, 2005, 73 (4): 307-325.

[135] Commission of The European Communities. The application and effectiveness of the directive on strategic environmental assessment (Directive 2001/42/EC). 2009.

[136] European Union-Directive 2001/42/EC of the European Parliament and of the Council on the Assessment of the Effects of Certain Plans and Programmes on the Environment. 2001. 6. 27.

[137] Fischer T. Reviewing the quality of strategic environmental assessment reports for English spatial plan core strategies [J]. Environmental Impact Assessment Review, 2010, 30 (1): 62-69.

[138] John G, Riki T, Andrew C. Introduction to environmental impact assessment [M]. London: Routledge, 2005.

[139] Li R Q, Dong M, Cui J-Y, et al. Quantification of the impact of land-use changes on ecosystem services: A case study in Pingbian County, China [J]. Environmental Monitoring and Assessment, 2007 (3): 134-137.

[140] Noble B. The state of strategic environmental assessment systems and practices in Canada [M]. Environmental Impact Assessment Review, 2009.

[141] Thérivel R, Wilson E, Thompson S, et al. Strategic environmental assessment [M]. London: Earth Scan Publication Ltd, 1992.

[142] Thérivel R, Minas P. Measuring SEA effectiveness-ensuring effective sustainability appraisal [M]. London: Earth Scan Publication Ltd, 2002.

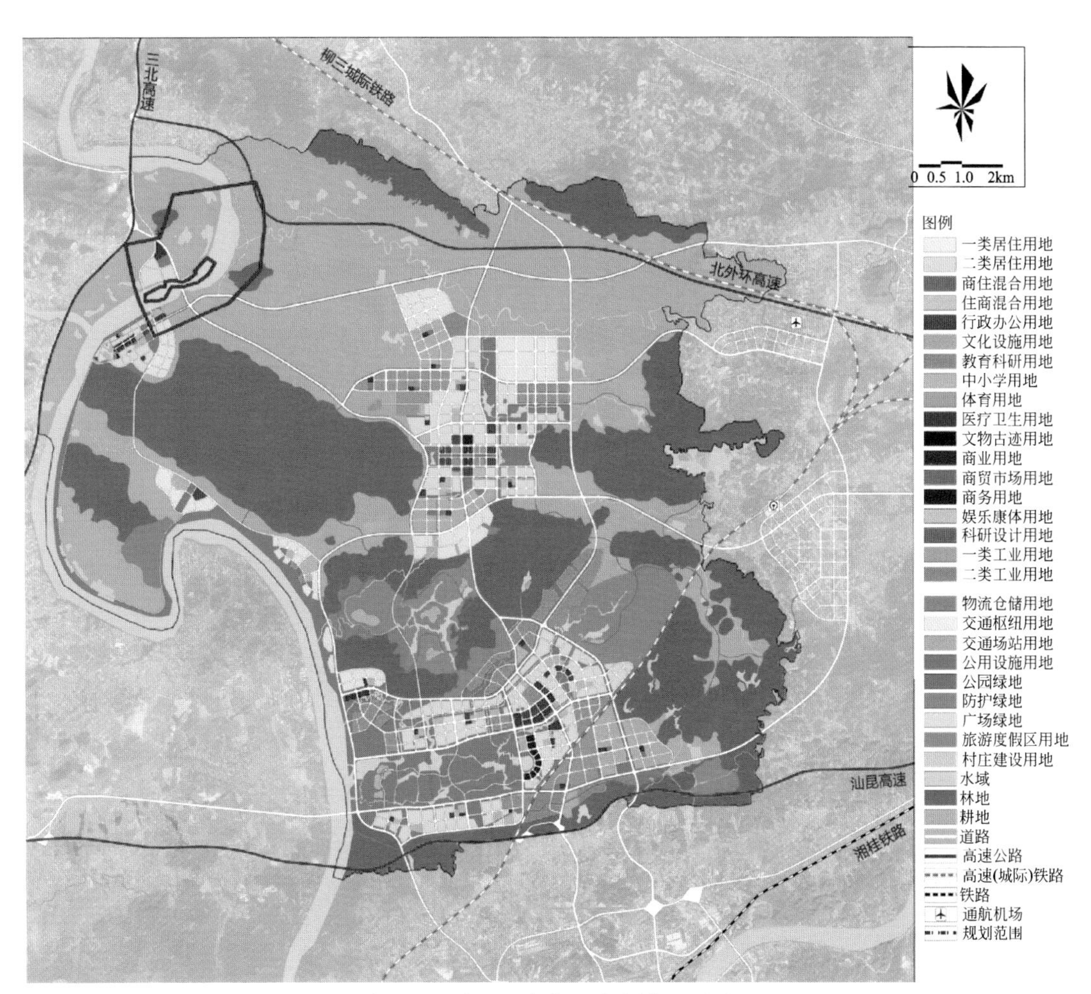

彩图 1　水源地与新区规划位置示意

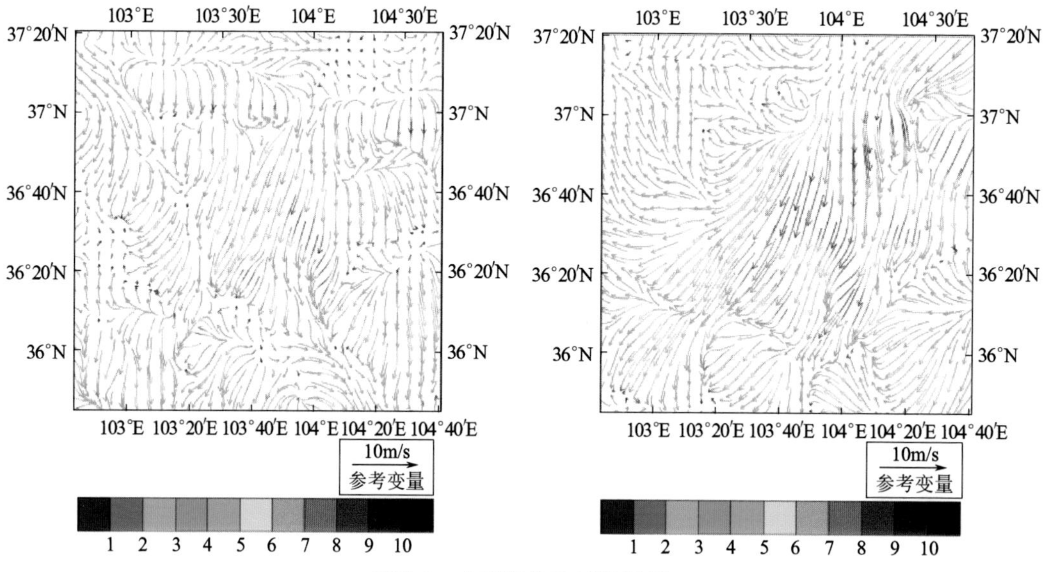

彩图 2　典型污染物清除风场

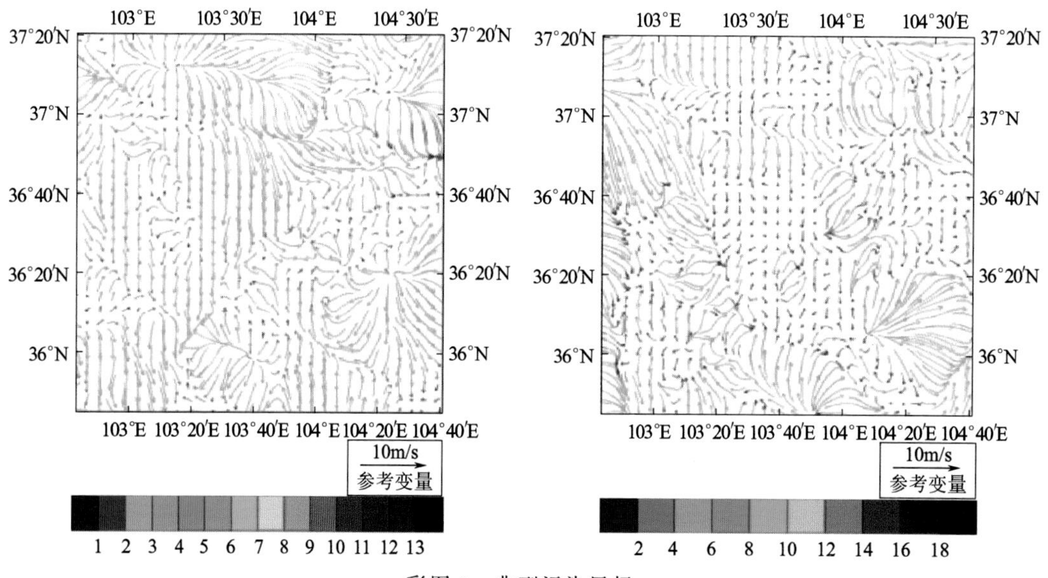

彩图 3　典型污染风场

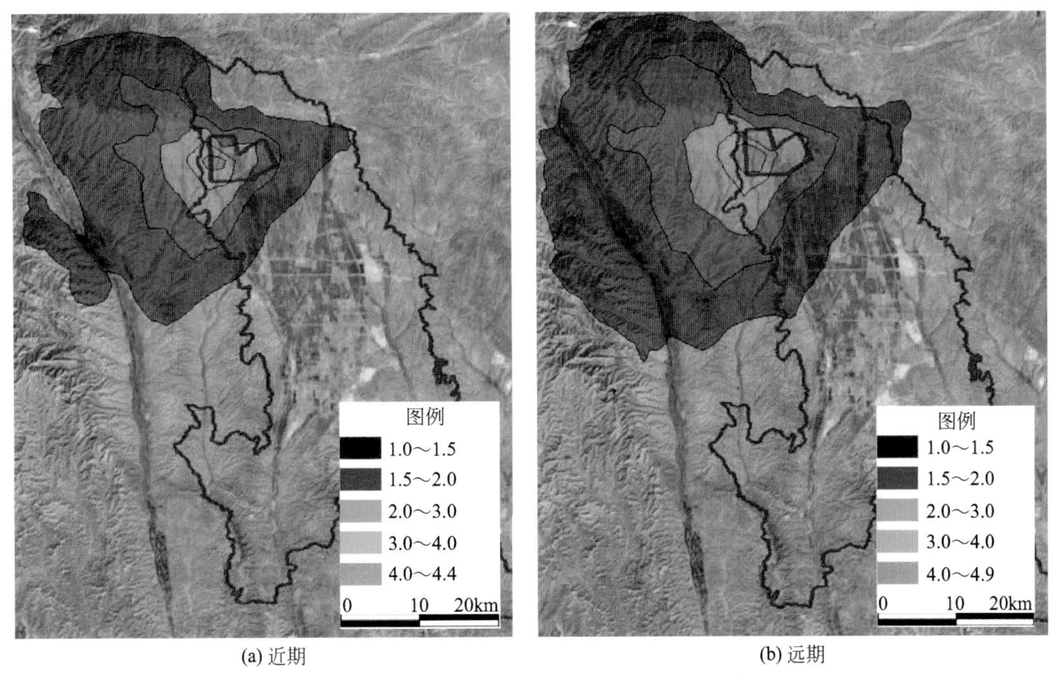

(a) 近期　　　(b) 远期

彩图 4　SO_2 年均浓度贡献值分布（$\mu g/m^3$）

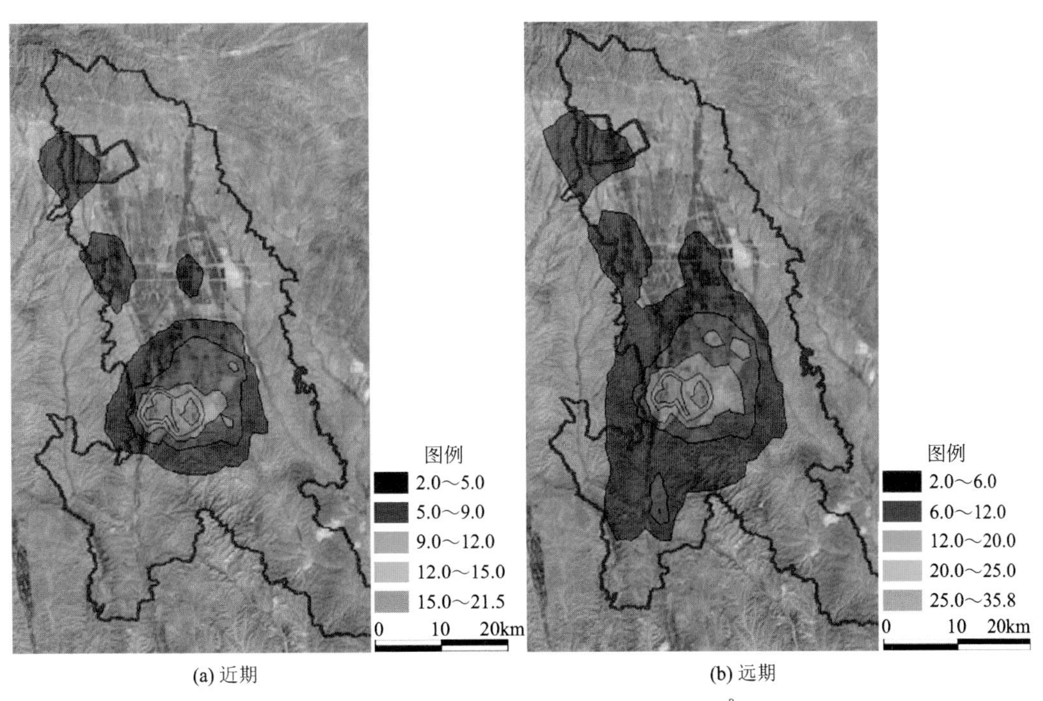

(a) 近期　　　(b) 远期

彩图 5　NO_2 年均浓度贡献值分布（$\mu g/m^3$）

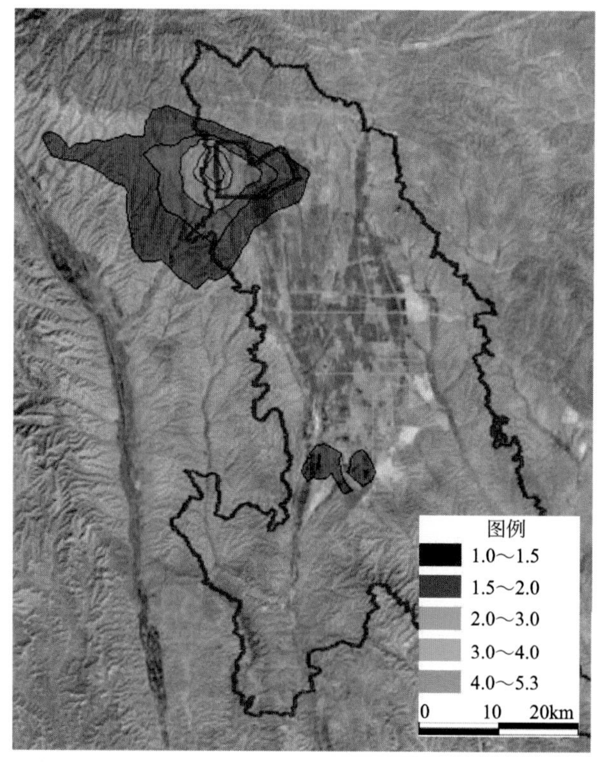

(a) 近期

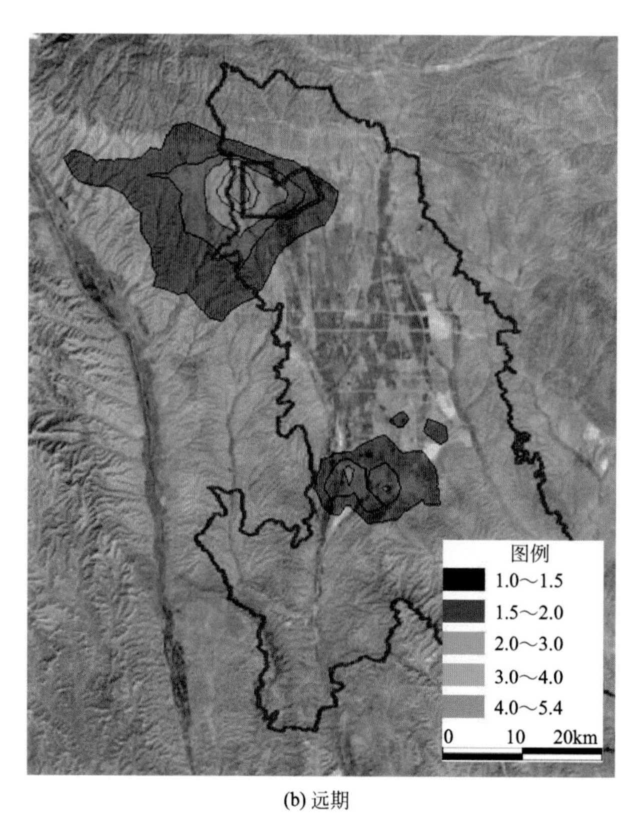

(b) 远期

彩图 6　PM_{10} 年均浓度贡献值分布（$\mu g/m^3$）

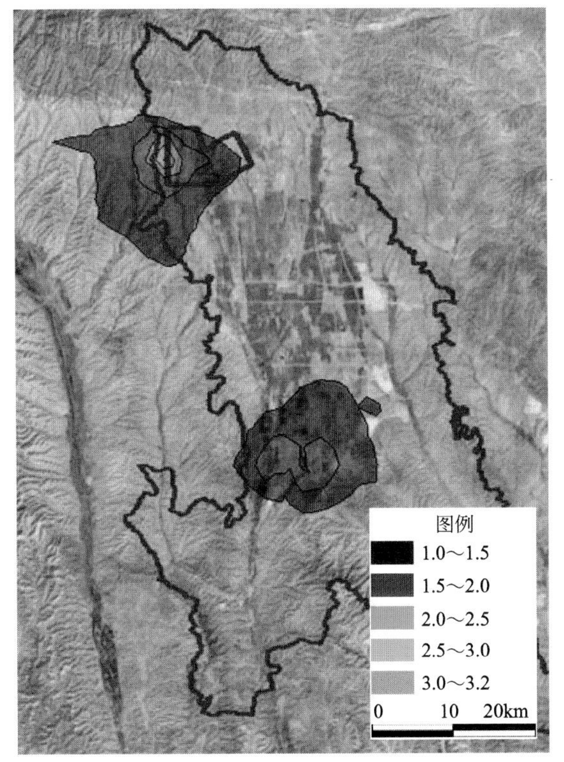

(a) 近期

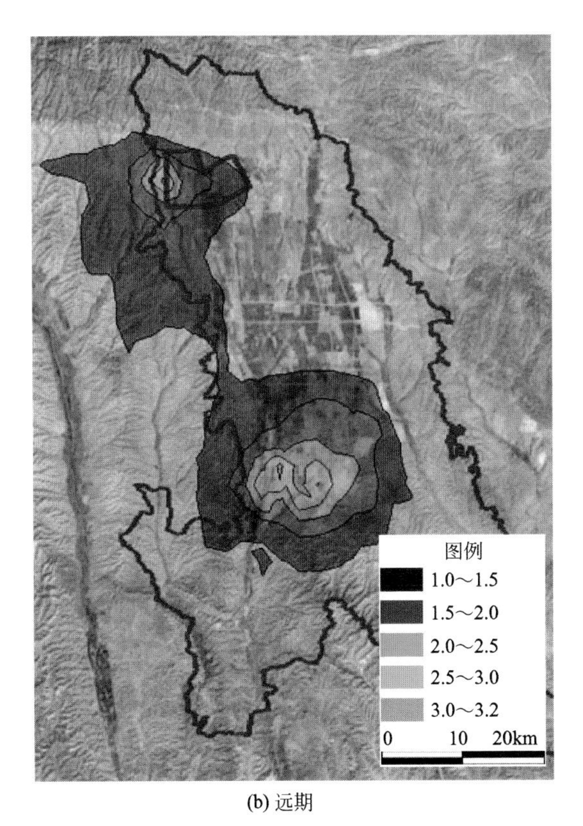

(b) 远期

彩图 7　$PM_{2.5}$ 年均浓度贡献值分布（$\mu g/m^3$）

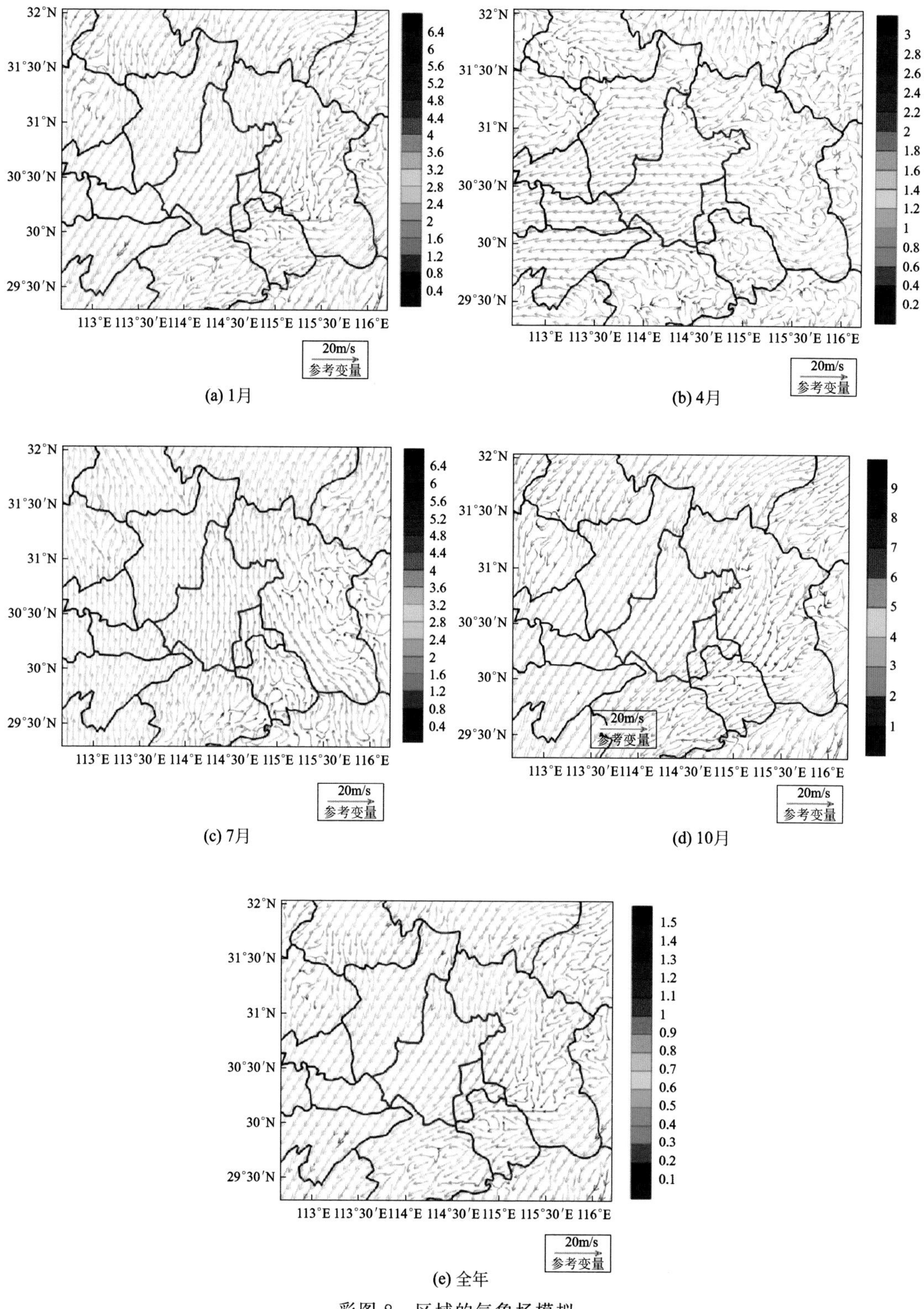

彩图 8　区域的气象场模拟

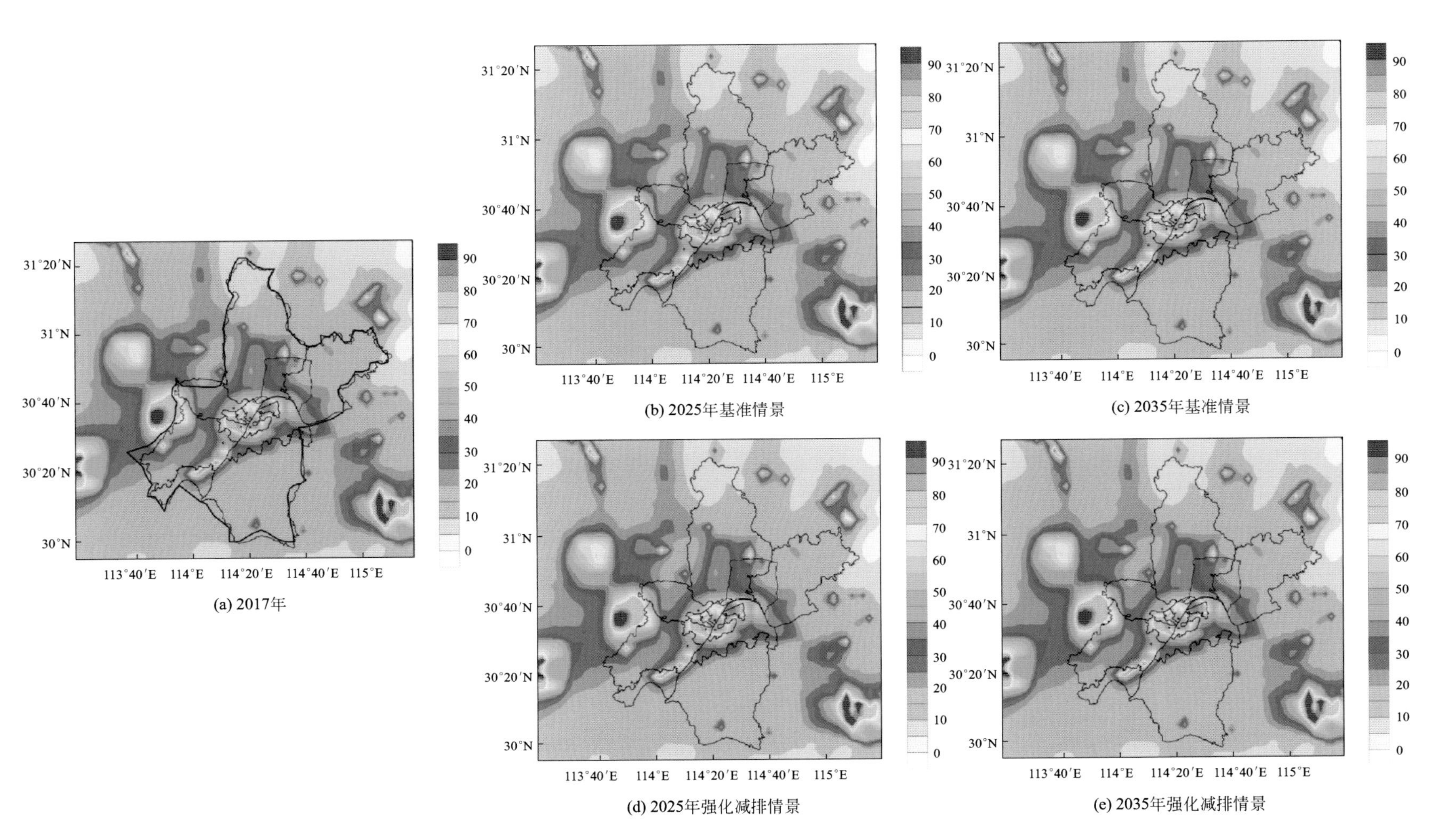

彩图 9　2017 年与基准情景、强化减排情景下 2025 年和 2035 年新城范围内 SO_2 年均浓度分布（$\mu g/m^3$）

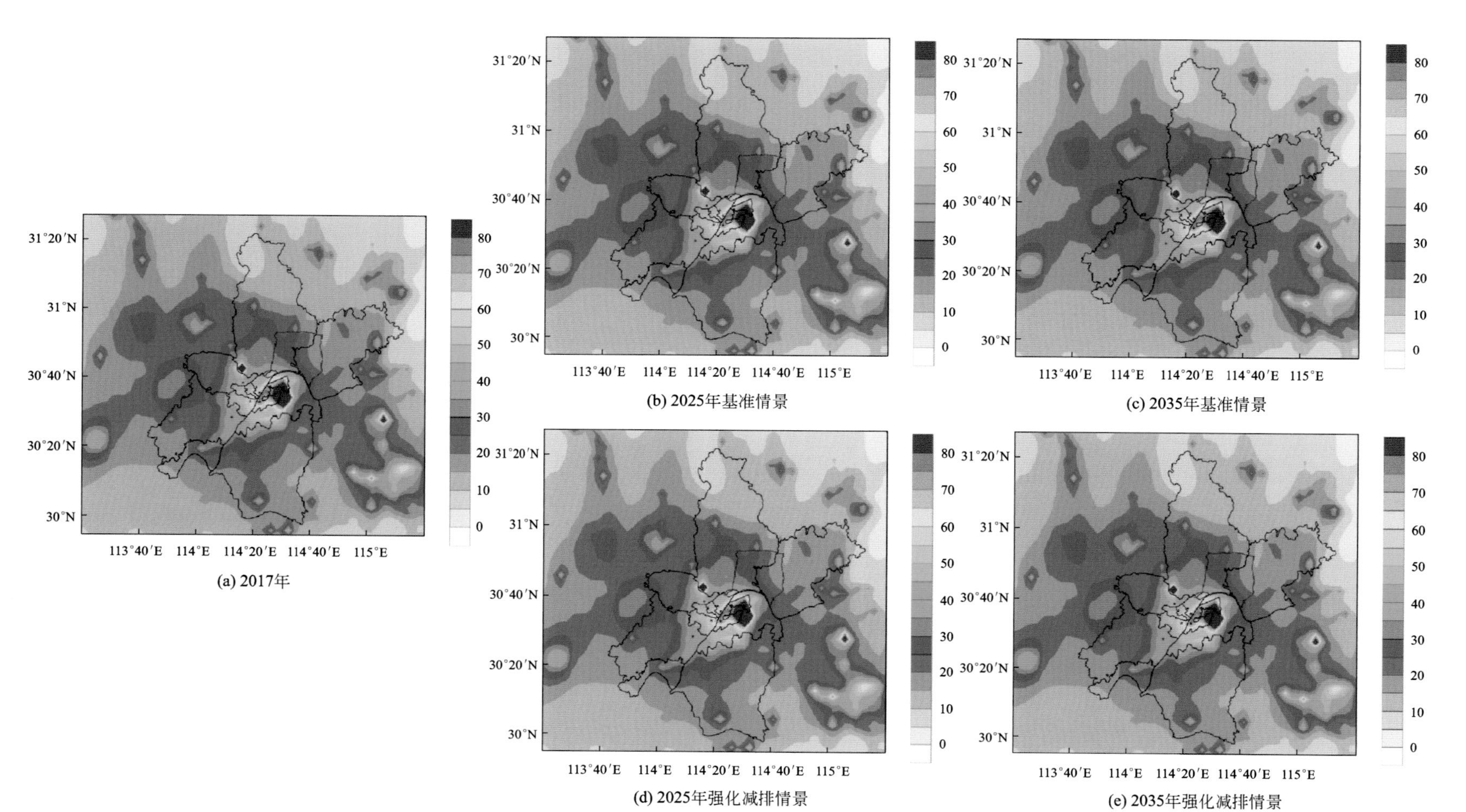

彩图10　2017年与基准情景、强化减排情景下2025年和2035年新城范围内NO_2年均浓度分布(μg/m³)

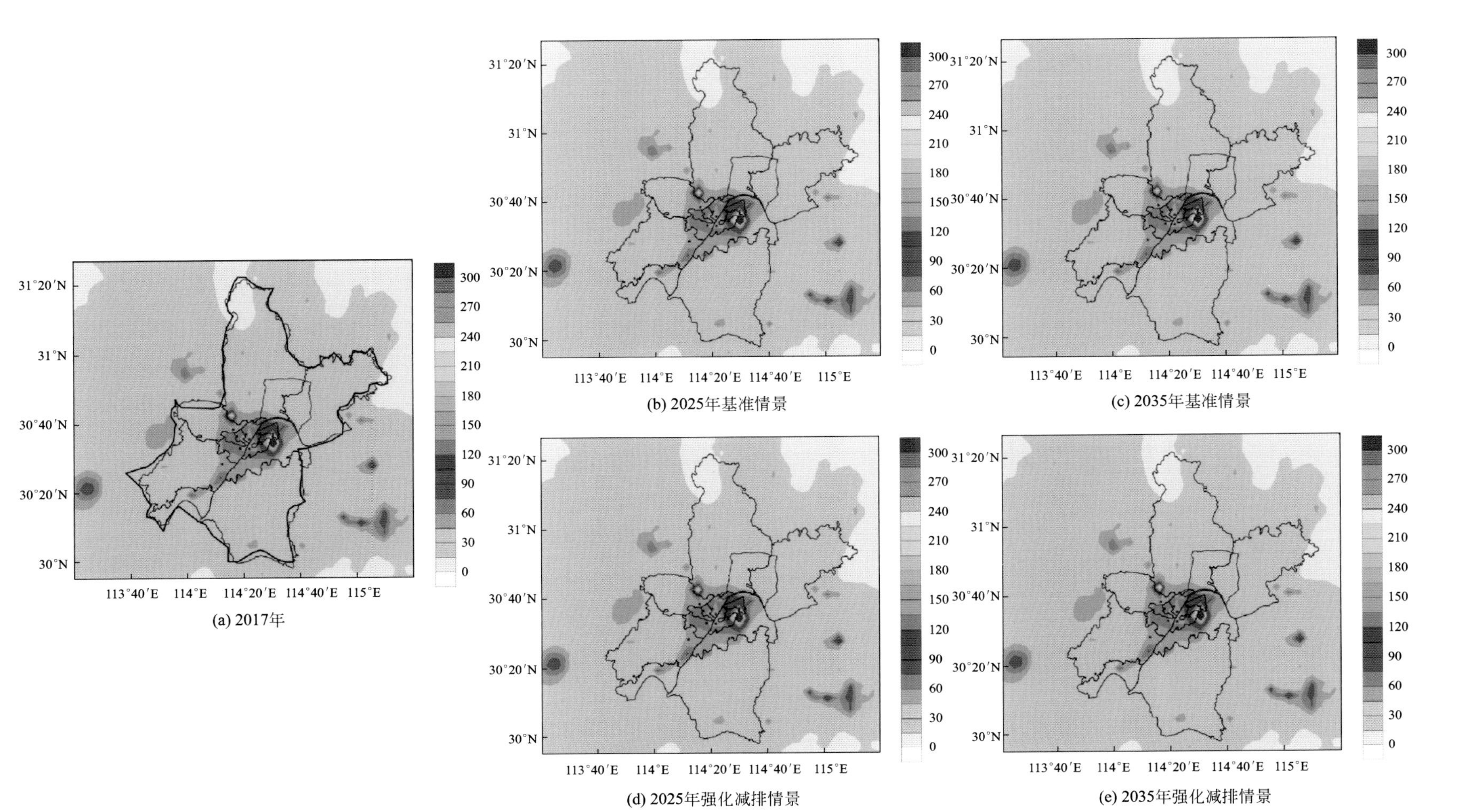

(a) 2017年

(b) 2025年基准情景

(c) 2035年基准情景

(d) 2025年强化减排情景

(e) 2035年强化减排情景

彩图 11　2017 年与基准情景、强化减排情景下 2025 年和 2035 年新城范围内 PM_{10} 年均浓度分布（$\mu g/m^3$）

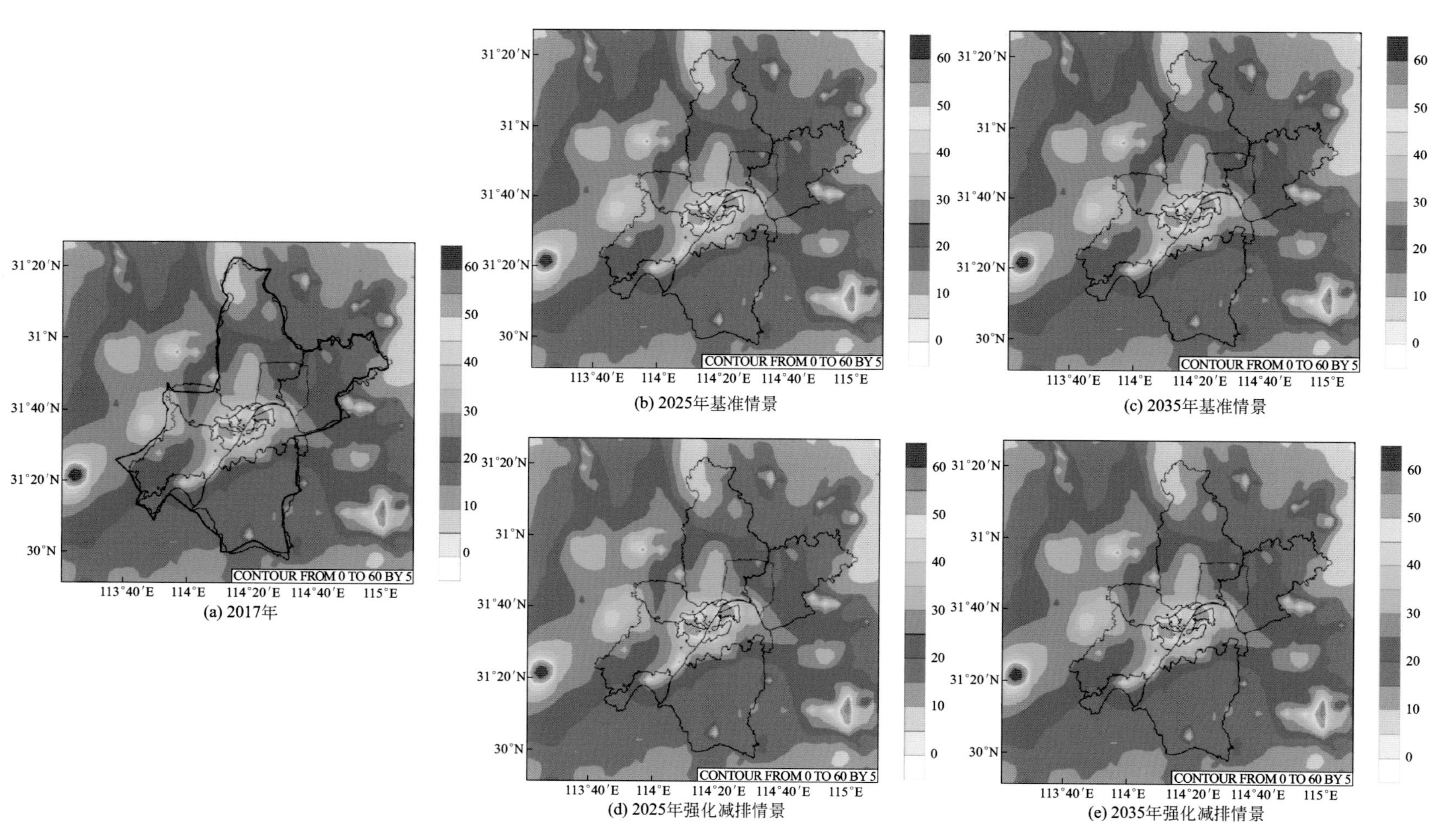

(a) 2017年

(b) 2025年基准情景

(c) 2035年基准情景

(d) 2025年强化减排情景

(e) 2035年强化减排情景

彩图 12　2017 年与基准情景、强化减排情景下 2025 年和 2035 年新城范围内 $PM_{2.5}$ 年均浓度分布（$\mu g/m^3$）

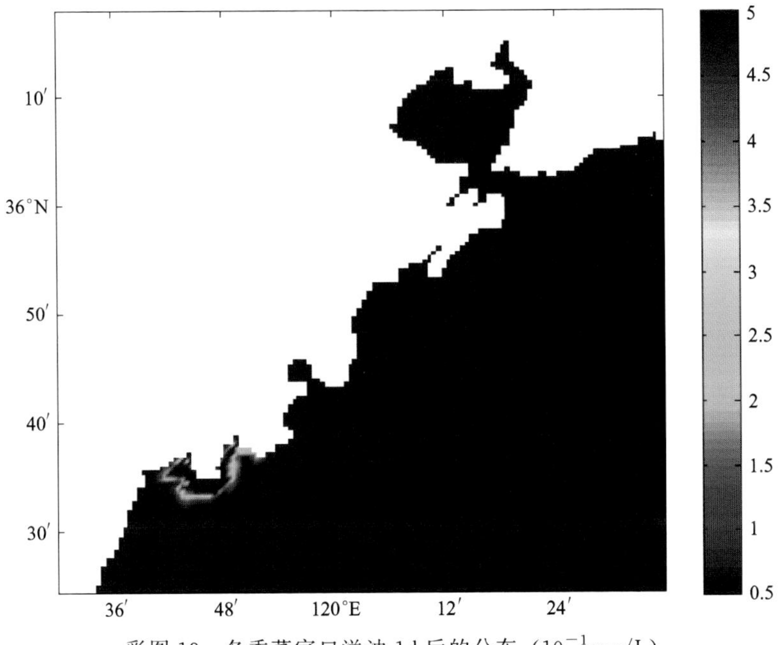

彩图 13　冬季董家口溢油 1d 后的分布（10^{-1}mg/L）

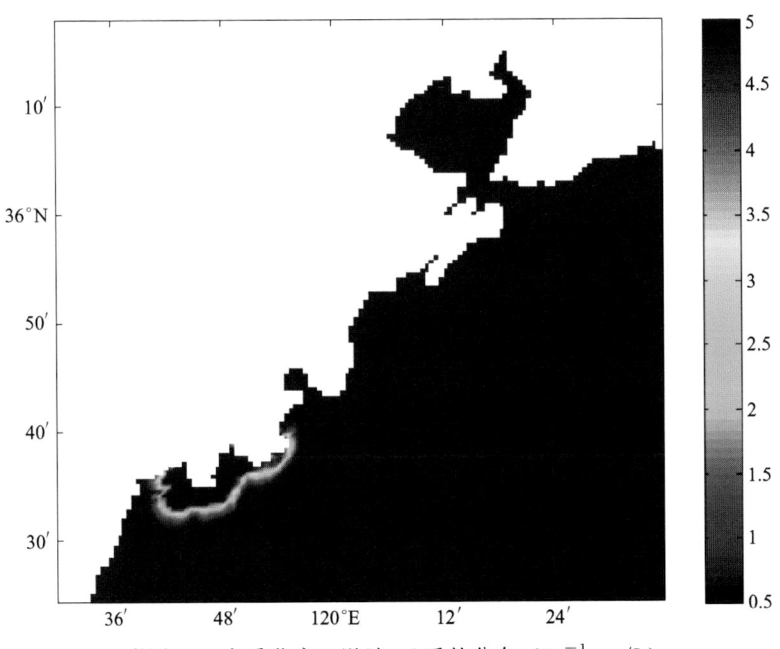

彩图 14　冬季董家口溢油 2d 后的分布（10^{-1}mg/L）

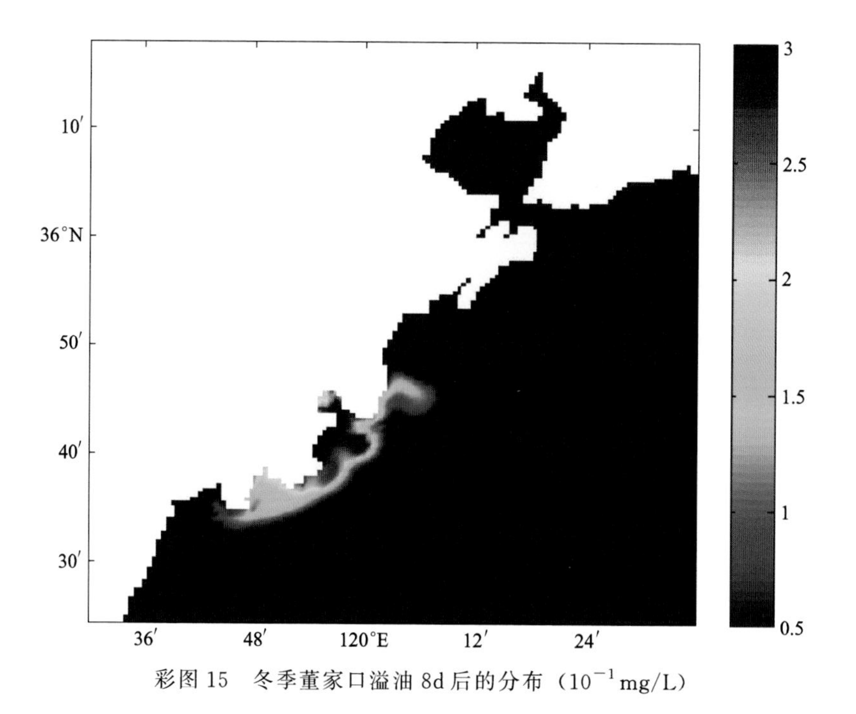

彩图 15　冬季董家口溢油 8d 后的分布（10^{-1} mg/L）

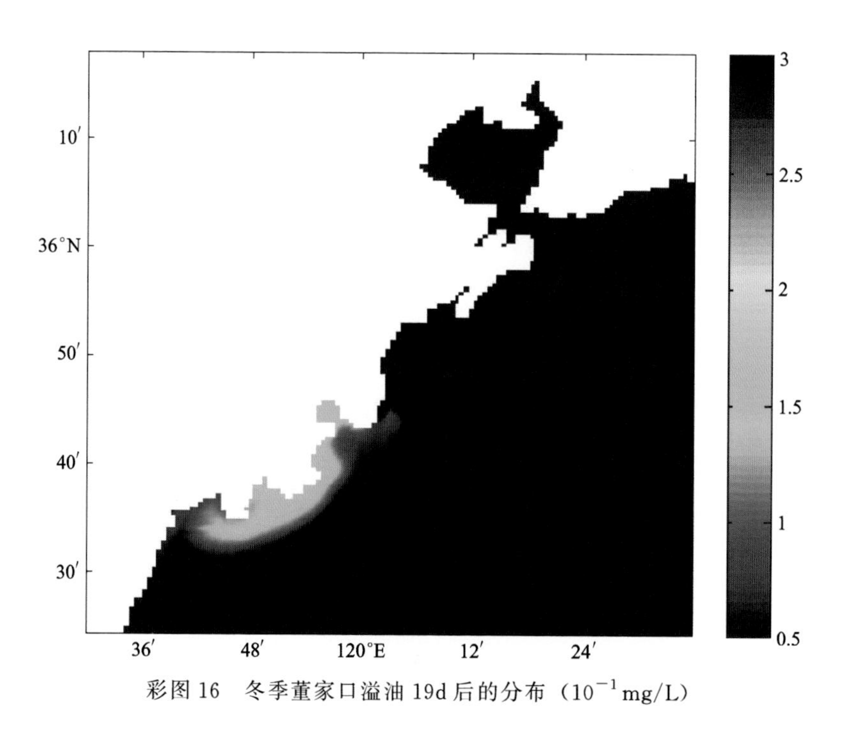

彩图 16　冬季董家口溢油 19d 后的分布（10^{-1} mg/L）

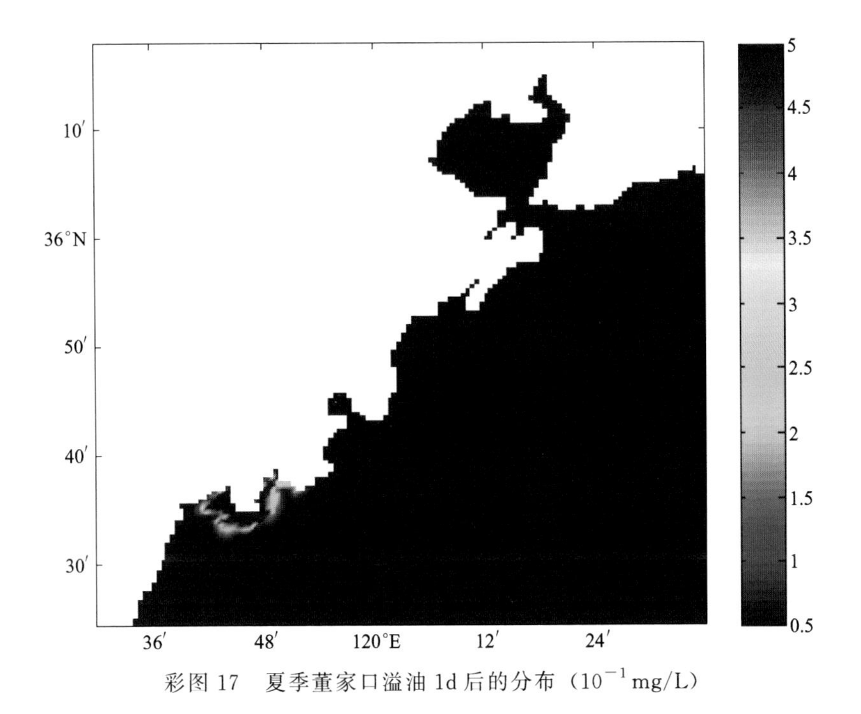

彩图 17　夏季董家口溢油 1d 后的分布（10^{-1} mg/L）

彩图 18　夏季董家口溢油 2d 后的分布（10^{-1} mg/L）

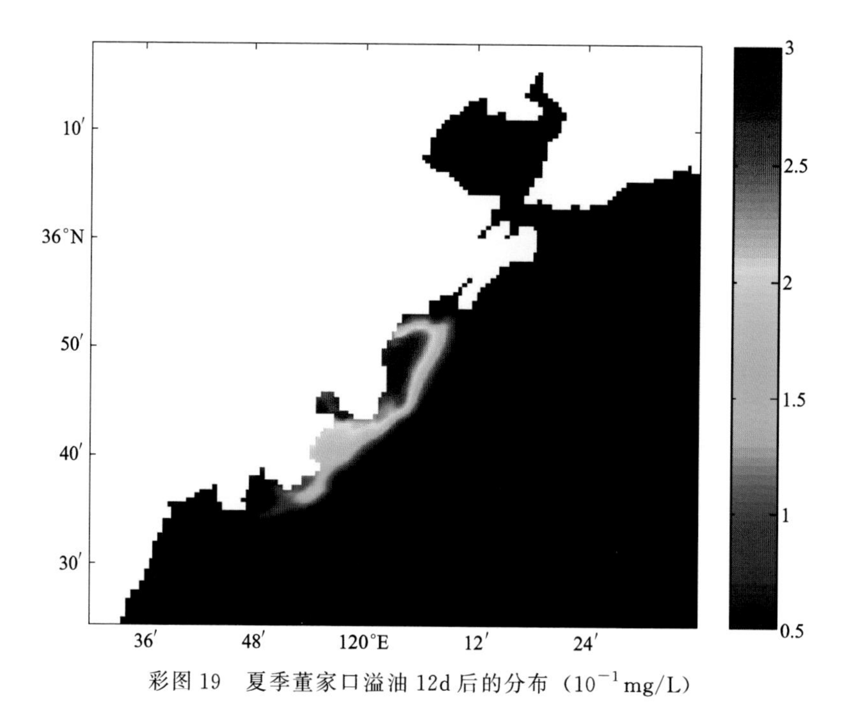

彩图 19 夏季董家口溢油 12d 后的分布（10^{-1}mg/L）

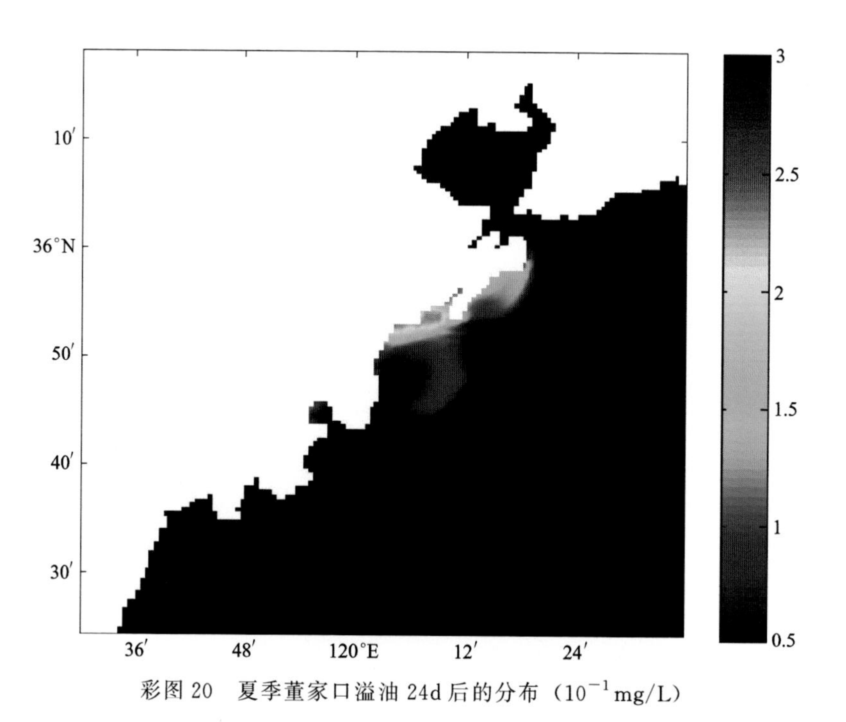

彩图 20 夏季董家口溢油 24d 后的分布（10^{-1}mg/L）

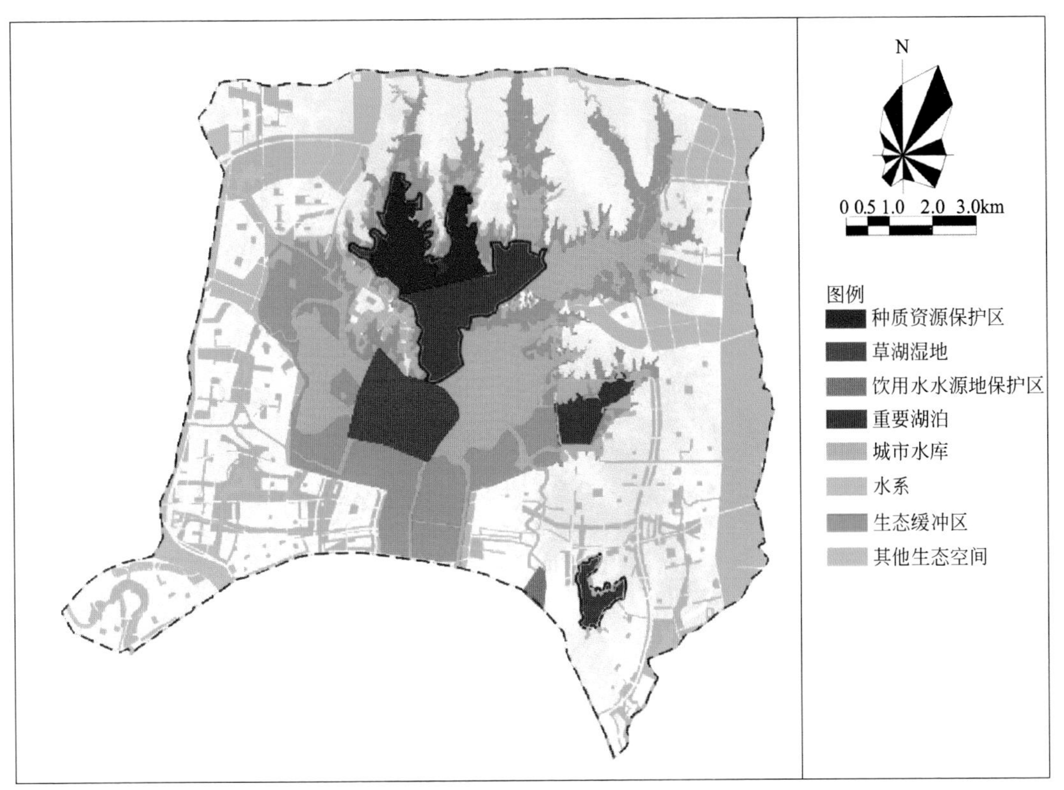

彩图 21　新城生态保护红线和其他生态空间分布

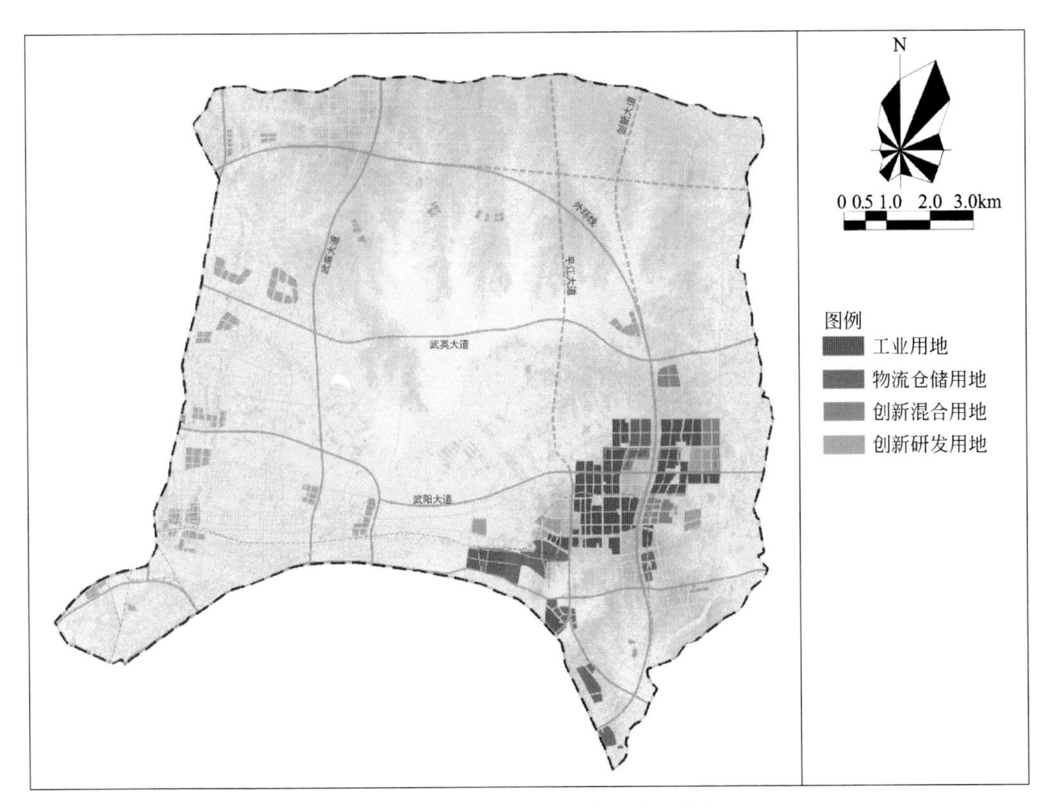

彩图 22　新城生产空间管控单元分布

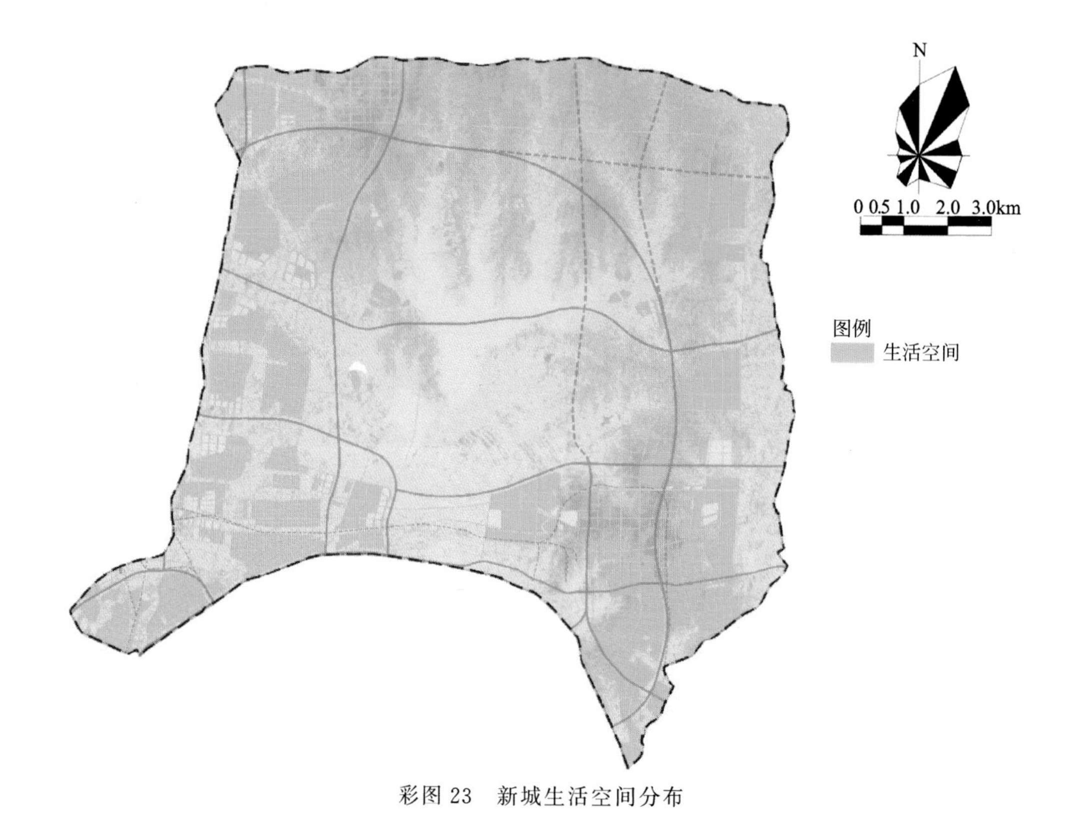

彩图 23 新城生活空间分布